HUODIANCHANG ZUOYE
WEIXIANDIAN FENXI JI YUKONG

火电厂作业危险点分析及预控

锅炉分册

华能玉环电厂 编

内 容 提 要

为进一步提高火电厂的安全管理水平和员工的安全作业水平，华能玉环电厂组织编写了《火电厂作业危险点分析及预控》丛书，分为通用、锅炉、汽轮机、电气、燃料、热控、化学、环保等8个分册。

本书为锅炉分册，共收录典型作业77项。书中对每项作业的步骤进行分解，详细分析每个步骤的危险因素以及可能导致的后果，从发生事故的可能性、暴露于风险环境的频繁程度、发生事故产生的后果三个方面进行量化，评判出风险等级，在此基础上给出相应的控制措施。

本书内容来源于生产实际，具有较强的针对性、实用性和操作性，可用于指导现场作业的危险点查勘、工作票编制、安全交底等工作，适合火电厂从事安全、运行、维护、检修等工作的管理、技术人员阅读使用。

图书在版编目(CIP)数据

火电厂作业危险点分析及预控．锅炉分册/华能玉环电厂编．—北京：中国电力出版社，2016.6（2026.3重印）

ISBN 978-7-5123-9322-6

Ⅰ．①火…　Ⅱ．①华…　Ⅲ．①火电厂-电厂锅炉-安全管理　Ⅳ．①TM621.9

中国版本图书馆CIP数据核字(2016)第100465号

中国电力出版社出版、发行　　固安县铭成印刷有限公司印刷　　各地新华书店经售

(北京市东城区北京站西街19号　100005　http://www.cepp.sgcc.com.cn)

2016年6月第一版　　2026年3月北京第四次印刷　　印数4001—4500册

880毫米×1230毫米　横32开本　11.375印张　327千字　　定价**36.00**元

《火电厂作业危险点分析及预控》
编 委 会

前言

为进一步推进和完善安全、健康、环境管理机制的形成，实现“零事故、零伤害、零污染”的目标，不断提升和转变员工的风险控制意识，华能玉环电厂按照本质安全型企业创建工作的安排，从运行操作、检修作业、巡回检查等方面组织开展作业危险点分析工作，对电厂典型作业进行安全、职业健康和环境等因素的分析，挖掘每一项作业潜在的危害因素，采取风险控制措施，消除或最大限度地减少事故的发生概率，预防事故发生。经过管理、技术、安全和操作人员的共同努力，华能玉环电厂共完成作业危险点分析717项，涵盖了火电厂生产的各个环节，并已在全厂全面推行，有效地提高了作业现场安全管理技能和管理水平，丰富了管理手段和方法，转变了员工安全行为，为建设“安全、高效、环保”国际一流电力企业提供了有力的支撑。

针对目前发电企业生产事故时有发生的情况，华能玉环电厂组织安监、设备管理、运行和检修技术人员，对作业危险点分析工作进行重新整理、分类，编写了这套《火电厂作业危险点分析及预控》丛书，分为通用、锅炉、汽轮机、电气、燃料、热控、化学、环保等8个分册。本书为锅炉分册，共收录典型作业77项。编写人员对每项作业的步骤进行分解，详细分析每个步骤的危险因素以及可能导致的后果，从发生事故的可能性、暴露于风险环境的频繁程度、发生事故产生的后果三个方面进行量化，评判出风险等级，在此基础上给出相应的控制措施。

本书的内容均来源于生产实际，具有较强的针对性、实用性和操作性，可用于指导现场作业危险点分析、工作票编制、安全交底等工作，确保危险点分析全面、控制措施得当，提高一线员工的安全作业水平，提升火电企业的整体安全管理水平。

由于编者水平有限，书中难免有疏漏或不足之处，敬请广大专家和读者不吝指正。

编　者

2016 年 4 月

风险等级划分表

序号	发生事故的可能性（*L*）		暴露于风险环境的频繁程度（*E*）		发生事故产生的后果（*C*）	
	可能性	分值	频繁程度	分值	产生的后果	分值
1	完全可以预料（1次/周）	10	连续暴露（＞2次/天）	10	10人以上死亡，特大设备事故	100
2	相当可能（1次/6个月）	6	每天工作时间内暴露（1次/天）	6	2～9人死亡，重大设备事故	40
3	可能，但不经常（1次/3年）	3	每周一次，或偶然暴露	3	1人死亡，一般设备事故	15
4	可能性小，完全意外（1次/10年）	1	每月一次暴露	2	伤残（105个损工日以上），一类障碍	7
5	很不可能（1次/20年）	0.5	每年几次暴露	1	重伤（损工事件LWC），二类障碍	3
6	极不可能（1次/大于20年）	0.2	非常罕见地暴露（＜1次/年）	0.5	轻伤（医疗事件MTC、限工事件RWC），设备异常	1
7	实际上不可能	0.1				

总风险值（*D*）＝ *L*×*E*×*C*（最大*D*值为10000，最小*D*值为0.05）

*D*值	风险程度	风险等级
D＞320	重大风险，禁止作业	5
160＜*D*≤320	高度风险，不能继续作业，制定管理方案及应急预案	4
70＜*D*≤160	显著风险，需要整改，编制管理方案	3
20＜*D*≤70	一般风险，需要注意	2
D≤20	稍有风险，可以接受	1

目 录

一、锅炉操作部分

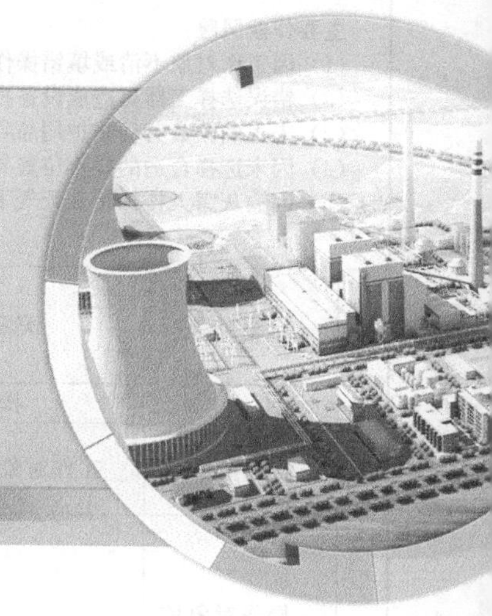

1 除灰系统启停操作

主要作业风险：	控制措施：
（1）因工作对象不清或填错操作票造成设备误操作； （2）错误选择工器具造成设备损坏和人身伤害； （3）未正确佩戴劳动防护用品导致人身伤害； （4）因未选择合适的操作位置导致高处坠落、物体打击等； （5）因输灰露天楼梯特殊天气下导致人员滑倒、跌落	（1）执行发令复诵制度、核对现场设备双重名称； （2）正确填写和核对操作票，执行操作监护制度； （3）操作时选择合适的工器具； （4）操作时正确佩戴穿好劳动防护用品； （5）携带良好的通信工具和手电筒； （6）正确佩戴安全帽、防尘口罩、工作鞋等

编号	作业步骤	危害因素	可能导致的后果	风险评价					控制措施
				L	*E*	*C*	*D*	风险程度	
一	操作前准备								
1	接收指令	工作对象不清楚	（1）机械伤害； （2）设备异常	3	6	7	126	3	（1）确认目的，防止弄错对象； （2）工作负责人再确认
2	操作对象核对	错误操作其他的设备	（1）机械伤害； （2）设备异常	3	6	7	126	3	（1）正确核对现场设备名称及标牌或系统图； （2）按规定执行操作监护； （3）明确操作人、监护人及现场检查人，以便对口联系； （4）工作负责人再确认
3	填写操作票	填错操作票	（1）机械伤害； （2）设备异常	3	6	7	126	3	（1）正确填写和检查操作票填写内容正确； （2）严格执行操作监护制度； （3）工作负责人再确认

续表

编号	作业步骤	危害因素	可能导致的后果	风险评价					控制措施
				L	*E*	*C*	*D*	风险程度	
4	选择合适的工器具	工器具选择不当	机械伤害	1	6	7	42	2	(1) 根据检查操作内容，携带必需的工具，如对讲机、测振仪； (2) 检查所用的工具必须完好； (3) 正确使用工器具； (4) 携带可靠通信工具，操作时并保持联系； (5) 出现异常情况及时与控制室联系，紧急情况联系主控室紧急停用
5	穿戴合适的防护用品	(1) 穿戴不合适的防护用品； (2) 飞灰管道泄漏； (3) 地面湿滑； (4) 高处落物	(1) 物体打击； (2) 机械伤害； (3) 灼烫； (4) 高处坠落； (5) 其他伤害； (6) 触电	1	6	7	42	2	(1) 正确佩戴安全帽； (2) 规范着装（袖口扣好、衣服扣好）； (3) 穿劳动保护鞋； (4) 携带通信工具； (5) 携带手电筒，电源要充足，亮度要足够； (6) 必要时戴好耳塞； (7) 佩戴防尘口罩
二	启动操作								
1	再次核对操作对象	错误操作其他设备	(1) 机械伤害； (2) 设备异常； (3) 触电	3	6	7	126	3	(1) 正确核对现场设备名称及标牌或系统图； (2) 按规定执行操作监护； (3) 明确操作人、监护人及现场检查人，以便对口联系

续表

编号	作业步骤	危害因素	可能导致的后果	风险评价					控制措施
				L	E	C	D	风险程度	
2	设备静止检查	设备误启动	机械伤害	1	6	7	42	2	(1) 加强与控制室联系，保持通信畅通； (2) 确认相关安全措施已经完全撤离
3	设备启动	(1) 设备启动顺序不当； (2) 整流变压器接地刀闸未分闸； (3) 除尘电场内部有人工作； (4) 设备运行异常； (5) 飞灰管道漏灰； (6) 特殊天气爬输灰露天楼梯跌倒； (7) 高处落物	(1) 机械伤害； (2) 设备异常； (3) 爆炸； (4) 高处坠落； (5) 触电； (6) 物体打击	1	6	7	42	2	(1) 按工作票内容依次启动设备； (2) 确认电场内部已无工作人员且其相关工作票已完结； (3) 考虑好异常时的撤离路线； (4) 上下楼梯时抓牢、蹬稳； (5) 尽量不在有落物可能的地方停留； (6) 启动设备启动时合理站位，避免部件故障伤人； (7) 出现异常情况及时与控制室联系，紧急情况及时按下就地紧停按钮
三	停运操作								
1	接收指令	工作对象不清楚	(1) 机械伤害； (2) 设备异常	3	6	7	126	3	确认目的，防止弄错对象
2	核对操作对象	错误操作其他设备	(1) 机械伤害； (2) 设备异常； (3) 触电	3	6	7	126	3	(1) 正确核对现场设备名称及标牌或系统图； (2) 按规定执行操作监护； (3) 明确操作人、监护人及现场检查人，以便对口联系

续表

编号	作业步骤	危害因素	可能导致的后果	风险评价					控制措施
				L	*E*	*C*	*D*	风险程度	
3	设备停止	（1）设备停止顺序不当； （2）特殊天气爬输灰露天楼梯跌倒； （3）设备停止操作不当； （4）高处落物； （5）设备运行异常； （6）电场、振打室内部高电压	（1）机械伤害； （2）设备异常； （3）高处坠落； （4）触电； （5）灼烫 （6）物体打击	1	6	7	42	2	（1）正确根据工作票依次停设备； （2）上下楼梯时抓牢、蹬稳； （3）尽量不在有落物可能的地方停留； （4）正确进行设备停运操作； （5）未做好停电安全措施不得进入电场、振打室； （6）考虑好异常时的撤离路线
四	作业环境								
1	露天登楼梯	湿滑	高处坠落	3	3	3	27	2	（1）上下楼梯时抓牢、蹬稳； （2）上下梯梯时不得从事其他工作
2	飞灰管道露灰	易吸入粉尘	作业环境危害	6	3	1	18	1	戴好防尘口罩

2 除渣水系统启停操作

主要作业风险：	控制措施：
(1) 因工作对象不清或填错操作票造成误操作设备； (2) 错误选择工器具造成设备损坏和人身伤害； (3) 未正确佩戴劳动防护用品导致人身伤害； (4) 因未选择合适的操作位置导致高处坠落、物体打击等； (5) 炉底水外溅导致的烫伤、烧伤等	(1) 执行发令复诵制度、核对现场设备双重名称； (2) 正确填写和核对操作票，执行操作监护制度； (3) 操作时选择合适的工器具； (4) 操作时正确佩戴穿好劳动防护用品； (5) 携带良好的通信工具和手电筒； (6) 正确佩戴劳动防护工具

编号	作业步骤	危害因素	可能导致的后果	风险评价					控制措施
				L	*E*	*C*	*D*	风险程度	
一	操作前准备								
1	接收指令	工作对象不清楚	(1) 机械伤害； (2) 设备异常	3	6	7	126	3	(1) 确认目的，防止弄错对象； (2) 工作负责人再确认
2	操作对象核对	错误操作其他的设备	(1) 机械伤害； (2) 设备异常	3	6	7	126	3	(1) 正确核对现场设备名称及标牌或系统图； (2) 按规定执行操作监护； (3) 明确操作人、监护人及现场检查人，以便对口联系； (4) 工作负责人再确认
3	填写操作票	填错操作票	(1) 机械伤害； (2) 设备异常	3	6	7	126	3	(1) 正确填写和检查操作票填写内容正确； (2) 严格执行操作监护制度； (3) 工作负责人再确认

续表

编号	作业步骤	危害因素	可能导致的后果	风险评价					控制措施
				L	*E*	*C*	*D*	风险程度	
4	选择合适的工器具	工器具选择不当	机械伤害	1	6	7	42	2	(1) 根据检查操作内容，携带必需的工具，如对讲机、测振仪； (2) 检查所用的工具必须完好； (3) 正确使用工器具； (4) 携带可靠通信工具，操作时并保持联系； (5) 出现异常情况及时与控制室联系，紧急情况时联系主控室紧急停用
5	穿戴合适的防护用品	(1) 穿戴不合适的防护用品； (2) 炉底水外溅； (3) 地面湿滑； (4) 高处落物	(1) 物体打击； (2) 机械伤害； (3) 灼烫； (4) 高处坠落； (5) 其他伤害	1	6	7	42	2	(1) 正确佩戴安全帽； (2) 规范着装（袖口扣好、衣服扣好）； (3) 穿劳动保护鞋； (4) 携带通信工具； (5) 携带手电筒，电源要充足，亮度要足够； (6) 必要时戴好耳塞； (7) 佩戴口罩
二	启动操作								
1	再次核对操作对象	错误操作其他设备	(1) 机械伤害或设备异常； (2) 触电	3	6	7	126	3	(1) 正确核对现场设备名称及标牌或系统图； (2) 按规定执行操作监护。 (3) 明确操作人、监护人及现场检查人，以便对口联系

续表

编号	作业步骤	危害因素	可能导致的后果	风险评价					控制措施
				L	E	C	D	风险程度	
2	设备静止检查	设备误启动	机械伤害	1	6	7	42	2	(1) 加强与控制室联系，保持通信畅通； (2) 确认相关安全措施已经完全撤离
3	设备启动	(1) 设备启动顺序不当； (2) 捞渣机内部有人工作； (3) 设备运行异常； (4) 捞渣机链条过紧； (5) 高处落物；	(1) 机械伤害； (2) 设备异常； (3) 高处坠落； (4) 触电； (5) 机械伤害； (6) 物体打击	1	6	7	42	2	(1) 按工作票内容依次启动设备； (2) 启动前确认各项工作结束，检查设备内部无人工作； (3) 考虑好异常时的撤离路线； (4) 上下楼梯时抓紧、扶好； (5) 尽量不在有落物可能的地方停留； (6) 启动设备启动时合理站位，避免部件故障伤人； (7) 启动时液压油压力过高时暂缓启动； (8) 出现异常情况及时与控制室联系，紧急情况时及时按下就地紧停按钮
三	停运操作								
1	接收指令	工作对象不清楚	机械伤害或设备异常	3	6	7	126	3	确认目的，防止弄错对象
2	核对操作对象	错误操作其他设备	(1) 机械伤害或设备异常； (2) 触电	3	6	7	126	3	(1) 正确核对现场设备名称及标牌或系统图； (2) 按规定执行操作监护； (3) 明确操作人、监护人及现场检查人，以便对口联系

续表

编号	作业步骤	危害因素	可能导致的后果	风险评价					控制措施
				L	*E*	*C*	*D*	风险程度	
3	设备停止	（1）设备停止顺序不当； （2）炉水外溅； （3）设备停止操作不当； （4）高处落物； （5）设备运行异常	（1）机械伤害； （2）设备异常； （3）高处坠落； （4）触电； （5）灼烫； （6）物体打击	1	6	7	42	2	（1）正确根据工作票依次停设备； （2）上下楼梯时抓紧，扶好； （3）尽量不在有落物可能的地方停留； （4）正确进行设备停运操作； （5）检修设备应在安全措施结束后方能进行工作； （6）考虑好异常时的撤离路线
四	作业环境								
1	特殊天气露天楼梯湿滑		高处坠落	3	3	3	27	2	（1）上下楼梯时抓牢、蹬稳； （2）上下梯梯时不得从事其他工作
2	炉内结渣下落时造成的炉底水外溅		灼烫	1	3	3	9	1	（1）检查了解炉膛结焦情况； （2）避免在机组负荷扰动和吹灰期间操作

3 吹灰系统启停操作

主要作业风险： （1）因工作对象不清或填错操作票造成误操作设备； （2）错误选择工器具造成设备损坏和人身伤害； （3）未正确佩戴劳动防护用品导致人身伤害	控制措施： （1）执行发令复诵制度、核对现场设备双重名称； （2）正确填写和核对操作票，执行操作监护制度； （3）操作时选择合适的工器具； （4）操作时正确佩戴穿好劳动防护用品

编号	作业步骤	危害因素	可能导致的后果	风险评价					控制措施
				L	E	C	D	风险程度	
一	操作前准备								
1	接收指令	工作对象不清楚	（1）机械伤害； （2）设备异常	3	6	7	126	3	（1）确认目的，防止弄错对象； （2）工作负责人再确认
2	安全交底	交底不清	（1）机械伤害； （2）设备异常	3	6	7	126	3	（1）正确核对现场设备名称及标牌或系统图； （2）按规定执行操作监护； （3）工作负责人再确认
3	填写操作票	填错操作票	（1）机械伤害； （2）设备异常	3	6	7	126	3	（1）正确填写和检查操作票填写内容正确； （2）严格执行操作监护制度； （3）工作负责人再确认
4	选择合适的工器具	工器具选择不当	机械伤害	1	6	7	42	2	（1）根据检查操作内容，携带必需的工具，如对讲机、扳勾； （2）检查所用的工具必须完好； （3）正确使用工器具；

续表

<table>
<tr><th rowspan="2">编号</th><th rowspan="2">作业步骤</th><th rowspan="2">危害因素</th><th rowspan="2">可能导致的后果</th><th colspan="5">风险评价</th><th rowspan="2">控制措施</th></tr>
<tr><th>L</th><th>E</th><th>C</th><th>D</th><th>风险程度</th></tr>
<tr><td>4</td><td>选择合适的工器具</td><td>工器具选择不当</td><td>机械伤害</td><td>1</td><td>6</td><td>7</td><td>42</td><td>2</td><td>（4）携带可靠通信工具，操作时并保持联系；
（5）出现异常情况及时与控制室联系，紧急情况时联系主控室紧急停用</td></tr>
<tr><td>5</td><td>穿戴合适的劳护用品</td><td>（1）穿戴不合适的劳护用品；
（2）介质泄漏；
（3）高处落物</td><td>（1）物体打击；
（2）机械伤害；
（3）灼烫；
（4）高处坠落；
（5）其他伤害</td><td>1</td><td>6</td><td>7</td><td>42</td><td>2</td><td>（1）正确佩戴安全帽；
（2）规范着装（袖口扣好、衣服扣好）；
（3）穿劳动保护鞋；
（4）携带通信工具；
（5）携带手电筒，电源要充足，亮度要足够；
（6）必要时戴好耳塞</td></tr>
<tr><td>二</td><td colspan="9">启动操作</td></tr>
<tr><td rowspan="6">1</td><td rowspan="6">吹灰系统静止检查</td><td>吹灰器误启动</td><td>机械伤害</td><td>1</td><td>6</td><td>7</td><td>42</td><td>2</td><td rowspan="6">（1）禁止触摸吹灰枪转动部分；
（2）禁止触摸吹灰枪推进部位；
（3）加强与控制室联系，保持通信畅通；
（4）不得正对或靠近泄漏点；
（5）考虑好泄漏时的撤离路线；
（6）检查内漏时注意方法；
（7）检查电动机金属外壳接地良好，否则禁止触摸；
（8）进入该区域时检查是否有高处作业；
（9）行走时看清前方、地面状况；
（10）上下爬梯时抓牢、蹬稳</td></tr>
<tr><td>吹灰管路、阀门泄漏</td><td>灼烫</td><td>3</td><td>10</td><td>1</td><td>30</td><td>2</td></tr>
<tr><td>吹灰疏水门内漏</td><td>灼烫</td><td>3</td><td>10</td><td>1</td><td>30</td><td>2</td></tr>
<tr><td>检查中从高处坠落</td><td>高处坠落</td><td>3</td><td>10</td><td>1</td><td>30</td><td>2</td></tr>
<tr><td>检查中上下楼梯</td><td>高处坠落</td><td>3</td><td>10</td><td>1</td><td>30</td><td>2</td></tr>
<tr><td>吹灰枪电机接地装置不完整</td><td>触电</td><td>1</td><td>10</td><td>1</td><td>10</td><td>1</td></tr>
</table>

续表

编号	作业步骤	危害因素	可能导致的后果	风险评价					控制措施
				L	E	C	D	风险程度	
2	吹灰系统启动操作	吹灰枪转动、推进部分上有异物	机械伤害	1	6	7	42	2	(1) 吹灰系统启动前应派专人到就地安检； (2) 查卡进行检查； (3) 不得触摸吹灰枪旋转或推进部位； (4) 严禁在吹灰枪上行走、站立； (5) 严禁从吹灰枪上跨越，或者从吹灰枪下穿越； (6) 吹灰供气阀门操作时看清平台结构； (7) 出现异常情况及时与控制室联系； (8) 不得正对或靠近泄漏点； (9) 考虑好泄漏时的撤离线路； (10) 检查内漏时注意方法； (11) 检查电动机金属外壳接地良好，否则禁止触摸； (12) 进入该区域时检查是否有高处作业； (13) 行走时看清前方、地面状况； (14) 上下爬梯时抓牢、蹬稳
		吹灰枪转动、推进部分上有人工作	机械伤害	1	10	1	10	1	
		吹灰枪运行时卡涩	机械伤害						
		电动机外壳接地不良	触电	1	10	1	10	1	
		吹灰管路泄漏	灼烫	6	10	1	60	2	
		吹灰器泄漏	灼烫	6	10	1	60	2	
		二级过热器至炉本体吹灰供气管道、阀门泄漏	灼烫	1	10	1	10	1	
		三级过热器至空气预热器吹灰供气管道、阀门泄漏	灼烫	1	10	1	10	1	
		冷端再热器至炉本体吹灰供气管道、阀门泄漏	灼烫	1	10	1	10	1	
		辅汽至空气预热器吹灰供气管道、阀门泄漏	灼烫	1	10	1	10	1	
		吹灰各疏水阀内漏	灼烫	3	10	1	30	2	
		平台上下爬梯、通道狭窄	高处坠落	3	10	1	30	2	

续表

编号	作业步骤	危害因素	可能导致的后果	风险评价					控制措施
				L	E	C	D	风险程度	
三	停运操作								
1	吹灰系统停运	吹灰停运后，吹灰枪未退出	机械伤害	3	10	1	30	2	（1）禁止触摸吹灰枪转动部分； （2）禁止触摸吹灰枪推进部位； （3）如吹灰枪无法正常退出，需使用专用工具，禁止用手直接扳动吹灰枪； （4）加强与控制室联系，保持通信畅通； （5）不得正对或靠近泄漏点； （6）考虑好泄漏时的撤离线路； （7）检查内漏时注意方法； （8）检查电动机金属外壳接地良好，否则禁止触摸； （9）进入该区域时检查是否有高处作业； （10）行走时看清前方、地面状况； （11）上下爬梯时抓牢、蹬稳
		退出时卡涩	机械伤害	3	10	1	30	2	
		吹灰管路、阀门泄漏	灼烫	3	10	1	30	2	
		吹灰疏水门内漏	灼烫	3	10	1	30	2	
		检查中从高处坠落	高处坠落	3	10	1	30	2	
		检查中上下楼梯	高处坠落	3	10	1	30	2	
		吹灰枪电动机接地装置不完整	触电	1	10	1	10	1	
四	作业环境								
1	锅炉长枪吹灰器处	平台上下爬梯、通道狭窄	其他伤害	1	10	1	10	1	（1）正确佩戴安全帽； （2）规范着装（袖口扣好、衣服扣好）； （3）穿劳动保护鞋； （4）携带通信工具； （5）携带手电筒，电源要充足、亮度要足够，必要时戴好耳塞； （6）考虑好泄漏时的撤离线路； （7）不正对和靠近泄漏点
		平台位置较高	高处坠落	1	10	1	10	1	
		吹灰供气管道阀门处噪声较大	其他伤害	3	10	1	30	2	
		空气预热器吹灰处粉尘、固体颗粒较多	作业环境危害	3	10	1	30	2	
		高温高压管道、阀门泄漏	灼烫	1	10	1	10	1	

4 等离子系统启停操作

主要作业风险： （1）因工作对象不清或填错操作票造成误操作设备； （2）错误选择工器具造成设备损坏和人身伤害； （3）未正确佩戴劳动防护用品导致人身伤害	**控制措施：** （1）执行发令复诵制度、核对现场设备双重名称； （2）正确填写和核对操作票，执行操作监护制度； （3）操作时选择合适的工器具； （4）操作时正确佩戴穿好劳动防护用品

编号	作业步骤	危害因素	可能导致的后果	风险评价					控制措施
				L	*E*	*C*	*D*	风险程度	
一	操作前准备								
1	接收指令	工作对象不清楚	（1）机械伤害； （2）设备异常	3	6	7	126	3	确认目的，防止弄错对象
2	安全交底	交底不清	（1）机械伤害； （2）设备异常	3	6	7	126	3	（1）正确核对现场设备名称及标牌或系统图； （2）按规定执行操作监护
3	填写操作票	填错操作票	（1）机械伤害； （2）设备异常	3	6	7	126	3	（1）正确填写和检查操作票填写内容正确； （2）严格执行操作监护制度
4	选择合适的工器具	工器具选择不当	机械伤害	1	6	7	42	2	（1）根据检查操作内容，携带必需的工具，如对讲机、扳勾； （2）检查所用的工具必须完好； （3）正确使用工器具； （4）携带可靠通信工具，操作时并保持联系； （5）出现异常情况及时与控制室联系，紧急情况时联系主控室紧急停用

续表

编号	作业步骤	危害因素	可能导致的后果	风险评价					控制措施
				L	*E*	*C*	*D*	风险程度	
5	穿戴合适的劳护用品	(1) 穿戴不合适的劳护用品； (2) 介质泄漏； (3) 高处落物	(1) 物体打击； (2) 机械伤害； (3) 灼烫； (4) 高处坠落； (5) 其他伤害	1	6	7	42	2	(1) 正确佩戴安全帽； (2) 规范着装（袖口扣好、衣服钮好）； (3) 穿劳动保护鞋； (4) 携带通信工具； (5) 携带手电筒，电源要充足、亮度要足够； (6) 必要时戴好耳塞
二	操作内容								
1	再次核对操作对象	错误操作其他设备	(1) 机械伤害； (2) 设备异常	3	6	7	126	3	(1) 正确核对现场设备名称及标牌或系统图； (2) 按规定执行操作监护； (3) 明确操作人、监护人及现场检查人，以便对口联系
2	暖风器暖管操作	(1) 发生水击爆炸； (2) 操作过程中出现泄漏； (3) 操作中跌倒； (4) 阀钩滑脱； (5) 操作中碰到周围高温热体；	(1) 灼烫； (2) 爆炸； (3) 高处坠落； (4) 物体打击； (5) 设备异常； (6) 其他伤害	1	3	3	9	1	(1) 检查周边高温管、阀保温完整； (2) 尽量避免靠近或接触高温物体； (3) 选择合理的操作位置，不准站在阀杆的正对面； (4) 考虑好泄漏、爆裂时的避让或撤离路线必须通畅； (5) 不得正对或靠近泄漏点； (6) 操作时远离疏放水口； (7) 在泄漏声较大或刺耳时应戴耳塞；

续表

编号	作业步骤	危害因素	可能导致的后果	风险评价					控制措施
				L	*E*	*C*	*D*	风险程度	
2	暖风器暖管操作	（6）高处落物； （7）暖管不够充分； （8）管道剧烈晃动	（1）灼烫； （2）爆炸； （3）高处坠落； （4）物体打击； （5）设备异常； （6）其他伤害	1	3	3	9	1	（8）查系统上已无人工作； （9）缓慢均匀地开启阀门，对管道和容器进行预暖，缓慢操作，避免管系冲击损坏； （10）预暖结束后方可缓慢均匀地将阀门开足
3	暖风器疏水操作	（1）发生水击； （2）操作过程中出现泄漏； （3）操作中跌倒； （4）阀钩滑脱； （5）操作中碰到周围热体； （6）高处落物； （7）疏水阀门开度过大； （8）疏水阀门开度过小； （9）疏水不够充分； （10）一二次阀门操作顺序不当	（1）灼烫； （2）高处坠落； （3）物体打击； （4）设备异常	1	3	15	45	2	（1）查系统上已无人工作； （2）检查周边高温管、阀门保温完整； （3）尽量避免靠近或接触高温物体； （4）选择合理的操作位置； （5）缓慢均匀地开启阀门，对管道和容器进行预暖，缓慢操作，避免管系冲击损坏； （6）预暖结束后方可缓慢均匀地将阀门开足； （7）考虑好泄漏、爆裂时的撤离线路； （8）不得正对或靠近泄漏点； （9）操作时远离疏放水口

续表

编号	作业步骤	危害因素	可能导致的后果	风险评价					控制措施
				L	*E*	*C*	*D*	风险程度	
4	等离子投运后的监视和分析	(1) 设备运行参数是否正常; (2) 等离子着火情况是否良好	设备异常	6	6	3	108	3	(1) 认真监视和分析刚投运设备的运行情况; (2) 磨入口温度不达 160℃,不准投运给煤机; (3) 炉内着火不良,应及时调整;否则应立即停运相关设备,防止二次燃烧的发生
三	以往发生的事件								
1	2 号机组启动时,暖风器疏水阀操作不到位	疏水不畅,进汽量不足,对冷一次风加热量不足,管道容易水冲击,对磨内煤粉干燥出力不足,对燃料燃烧不充分,有未燃尽的可能	设备异常	6	6	1	36	2	(1) 操作必须由两个有经验的人进行,一人操作,另一人监护; (2) 正确佩戴安全帽; (3) 穿合适的长袖工作服,衣服和袖口必须扣好; (4) 穿劳动保护鞋; (5) 操作中必须充分暖管、疏水、排气; (6) 发生水击时应立即停止操作

5 风烟系统启停操作

<table>
<tr><td colspan="4">主要作业风险：
（1）因工作对象不清或填错操作票造成误操作设备；
（2）错误选择工器具造成设备损坏和人身伤害；
（3）未正确佩戴劳动防护用品导致人身伤害</td><td colspan="6">控制措施：
（1）执行发令复诵制度、核对现场设备双重名称；
（2）正确填写和核对操作票，执行操作监护制度；
（3）操作时选择合适的工器具；
（4）操作时正确佩戴穿好劳动防护用品</td></tr>
<tr><td rowspan="2">编号</td><td rowspan="2">作业步骤</td><td rowspan="2">危害因素</td><td rowspan="2">可能导致的后果</td><td colspan="5">风险评价</td><td rowspan="2">控制措施</td></tr>
<tr><td>L</td><td>E</td><td>C</td><td>D</td><td>风险程度</td></tr>
<tr><td>一</td><td colspan="9">操作前准备</td></tr>
<tr><td>1</td><td>接收指令</td><td>工作对象不清楚</td><td>（1）机械伤害；
（2）设备异常</td><td>3</td><td>6</td><td>7</td><td>126</td><td>3</td><td>确认目的，防止弄错对象</td></tr>
<tr><td>2</td><td>安全交底</td><td>交底不清</td><td>（1）机械伤害；
（2）设备异常</td><td>3</td><td>6</td><td>7</td><td>126</td><td>3</td><td>（1）正确核对现场设备名称及标牌或系统图；
（2）按规定执行操作监护</td></tr>
<tr><td>3</td><td>填写操作票</td><td>填错操作票</td><td>（1）机械伤害；
（2）设备异常</td><td>3</td><td>6</td><td>7</td><td>126</td><td>3</td><td>（1）正确填写和检查操作票填写内容正确；
（2）严格执行操作监护制度</td></tr>
<tr><td>4</td><td>选择合适的工器具</td><td>工器具选择不当</td><td>机械伤害</td><td>1</td><td>6</td><td>7</td><td>42</td><td>2</td><td>（1）根据检查操作内容，携带必需的工具，如对讲机、测振仪、听棒；
（2）检查所用的工具必须完好；
（3）正确使用工器具；</td></tr>
</table>

续表

编号	作业步骤	危害因素	可能导致的后果	风险评价					控制措施
				L	*E*	*C*	*D*	风险程度	
4	选择合适的工器具	工器具选择不当	机械伤害	1	6	7	42	2	（4）携带可靠通信工具，操作时并保持联系； （5）出现异常情况及时与控制室联系，紧急情况时联系主控室紧急停用
5	穿戴合适的劳护用品	（1）穿戴不合适的劳护用品； （2）介质泄漏； （3）高处落物	（1）物体打击； （2）机械伤害； （3）高处坠落； （4）其他伤害	1	6	7	42	2	（1）正确佩戴安全帽； （2）规范着装（袖口扣好、衣服扣好）； （3）穿劳动保护鞋； （4）携带通信工具； （5）携带手电筒，电源要充足，亮度要足够； （6）必要时戴好耳塞
二	操作内容								
1	引风机启动	（1）引风机转动部分上有异物； （2）引风机本体上有人工作； （3）关联系统有人工作未隔离； （4）引风机启动后运转异常	（1）机械伤害； （2）物体打击； （3）设备异常	1	6	7	42	2	（1）按设备启动前检查卡进行检查； （2）不得触摸旋转或移动部位； （3）严禁在转动设备的靠背轮罩上行走、站立、跨越； （4）操作时看清平台结构； （5）转动设备启动时合理站位，站在转动设备轴向，禁止站在管道、栏杆、靠背轮罩壳上，避免部件故障伤人； （6）及时清除地面冰雪； （7）出现异常情况及时与控制室联系，紧急情况时及时按就地紧停按钮

续表

编号	作业步骤	危害因素	可能导致的后果	风险评价					控制措施
				L	*E*	*C*	*D*	风险程度	
2	送风机启动	(1) 送风机转动部分上有异物； (2) 送风机本体上有人工作； (3) 关联系统有人工作未隔离； (4) 送风机启动后运转异常	(1) 机械伤害； (2) 物体打击； (3) 设备异常损害	1	6	7	42	2	(1) 按设备启动前检查卡进行检查； (2) 不得触摸旋转或移动部位； (3) 严禁在转动设备的靠背轮罩上行走、站立、跨越； (4) 操作时看清平台结构； (5) 转动设备启动时合理站位，站在转动设备轴向，禁止站在管道、栏杆、靠背轮罩壳上，避免部件故障伤人； (6) 及时清除地面冰雪； (7) 出现异常情况及时与控制室联系，紧急情况时及时按就地紧停按钮
3	送风机停止	(1) 炉膛负压波动大； (2) 锅炉风量不满足； (3) 另一台送风机过负荷	(1) 灼烫； (2) 设备损坏	6	1	7	42	2	(1) 严格执行操作票； (2) 控制操作速度； (3) 加强与控制室联系，保持通信畅通； (4) 操作时禁止打开观火孔观火
4	引风机停止	(1) 炉膛负压波动大； (2) 锅炉风量不满足； (3) 另一台引风机过负荷	(1) 灼烫； (2) 设备损坏	6	1	7	42	2	(1) 严格执行操作票； (2) 控制操作速度； (3) 加强与控制室联系，保持通信畅通； (4) 操作时禁止打开观火孔观火

6 供油系统启停操作

<table>
<tr><td colspan="5">主要作业风险：
（1）因工作对象不清或填错操作票造成误操作设备；
（2）错误选择工器具造成设备损坏和人身伤害；
（3）未正确佩戴劳动防护用品导致人身伤害</td><td colspan="6">控制措施：
（1）执行发令复诵制度、核对现场设备双重名称；
（2）正确填写和核对操作票，执行操作监护制度；
（3）操作时选择合适的工器具；
（4）操作时正确佩戴穿好劳动防护用品</td></tr>
<tr><td rowspan="2">编号</td><td rowspan="2">作业步骤</td><td rowspan="2">危害因素</td><td rowspan="2">可能导致的后果</td><td colspan="5">风险评价</td><td rowspan="2">控制措施</td></tr>
<tr><td>L</td><td>E</td><td>C</td><td>D</td><td>风险程度</td></tr>
<tr><td>一</td><td colspan="9">操作前准备</td></tr>
<tr><td>1</td><td>接收指令</td><td>工作对象不清楚</td><td>（1）机械伤害；
（2）设备异常</td><td>3</td><td>6</td><td>7</td><td>126</td><td>3</td><td>确认目的，防止弄错对象</td></tr>
<tr><td>2</td><td>安全交底</td><td>交底不清</td><td>（1）机械伤害；
（2）设备异常</td><td>3</td><td>6</td><td>7</td><td>126</td><td>3</td><td>（1）正确核对现场设备名称及标牌或系统图；
（2）按规定执行操作监护</td></tr>
<tr><td>3</td><td>填写操作票</td><td>填错操作票</td><td>（1）机械伤害；
（2）设备异常</td><td>3</td><td>6</td><td>7</td><td>126</td><td>3</td><td>（1）正确填写和检查操作票填写内容正确；
（2）严格执行操作监护制度</td></tr>
<tr><td>4</td><td>选择合适的工器具</td><td>工器具选择不当</td><td>机械伤害</td><td>1</td><td>6</td><td>7</td><td>42</td><td>2</td><td>（1）根据检查操作内容，携带必需的工具，如对讲机、测振仪、听棒；
（2）检查所用的工具必须完好；
（3）正确使用工器具</td></tr>
</table>

续表

编号	作业步骤	危害因素	可能导致的后果	风险评价					控制措施
				L	E	C	D	风险程度	
4	选择合适的工器具	工器具选择不当	机械伤害	1	6	7	42	2	(4) 携带可靠通信工具，操作时并保持联系； (5) 出现异常情况及时与控制室联系，紧急情况时联系主控室紧急停用
5	穿戴合适的劳护用品	(1) 穿戴不合适的劳护用品； (2) 介质泄漏； (3) 高处落物	(1) 物体打击； (2) 机械伤害； (3) 灼烫； (4) 高处坠落； (5) 其他伤害	1	6	7	42	2	(1) 正确佩戴安全帽； (2) 规范着装（袖口扣好、衣服扣好）； (3) 穿劳动保护鞋； (4) 携带通信工具； (5) 携带手电筒，电源要充足，亮度要足够； (6) 必要时戴好耳塞
二	操作内容								
1	设备静止检查	设备误启动	机械伤害	1	6	7	42	2	(1) 禁止触摸转动部分或移动部位； (2) 加强与控制室联系，保持通信畅通
2	供油系统启动操作	(1) 设备检修，安全措施未恢复； (2) 阀门状态不符合要求； (3) 油区消防设施不可用；	(1) 物体打击； (2) 机械伤害； (3) 火灾； (4) 其他伤害； (5) 设备异常	1	6	7	42	2	(1) 按设备启动前检查卡进行检查； (2) 定期检查、维护油区消防系统； (3) 按规定做好供油泵测绝缘工作； (4) 供油系统启动前，进行全面细致检查； (5) 油罐油位偏低时，及时进行补油操作；

续表

编号	作业步骤	危害因素	可能导致的后果	风险评价					控制措施
				L	*E*	*C*	*D*	风险程度	
2	供油系统启动操作	(4) 供油泵电气绝缘不合格； (5) 供、卸油系统未隔绝； (6) 供油泵轴承润滑油不足； (7) 供油泵轴承冷却水中断； (8) 油泵密封油进油门未开； (9) 供油泵进口滤网堵塞； (10) 油罐油位过低； (11) 系统测量表计失灵； (12) 电气控制电源失去； (13) 供油泵出口调门失灵； (14) 供油系统管路泄漏； (15) 供油泵轴承温度高； (16) 电动机冒烟、着火； (17) 供油泵打闷泵	(1) 物体打击； (2) 机械伤害； (3) 火灾； (4) 其他伤害； (5) 设备异常	1	6	7	42	2	(6) 油泵进口滤网差压高时，及时联系检修清理滤网，清理结束后恢复备用； (7) 油系统泄漏时，立即进行隔绝，并做好防火工作； (8) 出现异常情况及时与控制室联系，紧急情况时及时按就地紧停按钮
3	供油系统停运操作	(1) 供油泵打闷泵； (2) 供油系统管路泄漏； (3) 供油泵出口调门失灵；	(1) 机械伤害； (2) 火灾； (3) 其他伤害； (4) 设备异常	1	6	7	42	2	(1) 油系统泄漏时，立即进行隔绝，并做好防火工作； (2) 调门自动调节失灵时，立即切至手动调节； (3) 出现异常情况及时与控制室联系，紧急情况及时按就地紧停按钮

续表

编号	作业步骤	危害因素	可能导致的后果	风险评价					控制措施
				L	E	C	D	风险程度	
3	供油系统停运操作	（4）系统测量表计失灵； （5）供油泵轴承温度高； （6）再循环调门失灵	（1）机械伤害； （2）火灾； （3）其他伤害； （4）设备异常	1	6	7	42	2	（1）油系统泄漏时，立即进行隔绝，并做好防火工作； （2）调门自动调节失灵时，立即切至手动调节； （3）出现异常情况及时与控制室联系，紧急情况及时按就地紧停按钮

7 火检风机启停操作

<table>
<tr><td colspan="4">主要作业风险：
（1）因工作对象不清或填错操作票造成误操作设备；
（2）错误选择工器具造成设备损坏和人身伤害；
（3）未正确佩戴劳动防护用品导致人身伤害</td><td colspan="6">控制措施：
（1）执行发令复诵制度、核对现场设备双重名称；
（2）正确填写和核对操作票，执行操作监护制度；
（3）操作时选择合适的工器具；
（4）操作时正确佩戴穿好劳动防护用品</td></tr>
<tr><td rowspan="2">编号</td><td rowspan="2">作业步骤</td><td rowspan="2">危害因素</td><td rowspan="2">可能导致的后果</td><td colspan="5">风险评价</td><td rowspan="2">控制措施</td></tr>
<tr><td>L</td><td>E</td><td>C</td><td>D</td><td>风险程度</td></tr>
<tr><td>一</td><td colspan="9">操作前准备</td></tr>
<tr><td>1</td><td>接收指令</td><td>工作对象不清楚</td><td>（1）机械伤害；
（2）设备异常</td><td>3</td><td>6</td><td>7</td><td>126</td><td>3</td><td>确认目的，防止弄错对象</td></tr>
<tr><td>2</td><td>操作对象核对</td><td>错误操作其他的设备</td><td>（1）机械伤害；
（2）设备异常</td><td>3</td><td>6</td><td>7</td><td>126</td><td>3</td><td>（1）正确核对设备名称及标牌；
（2）按规定执行操作监护；
（3）明确操作人、监护人及现场检查人，以便对口联系</td></tr>
<tr><td>3</td><td>准备合适的防护用具</td><td>（1）设备现场有空中落物；
（2）转动设卷绞衣服；
（3）电动机金属外壳接地装置不完整；
（4）地面湿滑</td><td>（1）物体打击；
（2）机械伤害；
（3）触电；
（4）高处坠落</td><td>1</td><td>6</td><td>7</td><td>42</td><td>2</td><td>（1）正确佩戴安全帽；
（2）规范着装（袖口扣好、衣服扣好）；
（3）穿劳动保护鞋；
（4）携带通信工具；
（5）携带手电筒，电源要充足，亮度要足够；
（6）必要时戴好耳塞</td></tr>
</table>

续表

编号	作业步骤	危害因素	可能导致的后果	风险评价					控制措施
				L	*E*	*C*	*D*	风险程度	
4	准备合适的用具	启动中发生强烈振动或设备损坏	机械伤害	1	6	7	42	2	(1) 根据检查内容，携带必需的工具，如对讲机、测振仪、听棒、测温仪等。 (2) 检查并测试所带的工具必须完好
二	启动操作								
1	设备静止检查	(1) 电动机接地装置不完整； (2) 设备误启动	(1) 触电； (2) 机械伤害； (3) 设备异常	1	6	7	42	2	(1) 检查电动机的金属外壳的接地装置必须完整牢固； (2) 进行外观检查时禁止触摸转动部分或移动部位； (3) 加强与控制室联系，保持通信畅通； (4) 熟悉紧急停运按钮位置
2	设备启动	(1) 转动部分上有异物； (2) 转动部分上有人工作； (3) 关联系统有人工作未隔离； (4) 设备运转异常	(1) 机械伤害； (2) 物体打击； (3) 设备异常	1	1	15	15	1	(1) 按设备启动前检查卡进行检查； (2) 不得触摸旋转或移动部位； (3) 严禁在转动设备的靠背轮罩上行走、站立、跨越； (4) 操作时看清平台结构，防止滑倒、绊倒或坠落； (5) 转动设备启动时合理站位，站在转动设备轴向，禁止站在管道、栏杆、靠背轮罩壳上，避免部件故障伤人； (6) 及时清除地面冰雪； (7) 出现异常情况及时与控制室联系，紧急情况及时按就地紧停按钮

续表

编号	作业步骤	危害因素	可能导致的后果	风险评价					控制措施
				L	E	C	D	风险程度	
三	停运操作								
1	设备停运	(1) 转动部分上有异物； (2) 转动部分上有人工作； (3) 关联系统有人工作未隔离； (4) 设备转动部分惰走异常	(1) 机械伤害； (2) 物体打击； (3) 设备异常	1	1	15	15	1	(1) 按设备停运前检查卡进行检查； (2) 不得触摸旋转或移动部位； (3) 严禁在转动设备的靠背轮罩上行走、站立、跨越； (4) 操作时看清平台结构，防止滑倒、绊倒或坠落； (5) 转动设备停运时合理站位，站在转动设备轴向，禁止站在管道、栏杆、靠背轮罩壳上，避免部件故障伤人； (6) 及时清除地面冰雪； (7) 出现异常情况及时与控制室联系，紧急情况及时按就地紧停按钮
2	设备静止检查	设备误停运	(1) 触电； (2) 机械伤害	1	10	15	150	3	(1) 进行外观检查时禁止触摸转动部分或移动部位； (2) 加强与控制室联系，保持通信畅通； (3) 熟悉紧急停运按钮位置

8 炉前油系统启停操作

<table>
<tr><td colspan="4">主要作业风险：
（1）因工作对象不清或填错操作票造成误操作设备；
（2）错误选择工器具造成设备损坏和人身伤害；
（3）未正确佩戴劳动防护用品导致人身伤害；
（4）因未选择合适的操作位置导致高处坠落、物体打击、机械伤害等</td><td colspan="6">控制措施：
（1）执行发令复诵制度、核对现场设备双重名称；
（2）正确填写和核对操作票，执行操作监护制度；
（3）操作时选择合适的工器具；
（4）操作时正确佩戴穿好劳动防护用品；
（5）操作时选择合理的操作位置和操作方法等</td></tr>
<tr><td rowspan="2">编号</td><td rowspan="2">作业步骤</td><td rowspan="2">危害因素</td><td rowspan="2">可能导致的后果</td><td colspan="5">风险评价</td><td rowspan="2">控制措施</td></tr>
<tr><td>L</td><td>E</td><td>C</td><td>D</td><td>风险程度</td></tr>
<tr><td>一</td><td colspan="3">操作前准备</td><td></td><td></td><td></td><td></td><td></td><td></td></tr>
<tr><td>1</td><td>接收指令</td><td>工作对象不清楚</td><td>（1）机械伤害；
（2）设备异常</td><td>3</td><td>6</td><td>7</td><td>126</td><td>3</td><td>确认目的，防止弄错对象</td></tr>
<tr><td>2</td><td>核对操作对象</td><td>误操作其他设备</td><td>（1）机械伤害；
（2）设备异常</td><td>3</td><td>6</td><td>7</td><td>126</td><td>3</td><td>（1）正确核对现场设备名称及标牌或系统图；
（2）按规定执行操作监护</td></tr>
<tr><td>3</td><td>填写检查卡或操作票</td><td>填错检查卡或操作票</td><td>（1）机械伤害；
（2）设备异常</td><td>3</td><td>6</td><td>7</td><td>126</td><td>3</td><td>（1）正确填写和确认检查卡或操作票填写内容是否正确；
（2）严格执行操作监护制度</td></tr>
<tr><td>4</td><td>选择合适的工器具</td><td>（1）工器具选择不当；</td><td>（1）机械伤害；</td><td>1</td><td>6</td><td>7</td><td>42</td><td>2</td><td>（1）根据操作内容，携带必需的工具，如对讲机、扳手；</td></tr>
</table>

续表

编号	作业步骤	危害因素	可能导致的后果	风险评价					控制措施
				L	E	C	D	风险程度	
4	选择合适的工器具	（2）工器具使用不当，引起阀钩打滑	（2）高处坠落	1	6	7	42	2	（2）检查所用的工具必须完好； （3）正确使用工器具； （4）携带可靠通信工具，操作时并保持联系； （5）出现异常情况及时与控制室联系，紧急情况时联系主控室紧急停用
5	穿戴合适的劳护用品	（1）穿戴不合适的劳护用品； （2）介质泄漏； （3）高处落物	（1）物体打击； （2）机械伤害； （3）灼烫； （4）高处坠落； （5）其他伤害	1	6	7	42	2	（1）正确佩戴安全帽； （2）规范着装（袖口扣好、衣服扣好）； （3）穿劳动保护鞋； （4）携带通信工具； （5）携带手电筒，电源要充足，亮度要足够； （6）必要时戴好耳塞
二	操作内容								
1	轻油系统投入前的检查	（1）检查对象不明确； （2）现场杂乱，照明不充足	（1）机械伤害； （2）其他伤害	6	2	1	12	1	（1）在设备上标示明确的标识牌； （2）定期清扫现场，安装必要的工作照明和事故照明
2	轻油罐补油	（1）卸油管道未连接到位； （2）卸油前油车接地线未接好； （3）就地油位计与 LCD 上显示不一致	（1）火灾； （2）其他伤害； （3）设备异常	1	2	3	6	1	（1）仔细检查管路的连接； （2）指派负责人监督确认； （3）补完油核对油位

续表

编号	作业步骤	危害因素	可能导致的后果	风险评价					控制措施
				L	*E*	*C*	*D*	风险程度	
3	轻油泵的启动运行	(1) 电动机启动不正常，振动大，异声大； (2) 主要隔绝门没有关严； (3) 油泵轴承油位低； (4) 油泵轴承冷却水未开； (5) 就地控制盘变频器未切远方； (6) 各台油泵未正确投入或退出联锁	(1) 其他伤害； (2) 设备异常	3	2	1	6	1	(1) 巡检就地加强观察； (2) 发现阀门损坏关不严，及时联系检修； (3) 定期轴承加油； (4) 保证冷却水畅通，根据温度调节冷却水流量； (5) 按规定要求投入联锁保护
4	油污水分离器的投运	(1) 注水排气不彻底； (2) 电加热器故障	设备异常	3	2	1	6	1	(1) 经常打开筒体顶部放气考克来检查； (2) 无水时严禁投加热器
5	轻油泵停运	轻油泵再循环隔绝门及电动调门未在开启位置	设备异常	3	2	1	6	1	就地巡检核实阀门状态
6	油污水分离器停运	四只泄放阀未关闭严密	设备异常	3	2	1	6	1	指派人员就地检查

9 炉水回收系统启停操作

<table>
<tr><td colspan="6">主要作业风险：
(1) 因工作对象不清或填错操作票造成误操作设备；
(2) 错误选择工器具造成设备损坏和人身伤害；
(3) 未正确佩戴劳动防护用品导致人身伤害；
(4) 因操作时未远离周围高温点和疏水口导致烫伤；
(5) 因未选择合适的操作位置导致高处坠落、物体打击、机械伤害等</td><td colspan="6">控制措施：
(1) 执行发令复诵制度、核对现场设备双重名称；
(2) 正确填写和核对操作票，执行操作监护制度；
(3) 操作时选择合适的工器具；
(4) 操作时正确佩戴穿好劳动防护用品；
(5) 操作时选择合理的操作位置和操作方法等</td></tr>
<tr><td rowspan="2">编号</td><td rowspan="2">作业步骤</td><td rowspan="2">危害因素</td><td rowspan="2">可能导致的后果</td><td colspan="5">风险评价</td><td rowspan="2" colspan="3">控制措施</td></tr>
<tr><td>L</td><td>E</td><td>C</td><td>D</td><td>风险程度</td></tr>
<tr><td>一</td><td colspan="2">操作前准备</td><td></td><td></td><td></td><td></td><td></td><td></td><td colspan="3"></td></tr>
<tr><td>1</td><td>接收指令</td><td>工作对象不清楚</td><td>(1) 机械伤害；
(2) 设备异常</td><td>3</td><td>6</td><td>7</td><td>126</td><td>3</td><td colspan="3">确认目的，防止弄错对象</td></tr>
<tr><td>2</td><td>安全交底</td><td>交底不清</td><td>(1) 机械伤害；
(2) 设备异常</td><td>3</td><td>6</td><td>7</td><td>126</td><td>3</td><td colspan="3">(1) 正确核对现场设备名称及标牌或系统图；
(2) 按规定执行操作监护</td></tr>
<tr><td>3</td><td>填写操作票</td><td>填错操作票</td><td>(1) 机械伤害；
(2) 设备异常</td><td>3</td><td>6</td><td>7</td><td>126</td><td>3</td><td colspan="3">(1) 正确填写和检查操作票填写内容正确；
(2) 严格执行操作监护制度</td></tr>
<tr><td>4</td><td>选择合适的工器具</td><td>工器具选择不当</td><td>机械伤害</td><td>1</td><td>6</td><td>7</td><td>42</td><td>2</td><td colspan="3">(1) 根据检查操作内容，携带必需的工具，如对讲机、测振仪、听棒；</td></tr>
</table>

续表

编号	作业步骤	危害因素	可能导致的后果	风险评价					控制措施
				L	*E*	*C*	*D*	风险程度	
4	选择合适的工器具	工器具选择不当	机械伤害	1	6	7	42	2	(2) 检查所用的工具必须完好； (3) 正确使用工器具； (4) 携带可靠通信工具，操作时并保持联系； (5) 出现异常情况及时与控制室联系，紧急情况时联系主控室紧急停用
5	穿戴合适的劳护用品	(1) 穿戴不合适的劳护用品； (2) 介质泄漏； (3) 高处落物	(1) 物体打击； (2) 机械伤害； (3) 灼烫； (4) 高处坠落； (5) 其他伤害	1	6	7	42	2	(1) 正确佩戴安全帽； (2) 规范着装（袖口扣好、衣服扣好）； (3) 穿劳动保护鞋； (4) 携带通信工具； (5) 携带手电筒，电源要充足、亮度要足够； (6) 必要时戴好耳塞
二	操作内容								
1	启动回收系统静止检查	(1) 设备误启动； (2) 介质泄漏、异常情况； (3) 保温铝皮不平整； (4) 地面不平、通道狭窄	(1) 机械伤害； (2) 灼烫； (3) 其他伤害	1	6	7	42	2	(1) 禁止触摸转动部分或移动部位； (2) 加强与控制室联系，保持通信畅通； (3) 若已存在外漏无法控制，及时汇报； (4) 看清平台结构、地面状况

续表

编号	作业步骤	危害因素	可能导致的后果	风险评价					控制措施
				L	E	C	D	风险程度	
2	启动回收系统启动	(1) 转动部分上有异物； (2) 转动部分上有人工作； (3) 关联系统有人工作未隔离； (4) 炉水回收泵运转异常。 (5) 电机外壳接地不良或电机接线松动； (6) 高处落物； (7) 启动过程中管道、阀门出现泄漏	(1) 机械伤害； (2) 人身伤害； (3) 物体打击； (4) 淹溺； (5) 灼烫	1	6	7	42	2	(1) 按炉水回收泵启动前检查卡进行检查； (2) 缓慢均匀地开启暖管门、暖泵门对管道和炉水回收泵进行预暖，缓慢操作，避免管系冲击损坏； (3) 不得触摸转动部位； (4) 操作时看清平台结构； (5) 炉水回收泵启动时合理站位，站在转动设备轴向，禁止站在管道、栏杆避免部件故障伤人； (6) 及时清除地面冰雪； (7) 出现异常情况及时与控制室联系，考虑好泄漏、爆裂时的撤离路线； (8) 检查电动机金属外壳接地良好，否则禁止触摸； (9) 检查是否有高处作业
3	启动回收系统停止	(1) 转动部分上有异物； (2) 炉水回收泵运转异常； (3) 电动机外壳接地不良或电动机接线松动； (4) 高处落物； (5) 停止过程中管道、阀门出现泄漏	(1) 机械伤害； (2) 其他伤害； (3) 灼烫	1	6	7	42	2	(1) 不得触摸转动部位； (2) 操作时看清平台结构； (3) 炉水回收泵停止时合理站位，禁止站在管道、栏杆上，避免部件故障伤人； (4) 及时清除地面冰雪； (5) 出现异常情况及时与控制室联系，考虑好泄漏、爆裂时的撤离路线；

续表

编号	作业步骤	危害因素	可能导致的后果	风险评价					控制措施
				L	*E*	*C*	*D*	风险程度	
3	启动回收系统停止	（1）转动部分上有异物； （2）炉水回收泵运转异常； （3）电动机外壳接地不良或电动机接线松动； （4）高处落物； （5）停止过程中管道、阀门出现泄漏	（1）机械伤害； （2）其他伤害； （3）灼烫	1	6	7	42	2	（6）检查电动机金属外壳接地良好，否则禁止触摸； （7）检查是否有高处作业

10 磨煤机干湿态转换操作

<table>
<tr><td colspan="4">**主要作业风险：**
(1) 因工作对象不清或填错操作票造成误操作设备；
(2) 错误选择工器具造成设备损坏和人身伤害；
(3) 未正确佩戴劳动防护用品导致人身伤害</td><td colspan="6">**控制措施：**
(1) 执行发令复诵制度、核对现场设备双重名称；
(2) 正确填写和核对操作票，执行操作监护制度；
(3) 操作时选择合适的工器具；
(4) 操作时正确佩戴穿好劳动防护用品</td></tr>
<tr><td rowspan="2">**编号**</td><td rowspan="2">**作业步骤**</td><td rowspan="2">**危害因素**</td><td rowspan="2">**可能导致的后果**</td><td colspan="5">**风险评价**</td><td rowspan="2">**控制措施**</td></tr>
<tr><td>*L*</td><td>*E*</td><td>*C*</td><td>*D*</td><td>风险程度</td></tr>
<tr><td>一</td><td colspan="9">操作前准备</td></tr>
<tr><td>1</td><td>接收指令</td><td>工作对象不清楚</td><td>(1) 机械伤害；
(2) 设备异常</td><td>3</td><td>6</td><td>7</td><td>126</td><td>3</td><td>确认目的，防止弄错对象</td></tr>
<tr><td>2</td><td>安全交底</td><td>交底不清</td><td>(1) 机械伤害；
(2) 设备异常</td><td>3</td><td>6</td><td>7</td><td>126</td><td>3</td><td>(1) 正确核对现场设备名称及标牌或系统图；
(2) 按规定执行操作监护</td></tr>
<tr><td>3</td><td>填写操作票</td><td>填错操作票</td><td>(1) 机械伤害；
(2) 设备异常</td><td>3</td><td>6</td><td>7</td><td>126</td><td>3</td><td>(1) 正确填写和检查操作票填写内容正确；
(2) 严格执行操作监护制度</td></tr>
<tr><td>4</td><td>选择合适的工器具</td><td>工器具选择不当</td><td>机械伤害</td><td>1</td><td>6</td><td>7</td><td>42</td><td>2</td><td>(1) 根据检查操作内容，携带必需的工具，如对讲机、测振仪、听棒；</td></tr>
</table>

续表

编号	作业步骤	危害因素	可能导致的后果	风险评价					控制措施
				L	*E*	*C*	*D*	风险程度	
4	选择合适的工器具	工器具选择不当	机械伤害	1	6	7	42	2	（2）检查所用的工具必须完好； （3）正确使用工器具； （4）携带可靠通信工具，操作时并保持联系； （5）出现异常情况及时与控制室联系，紧急情况时联系主控室紧急停用
5	穿戴合适的劳护用品	（1）穿戴不合适的劳护用品； （2）介质泄漏； （3）高处落物	（1）物体打击； （2）机械伤害； （3）高处坠落； （4）其他伤害。	1	6	7	42	2	（1）正确佩戴安全帽； （2）规范着装（袖口扣好、衣服扣好）； （3）穿劳动保护鞋； （4）携带通信工具； （5）携带手电筒，电源要充足，亮度要足够； （6）必要时戴好耳塞
二	操作内容								
1	湿态转干态	（1）磨煤机运行方式不合适； （2）分离器水位控制不稳定； （3）操作幅度过大	设备异常	6	1	1	6	1	（1）严格执行操作票； （2）选择合适燃烧方式； （3）控制合理的转换速度
2	干态转湿态	（1）磨煤机运行方式不合适； （2）分离器水位控制不稳定； （3）操作幅度过大	设备异常	6	1	1	6	1	（1）严格执行操作票； （2）选择合适燃烧方式； （3）控制合理的转换速度

11 启动锅炉系统启停操作

主要作业风险：	控制措施：
（1）因工作对象不清或填错操作票造成误操作设备； （2）错误选择工器具造成设备损坏和人身伤害； （3）未正确佩戴劳动防护用品导致人身伤害； （4）因操作时未远离周围高温点和疏水口导致烫伤； （5）因未选择合适的操作位置导致高处坠落、物体打击、机械伤害等	（1）执行发令复诵制度、核对现场设备双重名称； （2）正确填写和核对操作票，执行操作监护制度； （3）操作时选择合适的工器具； （4）操作时正确佩戴穿好劳动防护用品； （5）操作时选择合理的操作位置和操作方法等

编号	作业步骤	危害因素	可能导致的后果	风险评价					控制措施
				L	*E*	*C*	*D*	风险程度	
一	操作前准备								
1	接收指令	工作对象不清楚	（1）机械伤害； （2）设备异常	3	6	7	126	3	确认目的，防止弄错对象
2	核对操作对象	误操作其他设备	（1）机械伤害； （2）设备异常	3	6	7	126	3	（1）正确核对现场设备名称及标牌或系统图； （2）按规定执行操作监护
3	填写检查卡或操作票	填错检查卡或操作票	（1）机械伤害； （2）设备异常	3	6	7	126	3	（1）正确填写和确认检查卡或操作票填写内容是否正确； （2）严格执行操作监护制度
4	选择合适的工器具	（1）工器具选择不当；	（1）机械伤害；	1	6	7	42	2	（1）根据操作内容，携带必需的工具，如对讲机、扳手；

续表

编号	作业步骤	危害因素	可能导致的后果	风险评价					控制措施
				L	E	C	D	风险程度	
4	选择合适的工器具	（2）工器具使用不当，引起阀钩打滑	（2）高处坠落	1	6	7	42	2	（2）检查所用的工具必须完好； （3）正确使用工器具； （4）携带可靠通信工具，操作时并保持联系； （5）出现异常情况及时与控制室联系，紧急情况时联系主控室紧急停用
5	穿戴合适的劳护用品	（1）穿戴不合适的劳护用品； （2）介质泄漏； （3）高处落物	（1）物体打击； （2）机械伤害； （3）灼烫； （4）高处坠落； （5）其他伤害	1	6	7	42	2	（1）正确佩戴安全帽； （2）规范着装（袖口扣好、衣服扣好）； （3）穿劳动保护鞋； （4）携带通信工具； （5）携带手电筒，电源要充足，亮度要足够； （6）必要时戴好耳塞
二	操作内容								
1	启动锅炉系统投入前的检查	（1）检查对象不明确； （2）现场杂乱，照明不充足； （3）电源投入	（1）其他伤害； （2）设备异常	1	6	3	18	1	（1）在设备上标示明确的标识牌； （2）定期清扫现场，安装必要的使用照明和事故照明
2	蓄水箱补水	（1）补水管道未连接到位； （2）补水阀门没有开或水箱放水门没有关闭； （3）就地水位计与LCD上显示不一致	（1）其他伤害； （2）灼烫； （3）设备异常	1	6	3	18	1	（1）仔细检查管路的连接； （2）指派负责人监督确认

续表

编号	作业步骤	危害因素	可能导致的后果	风险评价					控制措施
				L	*E*	*C*	*D*	风险程度	
3	给水泵的启动运行	(1) 操作过程中出现泄漏； (2) 操作中跌倒； (3) 再循环未开启； (4) 操作中碰到周围热体； (5) 高处落物	(1) 高处坠落； (2) 物体打击； (3) 设备异常； (4) 灼烫	3	6	1	18	1	(1) 检查周边高温管、阀保温完整； (2) 正确着装（长袖、劳护鞋）； (3) 尽量避免接触高温物体； (4) 选择合理的操作位置，不准站在阀杆的正对面； (5) 考虑好泄漏、爆裂时的避让或撤离路线； (6) 不得正对或靠近泄漏点； (7) 操作时远离疏放水口； (8) 汽包水位计汽/水阀应交替关闭
4	分离器的三色水位计投运	(1) 操作过程中出现泄漏； (2) 操作中跌倒； (3) 操作中碰到周围热体； (4) 高处落物	(1) 灼烫； (2) 高处坠落； (3) 物体打击	3	6	3	54	2	(1) 查系统上已无人工作； (2) 检查周边高温管、阀保温完整； (3) 尽量避免接触高温物体； (4) 选择合理的操作位置； (5) 缓慢均匀地开启阀门，对管道和容器进行冲洗操作，避免管系内部杂物影响水位计准确性； (6) 冲洗结束后缓慢均匀地将排放阀关闭； (7) 考虑好泄漏时的撤离路线； (8) 不得正对或靠近泄漏点； (9) 操作时远离疏放水

续表

编号	作业步骤	危害因素	可能导致的后果	风险评价					控制措施
				L	*E*	*C*	*D*	风险程度	
5	锅炉点火	(1) 火检信号不好； (2) 风机故障； (3) 操作过程中燃油出现泄漏； (4) 汽包水位异常； (5) 操作中跌倒； (6) 操作中碰到周围热体	(1) 高处坠落； (2) 物体打击； (3) 灼烫	3	3	3	27	2	(1) 使用合格的操作台； (2) 保证风机吹扫时间充分； (3) 检查油枪雾化喷头效果良好； (4) 观察油枪着火明亮； (5) 检查周边高温管、阀保温完整； (6) 正确着装（长袖、劳护鞋）； (7) 尽量避免接触高温物体； (8) 选择合理的观察位置； (9) 监视给水泵补水量正常； (10) 采用正确的观察方法； (11) 缓慢操作，避免火焰监视探头损坏； (12) 考虑好泄漏、爆裂时的撤离线路； (13) 不得正对或靠近油枪； (14) 操作时远离风机
6	锅炉停运	(1) 油枪泄漏； (2) 吹扫不充分； (3) 疏水不充分； (4) 蒸汽压力高； (5) 汽包水位低； (6) 锅炉泄漏	(1) 其他伤害； (2) 高处坠落； (3) 灼烫	6	3	1	18	1	(1) 夜晚照明充足； (2) 风机吹扫时间充足； (3) 泄压阀门动作正常； (4) 蒸汽出口电动门关闭与机组隔离； (5) 蒸汽出口电动门前后疏水门打开； (6) 采用正确的操作方法进行排污；

续表

编号	作业步骤	危害因素	可能导致的后果	风险评价					控制措施
				L	*E*	*C*	*D*	风险程度	
6	锅炉停运	（1）油枪泄漏； （2）吹扫不充分； （3）疏水不充分； （4）蒸汽压力高； （5）汽包水位低； （6）锅炉泄漏	（1）其他伤害； （2）高处坠落； （3）灼烫	6	3	1	18	1	（7）缓慢操作，避免高温高压蒸汽冲出； （8）考虑好泄漏、爆裂时的撤离线路； （9）不得正对或靠近泄漏点； （10）操作时远离疏放水口； （11）长时间停炉需进行保养
三	作业环境								
1	空间狭小	人员与设备紧凑	（1）触电； （2）其他伤害； （3）设备异常	1	3	15	45	2	（1）湿度过大应采取相应措施； （2）保持设备干燥

12 启动系统启停操作

<table>
<tr><td colspan="4">

主要作业风险：
(1) 因工作对象不清或填错操作票造成误操作设备；
(2) 错误选择工器具造成设备损坏和人身伤害；
(3) 未正确佩戴劳动防护用品导致人身伤害；
(4) 因操作时未远离周围高温点和疏水口导致烫伤；
(5) 因未选择合适的操作位置导致高处坠落、物体打击、机械伤害等

</td><td colspan="6">

控制措施：
(1) 执行发令复诵制度、核对现场设备双重名称；
(2) 正确填写和核对操作票，执行操作监护制度；
(3) 操作时选择合适的工器具；
(4) 操作时正确佩戴穿好劳动防护用品；
(5) 操作时选择合理的操作位置和操作方法等

</td></tr>
<tr><th rowspan="2">编号</th><th rowspan="2">作业步骤</th><th rowspan="2">危害因素</th><th rowspan="2">可能导致的后果</th><th colspan="5">风险评价</th><th rowspan="2">控制措施</th></tr>
<tr><th>L</th><th>E</th><th>C</th><th>D</th><th>风险程度</th></tr>
<tr><td>一</td><td colspan="3">操作前准备</td><td></td><td></td><td></td><td></td><td></td><td></td></tr>
<tr><td>1</td><td>接收指令</td><td>工作对象不清楚</td><td>(1) 机械伤害；
(2) 设备异常</td><td>3</td><td>6</td><td>7</td><td>126</td><td>3</td><td>确认目的，防止弄错对象</td></tr>
<tr><td>2</td><td>安全交底</td><td>交底不清</td><td>(1) 机械伤害；
(2) 设备异常</td><td>3</td><td>6</td><td>7</td><td>126</td><td>3</td><td>(1) 正确核对现场设备名称及标牌或系统图；
(2) 按规定执行操作监护</td></tr>
<tr><td>3</td><td>填写操作票</td><td>填错操作票</td><td>(1) 机械伤害；
(2) 设备异常</td><td>3</td><td>6</td><td>7</td><td>126</td><td>3</td><td>(1) 正确填写和检查操作票填写内容正确；
(2) 严格执行操作监护制度</td></tr>
<tr><td>4</td><td>选择合适的工器具</td><td>工器具选择不当</td><td>机械伤害</td><td>1</td><td>6</td><td>7</td><td>42</td><td>2</td><td>(1) 根据检查操作内容，携带必需的工具，如对讲机、测振仪、听棒；</td></tr>
</table>

续表

编号	作业步骤	危害因素	可能导致的后果	风险评价					控制措施
				L	*E*	*C*	*D*	风险程度	
4	选择合适的工器具	工器具选择不当	机械伤害	1	6	7	42	2	（2）检查所用的工具必须完好； （3）正确使用工器具； （4）携带可靠通信工具，操作时并保持联系； （5）出现异常情况及时与控制室联系，紧急情况时联系主控室紧急停用
5	穿戴合适的劳护用品	（1）穿戴不合适的劳护用品； （2）介质泄漏； （3）高处落物	（1）物体打击； （2）机械伤害； （3）灼烫； （4）高处坠落； （5）其他伤害	1	6	7	42	2	（1）正确佩戴安全帽； （2）规范着装（袖口扣好、衣服扣好）； （3）穿劳动保护鞋； （4）携带通信工具； （5）携带手电筒，电源要充足，亮度要足够； （6）必要时戴好耳塞
二	操作内容								
1	启动系统静止检查	（1）设备误启动； （2）介质泄漏、异常情况； （3）保温铝皮不平整； （4）地面不平、通道狭窄	（1）机械伤害； （2）灼烫； （3）其他伤害	1	6	7	42	2	（1）禁止触摸转动部分或移动部位； （2）加强与控制室联系，保持通信畅通； （3）若已存在外漏无法控制，及时汇报； （4）看清平台结构、地面状况

续表

编号	作业步骤	危害因素	可能导致的后果	风险评价					控制措施
				L	E	C	D	风险程度	
2	启动系统启动	(1) 转动部分上有异物; (2) 转动部分上有人工作; (3) 关联系统有人工作未隔离; (4) 炉水循环泵运转异常; (5) 电动机外壳接地不良或电动机接线松动; (6) 高处落物; (7) 启动过程中管道、阀门出现泄漏	(1) 机械伤害; (2) 物体打击; (3) 淹溺; (4) 灼烫	1	6	7	42	2	(1) 按炉水循环泵启动前检查卡进行检查; (2) 缓慢均匀地开启暖管门、暖泵门,对管道和炉水循环泵进行预暖,缓慢操作,避免管系冲击损坏; (3) 不得触摸转动部位; (4) 操作时看清平台结构; (5) 启动循环泵启动时合理站位,站在转动设备轴向,禁止站在管道、栏杆上,避免部件故障伤人; (6) 及时清除地面冰雪; (7) 出现异常情况及时与控制室联系,考虑好泄漏、爆裂时的撤离路线; (8) 检查电动机金属外壳接地良好,否则禁止触摸; (9) 检查是否有高处作业
3	启动系统停止	(1) 转动部分上有异物; (2) 炉水循环泵运转异常; (3) 电动机外壳接地不良或电动机接线松动; (4) 高处落物; (5) 停止过程中管道、阀门出现泄漏	(1) 机械伤害; (2) 物体打击; (3) 灼烫	1	6	7	42	2	(1) 不得触摸转动部位; (2) 操作时看清平台结构; (3) 启动循环泵停止时合理站位,禁止站在管道、栏杆上,避免部件故障伤人; (4) 及时清除地面冰雪; (5) 出现异常情况及时与控制室联系,考虑好泄漏、爆裂时的撤离路线;

续表

编号	作业步骤	危害因素	可能导致的后果	风险评价					控制措施
				L	*E*	*C*	*D*	风险程度	
3	启动系统停止	(1) 转动部分上有异物; (2) 炉水循环泵运转异常; (3) 电动机外壳接地不良或电动机接线松动; (4) 高处落物; (5) 停止过程中管道、阀门出现泄漏	(1) 机械伤害; (2) 物体打击; (3) 灼烫	1	6	7	42	2	(6) 检查电动机金属外壳接地良好,否则禁止触摸; (7) 检查是否有高处作业

13 一次风系统（包括密封风机）启停操作

<table>
<tr><td colspan="4">主要作业风险：
（1）因工作对象不清或填错操作票造成误操作设备；
（2）错误选择工器具造成设备损坏和人身伤害；
（3）未正确佩戴劳动防护用品导致人身伤害</td><td colspan="6">控制措施：
（1）执行发令复诵制度、核对现场设备双重名称；
（2）正确填写和核对操作票，执行操作监护制度；
（3）操作时选择合适的工器具；
（4）操作时正确佩戴穿好劳动防护用品</td></tr>
<tr><td rowspan="2">编号</td><td rowspan="2">作业步骤</td><td rowspan="2">危害因素</td><td rowspan="2">可能导致的后果</td><td colspan="5">风险评价</td><td rowspan="2">控制措施</td></tr>
<tr><td>L</td><td>E</td><td>C</td><td>D</td><td>风险程度</td></tr>
<tr><td>一</td><td colspan="3">操作前准备</td><td></td><td></td><td></td><td></td><td></td><td></td></tr>
<tr><td>1</td><td>接收指令</td><td>工作对象不清楚</td><td>（1）机械伤害；
（2）设备异常</td><td>3</td><td>6</td><td>7</td><td>126</td><td>3</td><td>确认目的，防止弄错对象</td></tr>
<tr><td>2</td><td>安全交底</td><td>交底不清</td><td>（1）机械伤害；
（2）设备异常</td><td>3</td><td>6</td><td>7</td><td>126</td><td>3</td><td>（1）正确核对现场设备名称及标牌或系统图；
（2）按规定执行操作监护</td></tr>
<tr><td>3</td><td>填写操作票</td><td>填错操作票</td><td>（1）机械伤害；
（2）设备异常</td><td>3</td><td>6</td><td>7</td><td>126</td><td>3</td><td>（1）正确填写和检查操作票，填写内容正确；
（2）严格执行操作监护制度</td></tr>
<tr><td>4</td><td>选择合适的工器具</td><td>工器具选择不当</td><td>机械伤害</td><td>1</td><td>6</td><td>7</td><td>42</td><td>2</td><td>（1）根据检查操作内容，携带必需的工具，如对讲机、测振仪、听棒；
（2）检查所用的工具必须完好；</td></tr>
</table>

续表

编号	作业步骤	危害因素	可能导致的后果	风险评价					控制措施
				L	*E*	*C*	*D*	风险程度	
4	选择合适的工器具	工器具选择不当	机械伤害	1	6	7	42	2	（3）正确使用工器具； （4）携带可靠通信工具，操作时并保持联系； （5）出现异常情况及时与控制室联系，紧急情况时联系主控室紧急停用
5	穿戴合适的劳护用品	（1）穿戴不合适的劳护用品； （2）介质泄漏； （3）高处落物	（1）物体打击； （2）机械伤害； （3）高处坠落； （4）其他伤害	1	6	7	42	2	（1）正确佩戴安全帽； （2）规范着装（袖口扣好、衣服扣好）； （3）穿劳动保护鞋； （4）携带通信工具； （5）携带手电筒，电源要充足，亮度要足够； （6）必要时戴好耳塞
二	操作内容								
1	一次风机启动前检查	设备误启动	机械伤害	1	6	7	42	2	（1）禁止触摸转动部分或移动部位； （2）加强与控制室联系，保持通信畅通
2	一次风机启动	（1）一次风机转动部分上有异物； （2）一次风机本体上有人工作； （3）关联系统有人工作未隔离；	（1）机械伤害； （2）设备异常	1	6	7	42	2	（1）按设备启动前检查卡进行检查； （2）不得触摸旋转或移动部位； （3）严禁在转动设备的靠背轮罩上行走、站立、跨越； （4）操作时看清平台结构；

续表

编号	作业步骤	危害因素	可能导致的后果	风险评价					控制措施
				L	*E*	*C*	*D*	风险程度	
2	一次风机启动	（4）一次风机启动后运转异常	（1）机械伤害； （2）设备异常	1	6	7	42	2	（5）转动设备启动时合理站位，站在转动设备轴向，禁止站在管道、栏杆、靠背轮罩壳上，避免部件故障伤人； （6）及时清除地面冰雪； （7）出现异常情况及时与控制室联系，紧急情况及时按就地紧停按钮
3	一次风机停止	（1）一次风压下降过快； （2）另一台风机过负荷； （3）风门挡板关闭不严密	（1）机械伤害； （2）设备异常	3	1	1	3	1	（1）严格按照操作票操作； （2）减缓操作速度和幅度； （3）及时联系检修人员消缺； （4）提前做好事故预想
4	密封风机启动	（1）密封风机转动部分上有异物； （2）密封风机本体上有人工作； （3）密封风机关联系统有人工作未隔离； （4）密封风机启动后运转异常	（1）机械伤害； （2）设备异常	1	6	7	42	2	（1）按设备启动前检查卡进行检查； （2）不得触摸旋转或移动部位； （3）严禁在转动设备的靠背轮罩上行走、站立、跨越； （4）操作时看清平台结构； （5）转动设备启动时合理站位，站在转动设备轴向，禁止站在管道、栏杆、靠背轮罩壳上，避免部件故障伤人
5	密封风机停止	（1）密封风机倒转； （2）密封风压突降； （3）出口三通关闭不严	设备异常	3	1	1	3	1	（1）严格按照操作票操作； （2）减缓操作速度和幅度； （3）及时联系检修人员消缺； （4）提前做好事故预想

14 油库区泡沫消防操作

<table>
<tr><td colspan="5">主要作业风险：
（1）因工作对象不清或填错操作票造成误操作设备；
（2）错误选择工器具造成设备损坏和人身伤害；
（3）未正确佩戴劳动防护用品导致人身伤害</td><td colspan="6">控制措施：
（1）执行发令复诵制度、核对现场设备双重名称；
（2）正确填写和核对操作票，执行操作监护制度；
（3）操作时选择合适的工器具；
（4）操作时正确佩戴穿好劳动防护用品</td></tr>
<tr><th rowspan="2">编号</th><th rowspan="2">作业步骤</th><th rowspan="2">危害因素</th><th rowspan="2">可能导致的后果</th><th colspan="5">风险评价</th><th rowspan="2">控制措施</th></tr>
<tr><th>L</th><th>E</th><th>C</th><th>D</th><th>风险程度</th></tr>
<tr><td>一</td><td colspan="3">操作前准备</td><td></td><td></td><td></td><td></td><td></td><td></td></tr>
<tr><td>1</td><td>接收指令</td><td>工作对象不清楚</td><td>（1）机械伤害；
（2）设备异常</td><td>3</td><td>6</td><td>7</td><td>126</td><td>3</td><td>确认目的，防止弄错对象</td></tr>
<tr><td>2</td><td>安全交底</td><td>交底不清</td><td>（1）机械伤害；
（2）设备异常</td><td>3</td><td>6</td><td>7</td><td>126</td><td>3</td><td>（1）正确核对现场设备名称及标牌或系统图；
（2）按规定执行操作监护</td></tr>
<tr><td>3</td><td>填写操作票</td><td>填错操作票</td><td>（1）机械伤害；
（2）设备异常</td><td>3</td><td>6</td><td>7</td><td>126</td><td>3</td><td>（1）正确填写和检查操作票，填写内容正确；
（2）严格执行操作监护制度</td></tr>
<tr><td>4</td><td>选择合适的工器具</td><td>工器具选择不当</td><td>机械伤害</td><td>1</td><td>6</td><td>7</td><td>42</td><td>2</td><td>（1）根据检查操作内容，携带必需的工具，如对讲机、测振仪、听棒；
（2）检查所用的工具必须完好；</td></tr>
</table>

续表

编号	作业步骤	危害因素	可能导致的后果	风险评价					控制措施
				L	E	C	D	风险程度	
4	选择合适的工器具	工器具选择不当	机械伤害	1	6	7	42	2	(3) 正确使用工器具； (4) 携带可靠通信工具，操作时并保持联系； (5) 出现异常情况及时与控制室联系，紧急情况时联系主控室紧急停用
5	穿戴合适的劳护用品	(1) 穿戴不合适的劳护用品； (2) 介质泄漏； (3) 高处落物	(1) 物体打击； (2) 机械伤害； (3) 高处坠落； (4) 其他伤害	1	6	7	42	2	(1) 正确佩戴安全帽； (2) 规范着装（袖口扣好、衣服扣好）； (3) 穿劳动保护鞋； (4) 携带通信工具； (5) 携带手电筒，电源要充足，亮度要足够； (6) 必要时戴好耳塞
二	操作内容								
1	泡沫消防启动	(1) 设备检修，安全措施未恢复； (2) 阀门状态不符合要求； (3) 供油泵电气绝缘不合格； (4) 相关系统未隔绝； (5) 测量表计失灵； (6) 电气控制电源失去	(1) 机械伤害； (2) 物体打击； (3) 设备异常	6	1	7	42	2	(1) 按设备启动前检查卡进行检查； (2) 不得触摸旋转或移动部位； (3) 严禁在转动设备的靠背轮罩上行走、站立、跨越； (4) 出现异常情况及时与控制室联系； (5) 操作时看清平台结构

续表

编号	作业步骤	危害因素	可能导致的后果	风险评价					控制措施
				L	*E*	*C*	*D*	风险程度	
2	泡沫消防停止	(1) 测量表计失灵； (2) 阀门状态不符合要求	(1) 设备异常； (2) 作业环境危害	6	1	7	42	2	(1) 严格按照操作规程执行； (2) 系统泄漏时，立即进行隔绝，并做好防火工作； (3) 出现异常情况及时与控制室联系； (4) 操作结束后及时恢复阀门状态； (5) 及时清理地面

15 油库卸油系统操作

主要作业风险： （1）因工作对象不清或填错操作票造成误操作设备； （2）错误选择工器具造成设备损坏和人身伤害； （3）未正确佩戴劳动防护用品导致人身伤害				控制措施： （1）执行发令复诵制度、核对现场设备双重名称； （2）正确填写和核对操作票，执行操作监护制度； （3）操作时选择合适的工器具； （4）操作时正确佩戴穿好劳动防护用品					
编号	作业步骤	危害因素	可能导致的后果	风险评价					控制措施
				L	*E*	*C*	*D*	风险程度	
一	操作前准备								
1	接收指令	工作对象不清楚	（1）机械伤害； （2）设备异常	3	6	7	126	3	确认目的，防止弄错对象
2	安全交底	交底不清	（1）机械伤害； （2）设备异常	3	6	7	126	3	（1）正确核对现场设备名称及标牌或系统图； （2）按规定执行操作监护
3	填写操作票	填错操作票	（1）机械伤害； （2）设备异常	3	6	7	126	3	（1）正确填写和检查操作票，填写内容正确； （2）严格执行操作监护制度
4	选择合适的工器具	工器具选择不当	机械伤害	1	6	7	42	2	（1）根据检查操作内容，携带必需的工具，如对讲机、测振仪、听棒； （2）检查所用的工具必须完好；

续表

编号	作业步骤	危害因素	可能导致的后果	风险评价					控制措施
				L	*E*	*C*	*D*	风险程度	
4	选择合适的工器具	工器具选择不当	机械伤害	1	6	7	42	2	(3) 正确使用工器具； (4) 携带可靠通信工具，操作时并保持联系； (5) 出现异常情况及时与控制室联系，紧急情况时联系主控室紧急停用
5	穿戴合适的劳护用品	(1) 穿戴不合适的劳护用品； (2) 介质泄漏； (3) 高处落物	(1) 物体打击； (2) 机械伤害； (3) 灼烫； (4) 高处坠落； (5) 其他伤害	1	6	7	42	2	(1) 正确佩戴安全帽； (2) 规范着装（袖口扣好、衣服扣好）； (3) 穿劳动保护鞋； (4) 携带通信工具； (5) 携带手电筒，电源要充足，亮度要足够； (6) 必要时戴好耳塞
二	操作内容								
1	设备静止检查	设备误启动	机械伤害	1	6	7	42	2	(1) 禁止触摸转动部分或移动部位； (2) 加强与控制室联系，保持通信畅通
2	卸油系统启动操作	(1) 设备检修，安全措施未恢复； (2) 阀门状态不符合要求；	(1) 物体打击； (2) 车辆伤害； (3) 机械伤害；	1	6	7	42	2	(1) 设备启动前按检查卡进行检查； (2) 进行卸油前，查油车接地线已装好；

续表

编号	作业步骤	危害因素	可能导致的后果	风险评价					控制措施
				L	*E*	*C*	*D*	风险程度	
2	卸油系统启动操作	(3) 油区消防设施不可用; (4) 卸油泵电气绝缘不合格; (5) 供、卸油系统未隔绝; (6) 卸油时未装设接地线; (7) 卸油时,油罐车滑溜; (8) 卸油系统滤网堵塞; (9) 管路未充分注油排气; (10) 系统测量表计失灵; (11) 电气控制电源失去; (12) 卸油系统管路泄漏; (13) 卸油泵轴承温度高; (14) 电机冒烟、着火; (15) 卸油泵打闷泵	(4) 火灾; (5) 其他伤害; (6) 设备异常	1	6	7	42	2	(3) 油罐车停运后,及时进行固定; (4) 定期检查、维护油区消防系统; (5) 按规定做好卸油泵测绝缘工作; (6) 启动卸油泵前进行充分注油排气; (7) 卸油系统滤网差压高时,及时联系检修清理滤网,清理结束后恢复备用; (8) 油系统泄漏时,立即进行隔绝,并做好防火工作; (9) 出现异常情况及时与控制室联系,紧急情况及时按就地紧停按钮
3	卸油系统停运操作	(1) 卸油泵打闷泵; (2) 卸油系统管路泄漏; (3) 系统测量表计失灵; (4) 卸油泵轴承温度高; (5) 系统阀门状态未恢复; (6) 地面积油未清理	(1) 机械伤害; (2) 火灾; (3) 其他伤害; (4) 设备异常	1	6	7	42	2	(1) 油系统泄漏时,立即进行隔绝,并做好防火工作; (2) 运行卸油泵故障时,及时切至备用泵运行; (3) 出现异常情况及时与控制室联系,紧急情况时及时按就地紧停按钮; (4) 卸油操作结束后及时恢复阀门状态; (5) 及时清理地面积油

16 油库油罐倒换操作

<table>
<tr><td colspan="4">主要作业风险：
（1）因工作对象不清或填错操作票造成误操作设备；
（2）错误选择工器具造成设备损坏和人身伤害；
（3）未正确佩戴劳动防护用品导致人身伤害</td><td colspan="6">控制措施：
（1）执行发令复诵制度、核对现场设备双重名称；
（2）正确填写和核对操作票，执行操作监护制度；
（3）操作时选择合适的工器具；
（4）操作时正确佩戴穿好劳动防护用品</td></tr>
<tr><td rowspan="2">编号</td><td rowspan="2">作业步骤</td><td rowspan="2">危害因素</td><td rowspan="2">可能导致的后果</td><td colspan="5">风险评价</td><td rowspan="2">控制措施</td></tr>
<tr><td>L</td><td>E</td><td>C</td><td>D</td><td>风险程度</td></tr>
<tr><td>一</td><td colspan="9">操作前准备</td></tr>
<tr><td>1</td><td>接收指令</td><td>工作对象不清楚</td><td>（1）机械伤害；
（2）设备异常</td><td>3</td><td>6</td><td>7</td><td>126</td><td>3</td><td>确认目的，防止弄错对象</td></tr>
<tr><td>2</td><td>安全交底</td><td>交底不清</td><td>（1）机械伤害；
（2）设备异常</td><td>3</td><td>6</td><td>7</td><td>126</td><td>3</td><td>（1）正确核对现场设备名称及标牌或系统图；
（2）按规定执行操作监护</td></tr>
<tr><td>3</td><td>填写操作票</td><td>填错操作票</td><td>（1）机械伤害；
（2）设备异常</td><td>3</td><td>6</td><td>7</td><td>126</td><td>3</td><td>（1）正确填写和检查操作票填写内容正确；
（2）严格执行操作监护制度</td></tr>
<tr><td>4</td><td>选择合适的工器具</td><td>工器具选择不当</td><td>机械伤害</td><td>1</td><td>6</td><td>7</td><td>42</td><td>2</td><td>（1）根据检查操作内容，携带必需的工具，如对讲机、测振仪、听棒；
（2）检查所用的工具必须完好；
（3）正确使用工器具；</td></tr>
</table>

续表

编号	作业步骤	危害因素	可能导致的后果	风险评价					控制措施
				L	E	C	D	风险程度	
4	选择合适的工器具	工器具选择不当	机械伤害	1	6	7	42	2	(4) 携带可靠通信工具，操作时并保持联系； (5) 出现异常情况及时与控制室联系，紧急情况联系主控室紧急停用
5	穿戴合适的劳护用品	(1) 穿戴不合适的劳护用品； (2) 介质泄漏； (3) 高处落物	(1) 物体打击； (2) 机械伤害； (3) 灼烫； (4) 高处坠落； (5) 其他伤害	1	6	7	42	2	(1) 正确佩戴安全帽； (2) 规范着装（袖口扣好、衣服扣好）； (3) 穿劳动保护鞋； (4) 携带通信工具； (5) 携带手电筒，电源要充足，亮度要足够； (6) 必要时戴好耳塞
二	操作内容								
1	设备静止检查	设备误启动	机械伤害	1	6	7	42	2	(1) 禁止触摸转动部分或移动部位； (2) 加强与控制室联系，保持通信畅通
2	油库油罐倒换运行操作	(1) 设备检修，安全措施未恢复； (2) 阀门状态不符合要求； (3) 油区消防设施不可用； (4) 油位计故障，显示不准； (5) 油罐、油管路泄漏； (6) 有油枪正在运行	(1) 物体打击； (2) 机械伤害； (3) 火灾； (4) 其他伤害	1	6	7	42	2	(1) 按检查卡核对现场阀门； (2) 操作前确认启动炉和锅侧油枪已停运； (3) 定期检查、维护油区消防系统； (4) 油位计故障时，及时联系检修处理； (5) 油系统泄漏时，立即进行隔绝，并做好防火工作； (6) 及时清理地面积油

17 制粉系统启停操作

<table>
<tr><td colspan="4">主要作业风险：
(1) 因工作对象不清或填错操作票造成误操作设备；
(2) 错误选择工器具造成设备损坏和人身伤害；
(3) 未正确佩戴劳动防护用品导致人身伤害</td><td colspan="6">控制措施：
(1) 执行发令复诵制度、核对现场设备双重名称；
(2) 正确填写和核对操作票，执行操作监护制度；
(3) 操作时选择合适的工器具；
(4) 操作时正确佩戴穿好劳动防护用品</td></tr>
<tr><td rowspan="2">编号</td><td rowspan="2">作业步骤</td><td rowspan="2">危害因素</td><td rowspan="2">可能导致的后果</td><td colspan="5">风险评价</td><td rowspan="2">控制措施</td></tr>
<tr><td>L</td><td>E</td><td>C</td><td>D</td><td>风险程度</td></tr>
<tr><td>一</td><td colspan="9">操作前准备</td></tr>
<tr><td>1</td><td>接收指令</td><td>工作对象不清楚</td><td>(1) 机械伤害；
(2) 设备异常</td><td>3</td><td>6</td><td>7</td><td>126</td><td>3</td><td>确认目的，防止弄错对象</td></tr>
<tr><td>2</td><td>安全交底</td><td>交底不清</td><td>(1) 机械伤害；
(2) 设备异常</td><td>3</td><td>6</td><td>7</td><td>126</td><td>3</td><td>(1) 正确核对现场设备名称及标牌或系统图；
(2) 按规定执行操作监护</td></tr>
<tr><td>3</td><td>填写操作票</td><td>填错操作票</td><td>(1) 机械伤害；
(2) 设备异常</td><td>3</td><td>6</td><td>7</td><td>126</td><td>3</td><td>(1) 正确填写和检查操作票填写内容正确；
(2) 严格执行操作监护制度</td></tr>
<tr><td>4</td><td>选择合适的工器具</td><td>工器具选择不当</td><td>机械伤害</td><td>1</td><td>6</td><td>7</td><td>42</td><td>2</td><td>(1) 根据检查操作内容，携带必需的工具，如对讲机、测振仪、听棒；
(2) 检查所用的工具必须完好；
(3) 正确使用工器具；
(4) 携带可靠通信工具，操作时并保持联系；
(5) 出现异常情况及时与控制室联系，紧急情况时联系主控室紧急停用</td></tr>
</table>

续表

编号	作业步骤	危害因素	可能导致的后果	风险评价					控制措施
				L	E	C	D	风险程度	
5	穿戴合适的劳护用品	（1）穿戴不合适的劳护用品； （2）介质泄漏； （3）高处落物	（1）物体打击； （2）机械伤害； （3）高处坠落； （4）其他伤害	1	6	7	42	2	（1）正确佩戴安全帽； （2）规范着装（袖口扣好、衣服扣好）； （3）穿劳动保护鞋； （4）携带通信工具； （5）携带手电筒，电源要充足，亮度要足够； （6）必要时戴好耳塞
二	操作内容								
1	磨煤机启动	（1）磨煤机转动部分上有异物； （2）磨煤机本体上有人工作； （3）关联系统有人工作未隔离； （4）磨煤机启动后运转异常	（1）机械伤害； （2）物体打击； （3）设备异常	1	6	7	42	2	（1）按设备启动前检查卡进行检查； （2）不得触摸旋转或移动部位； （3）严禁在转动设备的靠背轮罩上行走、站立、跨越； （4）操作时看清平台结构； （5）转动设备启动时合理站位，站在转动设备轴向，禁止站在管道、栏杆、靠背轮罩壳上，避免部件故障伤人； （6）出现异常情况及时与控制室联系，紧急情况及时按就地紧停按钮
2	给煤机启动	（1）给煤机转动部分上有异物； （2）给煤机本体上有人工作；	（1）机械伤害； （2）物体打击； （3）设备异常	1	6	7	42	2	（1）按设备启动前检查卡进行检查； （2）不得触摸旋转或移动部位； （3）严禁在转动设备的靠背轮罩上行走、站立、跨越；

续表

编号	作业步骤	危害因素	可能导致的后果	风险评价					控制措施
				L	*E*	*C*	*D*	风险程度	
2	给煤机启动	(3) 关联系统有人工作未隔离; (4) 给煤机启动后运转异常	(1) 机械伤害; (2) 物体打击; (3) 设备异常	1	6	7	42	2	(4) 操作时看清平台结构; (5) 转动设备启动时合理站位，站在转动设备轴向，禁止站在管道、栏杆、靠背轮罩壳上，避免部件故障伤人; (6) 出现异常情况及时与控制室联系，紧急情况及时按就地紧停按钮
3	给煤机停止	(1) 上闸门不严导致皮带上的煤无法走空; (2) 煤量变化过快	设备异常	6	1	7	42	2	(1) 严格执行操作票; (2) 控制操作速度
4	磨煤机停止	磨煤机内的煤没有吹空	设备异常	6	1	7	42	2	严格执行操作票

二、锅炉巡检部分

1 除尘除灰渣水沉淀池区域巡检

<table>
<tr>
<td colspan="5">主要作业风险：
（1）因使用不合适的工器具、穿戴不合适劳动防护用品导致巡检人员伤害；
（2）因电动机外壳接地不良导致触电；
（3）因地面导致人员滑倒</td>
<td colspan="5">控制措施：
（1）仔细核对工器具和正确使用工器具；
（2）正确佩戴安全帽、防尘口罩、耳塞、手套、工作鞋等；
（3）携带良好的通信工具和手电筒</td>
</tr>
<tr>
<th rowspan="2">编号</th>
<th rowspan="2">作业步骤</th>
<th rowspan="2">危害因素</th>
<th rowspan="2">可能导致的后果</th>
<th colspan="5">风险评价</th>
<th rowspan="2">控制措施</th>
</tr>
<tr>
<th>L</th>
<th>E</th>
<th>C</th>
<th>D</th>
<th>风险程度</th>
</tr>
<tr>
<td>一</td>
<td colspan="8">巡检前准备</td>
<td></td>
</tr>
<tr>
<td>1</td>
<td>向值班负责人汇报巡检内容</td>
<td>去向不明</td>
<td>伤害后得不到及时救援</td>
<td>1</td>
<td>10</td>
<td>15</td>
<td>150</td>
<td>3</td>
<td rowspan="4">（1）加强沟通；
（2）交待安全注意事项；
（3）正确佩戴安全帽；
（4）规范着装（穿长袖工作服，袖口扣好、衣服钮好）；
（5）穿劳动保护鞋；
（6）携带通信工具；
（7）携带手电筒，电源要充足，亮度要足够；
（8）必要时戴耳塞和口罩；
（9）巡检过程中不得边走边输入运行参数</td>
</tr>
<tr>
<td>2</td>
<td>值班负责人核实并批准，交代安全注意事项</td>
<td>工作无序，去向不明</td>
<td>伤害后得不到及时救援</td>
<td>1</td>
<td>10</td>
<td>15</td>
<td>150</td>
<td>3</td>
</tr>
<tr>
<td>3</td>
<td>选择合适的工器具</td>
<td>工器具不合适</td>
<td>（1）高处坠落；
（2）机械伤害</td>
<td>10</td>
<td>10</td>
<td>1</td>
<td>100</td>
<td>3</td>
</tr>
<tr>
<td>4</td>
<td>准备合适的防护用具</td>
<td>不合适的防护造成伤害</td>
<td>（1）灼烫；
（2）高处坠落；
（3）作业环境危害；
（4）机械伤害</td>
<td>6</td>
<td>10</td>
<td>15</td>
<td>900</td>
<td>5</td>
</tr>
</table>

续表

编号	作业步骤	危害因素	可能导致的后果	风险评价					控制措施
				L	*E*	*C*	*D*	风险程度	
二	巡检内容								
1	输灰及灰控仪用空气压缩机	空气压缩机油位计检查	作业环境危害	3	10	1	30	2	（1）尽量远离，定期检查； （2）戴耳塞，不长时间逗留； （3）不得触摸机械的转动及移动部位，及时清理油污； （4）检查电动机金属外壳接地良好，否则禁止触摸； （5）行走时看清前方、地面状况； （6）关闭柜门时避免机械挤压； （7）采用吸音壁或使用耳罩
		噪声	作业环境危害	3	10	1	30	2	
		机械转动	机械伤害	1	10	3	30	2	
		电动机接地不良	触电	1	10	15	150	3	
		管路布置复杂	机械伤害	1	10	1	10	1	
		地面有积水积油	其他伤害	1	10	1	10	1	
		空气压缩机柜门开关	机械伤害	0.5	10	1	5	1	
2	干燥器	消音器噪声	作业环境危害	3	10	1	30	2	（1）戴耳塞，不长时间逗留； （2）行走时看清前方、地面状况； （3）使用耳罩
		管路布置复杂	机械伤害	1	10	1	10	1	
		地面有积水积油	其他伤害	1	10	1	10	1	
3	储气罐	压力过高	爆炸	0.5	10	15	75	3	（1）不长时间停留； （2）定期进行罐体及安全阀检查
4	A、B溢流水泵	电动机外壳接地不良	触电	1	10	15	150	3	（1）不得触摸机械的转动及移动部位； （2）检查电动机金属外壳接地良好，否则禁止触摸； （3）行走时看清前方、地面状况
		周围低矮管阀	机械伤害	1	10	1	10	1	
		系统泄漏	作业环境危害	0.5	10	1	5	1	
		溢流水泵机械转动部分	机械伤害	1	10	3	30	2	
		溢流水池井盖、积水	（1）高处坠落； （2）淹溺	0.5	10	15	75	3	

续表

编号	作业步骤	危害因素	可能导致的后果	风险评价					控制措施
				L	*E*	*C*	*D*	风险程度	
5	冷渣水泵、冲洗水泵及4台排污泵	系统泄漏	作业环境危害	1	10	1	10	1	(1) 不得触摸机械的转动及移动部位； (2) 检查电动机金属外壳接地良好，否则禁止触摸； (3) 行走时看清前方、地面状况
		周围管阀和支架低矮	碰撞	1	10	1	10	1	
		周围地沟	坠落	0.5	10	15	75	3	
		机械转动部分	机械伤害	1	10	3	30	2	
		电动机外壳接地不良	触电	1	10	15	150	3	
6	污水池及两台污水泵	系统泄漏	作业环境危害	1	10	3	30	2	(1) 不得触摸机械的转动及移动部位； (2) 检查电动机金属外壳接地良好，否则禁止触摸； (3) 行走时看清前方、地面状况
		机械转动部分	机械伤害	1	10	3	30	2	
		电动机外壳接地不良	触电	1	10	15	150	3	
7	沉淀池、贮水池及提拔机	水池较高、存水	(1) 高处坠落； (2) 淹溺	0.5	10	15	75	3	(1) 不得触摸机械的转动及移动部位； (2) 检查电动机金属外壳接地良好，否则禁止触摸； (3) 行走时看清前方、地面状况； (4) 增加安全警示牌
		地面沉降楼梯不平	高处坠落	0.5	10	15	75	3	
		提拔机附近补水管路低矮密集、空间狭小	机械伤害	1	10	1	10	1	
		提拔机机械转动部分	机械伤害	1	10	3	30	2	
		电动机外壳接地不良	触电	1	10	15	150	3	
8	飞灰输送	飞灰管道泄漏、膨胀节泄漏、气锁阀泄漏、气体泄漏	作业环境危害	6	10	1	60	2	(1) 不在高温管道处停留，尽可能快速通过； (2) 考虑好异常时的撤离路线； (3) 行走时注意看清前方、地面情况； (4) 增加警示牌
		管路布置低矮	机械伤害	1	10	1	10	1	

续表

编号	作业步骤	危害因素	可能导致的后果	风险评价					控制措施
				L	E	C	D	风险程度	
9	电除尘器	整流装置油泄漏	高处坠落	1	6	1	6	1	(1) 上下楼梯时抓牢、蹬稳； (2) 发现漏油及时联系消缺、清理； (3) 考虑好异常时的撤离路线； (4) 外壳接地不良时禁止触摸
		电场、振打室内部高电压	爆炸 触电	0.5	6	15	45	2	
		电除尘运行中带电	触电	0.5	6	15	45	2	
		上下楼梯较陡峭	高处坠落	1	10	1	10	1	
		顶部走到狭窄，电缆槽密集	机械伤害	1	10	1	10	1	
三	巡检路线								
1	干燥器与空气压缩机巡检通道	地面有积水积油	机械伤害	1	10	1	10	1	(1) 行走时看清前方、地面状况； (2) 及时清理地面积水
2	飞灰、电除尘器	扶梯、管路泄漏、高处落物、高温	(1) 物体打击； (2) 高处坠落； (3) 灼烫	1	10	3	30	2	(1) 上下楼梯时抓牢、蹬稳； (2) 尽量不在有落物可能的地方停留
3	沉淀池区域	扶梯、管路泄漏、高处落物	高处坠落	1	10	3	30	2	(1) 上下楼梯时抓牢、蹬稳； (2) 尽量不在有落物可能的地方停留

2 锅炉0m层巡检

<table>
<tr><td colspan="4">主要作业风险：
（1）因使用不合适的工器具、穿戴不合适劳动防护用品导致巡检人员伤害；
（2）因电动机外壳接地不良导致触电；
（3）因高温高压蒸汽泄漏导致巡检人员灼烫；
（4）因锅炉露天楼梯特殊天气下导致人员滑倒、跌落；
（5）因燃油泄漏导致火灾、滑倒</td><td colspan="6">控制措施：
（1）仔细核对工器具和正确使用工器具；
（2）正确佩戴安全帽、防尘口罩、耳塞、手套、工作鞋等；
（3）携带良好的通信工具和手电筒；
（4）登垂直爬梯使用双扣安全带；
（5）定期检查保温状况</td></tr>
<tr><th rowspan="2">编号</th><th rowspan="2">作业步骤</th><th rowspan="2">危害因素</th><th rowspan="2">可能导致的后果</th><th colspan="5">风险评价</th><th rowspan="2">控制措施</th></tr>
<tr><th>L</th><th>E</th><th>C</th><th>D</th><th>风险程度</th></tr>
<tr><td>一</td><td colspan="3">巡检前准备</td><td></td><td></td><td></td><td></td><td></td><td></td></tr>
<tr><td>1</td><td>向值班负责人汇报巡检内容</td><td>不熟悉巡检路线或去向不明</td><td>伤害后得不到及时救援</td><td>3</td><td>10</td><td>1</td><td>30</td><td>2</td><td rowspan="4">（1）使用合适工器具；
（2）加强沟通；
（3）交待安全注意事项；
（4）仔细核对钥匙编号；
（5）正确佩戴安全帽、防尘口罩、耳塞、手套、工作鞋等；</td></tr>
<tr><td rowspan="3">2</td><td rowspan="3">选择合适的工器具，如对讲机、测温仪、操作扳手、钥匙、手电筒等</td><td>对讲机充电不足或信号不好，影响及时通信</td><td>（1）伤害后得不到及时救援；
（2）设备异常</td><td>6</td><td>10</td><td>1</td><td>60</td><td>2</td></tr>
<tr><td>照明不足</td><td>机械伤害</td><td>3</td><td>10</td><td>3</td><td>90</td><td>3</td></tr>
<tr><td>拿错或使用错误工具</td><td>（1）设备异常；
（2）其他伤害</td><td>3</td><td>10</td><td>3</td><td>90</td><td>3</td></tr>
</table>

续表

编号	作业步骤	危害因素	可能导致的后果	风险评价					控制措施
				L	E	C	D	风险程度	
3	准备合适的防护用具，如安全帽、防粉口罩、耳塞、手套、工作鞋等	不合适的防护造成伤害	(1) 灼烫； (2) 高处坠落； (3) 机械伤害	3	10	3	90	3	(6) 规范着装（穿长袖工作服，袖口扣好、衣服钮好）； (7) 携带状况良好的通信工具； (8) 携带手电筒，电源要充足，亮度要足够； (9) 必要时带耳塞； (10) 严格执行规章制度
4	值班负责人核实并批准，交代安全注意事项	(1) 准备不充分； (2) 工作无序，去向不明	伤害后得不到及时救援	1	10	3	30	2	
二	巡检内容								
1	磨煤机区域	润滑油泄漏	(1) 其他伤害； (2) 火灾； (3) 灼烫	3	10	1	30	2	(1) 不得触摸机械的转动及移动部位； (2) 检查电动机金属外壳接地良好，否则禁止触摸； (3) 不得正对或靠近泄漏点； (4) 考虑好泄漏、爆炸时的撤离线路； (5) 设置临时标识和隔离，及时清理泄漏油污； (6) 不得直接接触液压油、润滑油； (7) 体表接触液压油后，及时用水冲洗并就医；
		石子煤箱观察	灼烫	3	10	1	30	2	
		磨煤机消防蒸汽泄漏	灼烫	1	10	1	10	1	
		磨煤机上下人梯	高处坠落	1	10	15	150	3	
		磨煤机本体人孔门和出口闸板门漏粉	(1) 高处坠落； (2) 火灾； (3) 作业环境危害	1	10	1	10	1	

续表

编号	作业步骤	危害因素	可能导致的后果	风险评价					控制措施
				L	*E*	*C*	*D*	风险程度	
1	磨煤机区域	电动机外壳接地不良	触电	1	10	15	150	3	（8）远离高处悬吊物； （9）煤粉泄漏及时清理，观察漏粉情况时佩戴护目镜； （10）巡检时不得使用磨垂直扶梯； （11）执行磨煤机启停规定； （12）行走时避开地沟格栅、盖板，看清前方、地面状况； （13）一次风道处尽可能避免长时间停留； （14）地面格栅补全、整平； （15）备置吸油棉； （16）加装警告标识； （17）石子煤排放过程中要戴好口罩
		磨煤机爆燃	灼烫	1	10	15	150	3	
		磨入口一次风道	（1）爆炸； （2）灼烫	1	10	7	70	2	
		机械转动	机械伤害	0.5	10	7	35	2	
2	疏水扩容器区域	管道、阀门泄漏	灼烫	3	10	3	90	3	（1）吹灰、排污时尽量远离； （2）行走时看清前方、地面状况； （3）不得正对或靠近泄漏点； （4）防止高处落物； （5）加装警告标识
		地面有台阶	高处坠落	3	10	1	30	2	
		地面积水	其他伤害	3	10	1	30	2	
		高处落物	物体打击	1	10	7	70	2	
3	密封风机区域	炉底灰斗漏水、漏灰	灼烫	3	10	1	30	2	（1）不得触摸机械的转动及移动部位； （2）检查电动机金属外壳接地良好，否则禁止触摸； （3）行走时看清前方、地面状况； （4）不得正对或靠近泄漏点； （5）定期检查地沟盖板状况
		地沟盖板不完整	其他伤害	6	10	1	60	2	
		电动机外壳接地不良	触电	1	10	15	150	3	
		机械转动	机械伤害	0.5	10	7	35	2	

续表

<table>
<tr><th rowspan="2">编号</th><th rowspan="2">作业步骤</th><th rowspan="2">危害因素</th><th rowspan="2">可能导致的后果</th><th colspan="5">风险评价</th><th rowspan="2">控制措施</th></tr>
<tr><th>L</th><th>E</th><th>C</th><th>D</th><th>风险程度</th></tr>
<tr><td rowspan="5">4</td><td rowspan="5">送风机区域</td><td>油系统漏油</td><td>火灾</td><td>1</td><td>10</td><td>15</td><td>150</td><td>3</td><td rowspan="5">（1）不得触摸机械的转动及移动部位；
（2）检查电动机金属外壳接地良好，否则禁止触摸；
（3）行走时看清前方、地面状况；
（4）地面积油及时联系处理</td></tr>
<tr><td>电动机平台</td><td>高处坠落</td><td>3</td><td>10</td><td>3</td><td>90</td><td>3</td></tr>
<tr><td>转动设备</td><td>机械伤害</td><td>1</td><td>10</td><td>1</td><td>10</td><td>1</td></tr>
<tr><td>电动机外壳接地不良</td><td>触电</td><td>1</td><td>10</td><td>3</td><td>30</td><td>2</td></tr>
<tr><td>高处落物</td><td>物体打击</td><td>1</td><td>10</td><td>7</td><td>70</td><td>2</td></tr>
<tr><td rowspan="4">5</td><td rowspan="4">引风机区域</td><td>风机、电动机平台</td><td>高处坠落</td><td>3</td><td>10</td><td>3</td><td>90</td><td>3</td><td rowspan="4">（1）不得触摸机械的转动及移动部位；
（2）检查电动机金属外壳接地良好，否则禁止触摸；
（3）行走时看清前方、地面状况</td></tr>
<tr><td>电动机外壳接地不良</td><td>触电</td><td>1</td><td>10</td><td>15</td><td>150</td><td>3</td></tr>
<tr><td>机械转动</td><td>机械伤害</td><td>0.5</td><td>10</td><td>7</td><td>35</td><td>2</td></tr>
<tr><td>油系统漏油</td><td>火灾</td><td>1</td><td>10</td><td>15</td><td>150</td><td>3</td></tr>
<tr><td rowspan="4">6</td><td rowspan="4">一次风机区域</td><td>保温铝皮不平整</td><td>其他伤害</td><td>1</td><td>10</td><td>1</td><td>10</td><td>1</td><td rowspan="4">（1）设置警示标识；
（2）行走时看清路面状况；
（3）及时清理油污；
（4）进入该区域时检查是否有高处作业</td></tr>
<tr><td>风机、电动机平台</td><td>高处坠落</td><td>3</td><td>10</td><td>3</td><td>90</td><td>3</td></tr>
<tr><td>地面不平、通道狭窄</td><td>其他伤害</td><td>3</td><td>10</td><td>1</td><td>30</td><td>2</td></tr>
<tr><td>高处落物</td><td>物体打击</td><td>1</td><td>10</td><td>7</td><td>70</td><td>2</td></tr>
<tr><td>三</td><td colspan="3">巡检路线</td><td></td><td></td><td></td><td></td><td></td><td></td></tr>
<tr><td rowspan="3">1</td><td rowspan="3">0m 区域</td><td>锅炉爆炸</td><td>（1）爆炸；
（2）灼烫</td><td>1</td><td>10</td><td>15</td><td>150</td><td>3</td><td rowspan="5">（1）正确佩戴安全帽；
（2）上下爬梯时抓牢、蹬稳；
（3）禁止两人同时攀登；
（4）行走时看清前方、地面状况；
（5）不得无故长时间停留；
（6）设置警告牌</td></tr>
<tr><td>高处坠物</td><td>物体打击</td><td>3</td><td>10</td><td>7</td><td>210</td><td>4</td></tr>
<tr><td>保温铝皮不平整</td><td>其他伤害</td><td>1</td><td>10</td><td>1</td><td>10</td><td>1</td></tr>
<tr><td>2</td><td>石子煤脱水仓</td><td>下闸门及执行机构突出</td><td>其他伤害</td><td>3</td><td>10</td><td>1</td><td>30</td><td>2</td></tr>
<tr><td>3</td><td>风机及电动机平台检查爬梯</td><td>雨、雪天爬梯湿滑</td><td>（1）高处坠落；
（2）其他伤害</td><td>3</td><td>10</td><td>3</td><td>90</td><td>3</td></tr>
</table>

3 锅炉10.5m层巡检

主要作业风险：	控制措施：
(1) 因使用不合适的工器具、穿戴不合适劳动防护用品导致巡检人员伤害； (2) 因攀爬垂直爬梯检查启动循环泵电机冷却器进回水门引起高处坠落； (3) 因空气预热器本体漏风、漏灰、高温高压蒸汽泄漏导致巡检人员灼烫； (4) 因锅炉露天楼梯特殊天气下导致人员滑倒、跌落	(1) 仔细核对工器具和正确使用工器具； (2) 正确佩戴安全帽、防尘口罩、耳塞、手套、工作鞋等； (3) 携带良好的通信工具和手电筒； (4) 登垂直爬梯使用双扣安全带； (5) 定期检查保温状况

编号	作业步骤	危害因素	可能导致的后果	风险评价					控制措施
				L	*E*	*C*	*D*	风险程度	
一	巡检前准备								
1	向值班负责人汇报巡检内容	不熟悉巡检路线或去向不明	伤害后得不到及时救援	3	10	1	30	2	(1) 使用合适工器具； (2) 加强沟通； (3) 交待安全注意事项； (4) 仔细核对钥匙编号； (5) 正确佩戴安全帽、防尘口罩、耳塞、手套、工作鞋等； (6) 规范着装（穿长袖工作服，袖口扣好、衣服钮好）
2	选择合适的工器具，如对讲机、测温仪、操作扳手、钥匙、手电筒等	对讲机充电不足或信号不好影响及时通信	(1) 伤害后得不到及时救援； (2) 设备异常	6	10	1	60	2	
		照明不足	(1) 作业环境危害； (2) 其他伤害	3	10	3	90	3	
		拿错或使用错误工具	(1) 设备异常； (2) 机械伤害	3	10	3	90	3	

续表

编号	作业步骤	危害因素	可能导致的后果	风险评价					控制措施
				L	*E*	*C*	*D*	风险程度	
3	准备合适的防护用具，如安全帽、防粉口罩、耳塞、手套、工作鞋等	不合适的防护造成伤害	（1）灼烫； （2）高处坠落； （3）机械伤害； （4）物体打击	3	10	3	90	3	（7）携带状况良好的通信工具； （8）携带手电筒，电源要充足，亮度要足够； （9）必要时带耳塞； （10）严格执行规章制度
4	值班负责人核实并批准，交代安全注意事项	（1）准备不充分； （2）工作无序，去向不明	伤害后得不到及时救援	1	10	3	30	2	
二	巡检内容								
1	启动循环泵区域	炉水循环泵电机震动大	物体打击	1	10	3	30	2	（1）佩戴安全帽，带防噪声耳塞； （2）考虑好泄漏时的撤离线路； （3）行走时看清路面状况； （4）设置警示标识； （5）登垂直爬梯使用双扣安全带
		炉循泵各冷却水管道漏水	灼烫	1	10	3	30	2	
		攀爬垂直悬梯摔倒	高处坠落	3	10	1	30	2	
2	空气预热器支撑轴承区域	附近高温高压蒸汽泄漏	灼烫	1	10	3	30	2	（1）不得正对或靠近泄漏点，考虑好泄漏时的撤离线路； （2）行走时看清路面状况； （3）检查地面状况； （4）不得触及转动部分； （5）增加照明
		检查平台条件差	高处坠落	1	10	1	10	1	
		空气预热器本体漏风、漏灰	灼烫	3	10	3	90	2	
		机械转动	机械伤害	1	10	3	30	2	

续表

编号	作业步骤	危害因素	可能导致的后果	风险评价					控制措施
				L	*E*	*C*	*D*	风险程度	
3	等离子冷却水泵	地面管道	其他伤害	3	10	1	30	2	(1) 行走时看清路面状况； (2) 带防护耳塞； (3) 设置警告牌
		控制柜仪用气漏气	作业环境危害	1	10	3	30	2	
4	冷风快关门与调门	转动设备	机械伤害	1	10	1	10	1	(1) 不得触及转动部分； (2) 检查电动机金属外壳接地良好，否则禁止触摸； (3) 进入该区域时检查是否有高处作业； (4) 设置警告牌
		电机外壳接地不良	触电	1	10	3	30	2	
		高处落物	物体打击	1	10	7	70	2	
5	磨煤机出口管道暖风器区域	地面管道	其他伤害	3	10	1	30	2	(1) 行走时看清前方、地面状况； (2) 不得正对或靠近泄漏点； (3) 设置警告牌
		管道、阀门泄漏	灼烫	3	10	1	30	1	
三	巡检路线								
1	空气预热器支撑轴承左右侧上下楼梯	锅炉爆炸	(1) 爆炸； (2) 灼烫	1	10	7	70	2	(1) 上下爬梯时抓牢、蹬稳； (2) 行走时看清前方、地面状况； (3) 无故不得长久停留； (4) 遇泄漏考虑好撤退路线； (5) 设置警告牌
		高处落物	物体打击	1	10	7	70	2	
		长斜坡	高处坠落	1	10	3	30	2	
2	锅炉南侧通道	上方煤粉管道较多，过道狭窄	作业环境危害	3	10	3	90	3	(1) 行走时看清前方、地面状况； (2) 无故不得长久停留； (3) 设置警告牌

续表

编号	作业步骤	危害因素	可能导致的后果	风险评价					控制措施
				L	*E*	*C*	*D*	风险程度	
3	10.5m 东、西侧通道	恶劣天气的通道危险	高处坠落	3	10	3	90	3	(1) 上下楼梯时抓牢、蹬稳； (2) 上下梯梯时不得从事其他工作； (3) 大风雨雪天气尽量乘电梯上下； (4) 设置警告牌

4 锅炉20.5m层巡检

<table>
<tr><td colspan="5">主要作业风险：
(1) 因使用不合适的工器具、穿戴不合适劳动防护用品导致巡检人员伤害；
(2) 因给煤机进口闸板门检查垂直爬梯引起高处坠落；
(3) 因空预器本体漏风、漏灰、高温高压蒸汽泄漏导致巡检人员灼烫；
(4) 因锅炉露天楼梯特殊天气下导致人员滑倒、跌落</td><td colspan="6">控制措施：
(1) 仔细核对工器具和正确使用工器具；
(2) 正确佩戴安全帽、防尘口罩、耳塞、手套、工作鞋等；
(3) 携带良好的通信工具和手电筒；
(4) 登垂直爬梯使用双扣安全带；
(5) 定期检查保温状况</td></tr>
<tr><td rowspan="2">编号</td><td rowspan="2">作业步骤</td><td rowspan="2">危害因素</td><td rowspan="2">可能导致的后果</td><td colspan="5">风险评价</td><td rowspan="2" colspan="2">控制措施</td></tr>
<tr><td>L</td><td>E</td><td>C</td><td>D</td><td>风险程度</td></tr>
<tr><td>一</td><td colspan="3">巡检前准备</td><td></td><td></td><td></td><td></td><td></td><td colspan="2"></td></tr>
<tr><td>1</td><td>向值班负责人汇报巡检内容</td><td>不熟悉巡检路线或去向不明</td><td>伤害后得不到及时救援</td><td>3</td><td>10</td><td>1</td><td>30</td><td>2</td><td rowspan="4" colspan="2">(1) 使用合适工器具；
(2) 加强沟通；
(3) 交待安全注意事项；
(4) 仔细核对钥匙编号；
(5) 正确佩戴安全帽、防尘口罩、耳塞、手套、工作鞋等；
(6) 规范着装（穿长袖工作服，袖口扣好、衣服钮好）；</td></tr>
<tr><td rowspan="3">2</td><td rowspan="3">选择合适的工器具，如对讲机、测温仪、操作扳手、钥匙、手电筒等</td><td>对讲机充电不足或信号不好影响及时通信。</td><td>(1) 伤害后得不到及时救援；
(2) 设备故障</td><td>6</td><td>10</td><td>1</td><td>60</td><td>2</td></tr>
<tr><td>照明不足</td><td>作业环境危害</td><td>3</td><td>10</td><td>3</td><td>90</td><td>3</td></tr>
<tr><td>拿错或使用错误工具</td><td>(1) 设备异常；
(2) 物体打击</td><td>3</td><td>10</td><td>3</td><td>90</td><td>3</td></tr>
</table>

续表

编号	作业步骤	危害因素	可能导致的后果	风险评价					控制措施
				L	*E*	*C*	*D*	风险程度	
3	准备合适的防护用具，如安全帽、防粉口罩、耳塞、手套、工作鞋等	不合适的防护造成伤害	（1）灼烫； （2）高处坠落； （3）物体打击	3	10	3	90	3	（7）携带状况良好的通信工具； （8）携带手电筒，电源要充足，亮度要足够； （9）必要时带耳塞； （10）严格执行规章制度
4	值班负责人核实并批准，交代安全注意事项	（1）准备不充分； （2）工作无序，去向不明	伤害后得不到及时救援	1	10	3	30	2	
二	巡检内容								
1	给煤机区域	煤仓层原煤掉落	物体打击	1	10	3	30	2	（1）进入该区域前观察是否有蒸汽泄漏，不得正对或靠近泄漏点； （2）考虑好泄漏时的撤离线路； （3）上下爬梯时抓牢、蹬稳； （4）行走时看清路面状况； （5）及时清理油污； （6）设置警示标识； （7）登垂直爬梯使用双扣安全带
		附近高温高压蒸汽泄漏	灼烫	1	10	3	30	2	
		给煤机进口闸板门检查	高处坠落	3	10	3	90	3	
		原煤自燃	（1）火灾； （2）灼烫	3	10	1	30	2	
		给煤机和清扫电机漏油	（1）触电； （2）其他伤害； （3）火灾	3	10	1	30	2	
		地面积水	其他伤害	3	10	1	30	2	
		给煤机、煤仓漏煤	（1）其他伤害； （2）火灾	3	10	1	30	2	

续表

<table>
<tr><th rowspan="2">编号</th><th rowspan="2">作业步骤</th><th rowspan="2">危害因素</th><th rowspan="2">可能导致的后果</th><th colspan="5">风险评价</th><th rowspan="2">控制措施</th></tr>
<tr><th>L</th><th>E</th><th>C</th><th>D</th><th>风险程度</th></tr>
<tr><td rowspan="4">2</td><td rowspan="4">磨煤机变频器柜</td><td>附近高温高压蒸汽泄漏</td><td>灼烫</td><td>1</td><td>10</td><td>3</td><td>30</td><td>2</td><td rowspan="4">(1) 不得正对或靠近泄漏点，考虑好泄漏时的撤离线路；
(2) 检查变频器柜外壳接地良好，否则禁止触摸；
(3) 检查地面状况；
(4) 进入该区域时检查是否有高处作业</td></tr>
<tr><td>控制柜接地不良</td><td>触电</td><td>1</td><td>10</td><td>3</td><td>30</td><td>2</td></tr>
<tr><td>地面积水</td><td>(1) 其他伤害；
(2) 触电</td><td>3</td><td>10</td><td>1</td><td>30</td><td>2</td></tr>
<tr><td>高处落物</td><td>物体打击</td><td>1</td><td>10</td><td>7</td><td>70</td><td>2</td></tr>
<tr><td rowspan="6">3</td><td rowspan="6">空气预热器区域</td><td>检查平台条件差</td><td>(1) 高处坠落；
(2) 其他伤害</td><td>3</td><td>10</td><td>1</td><td>30</td><td>2</td><td rowspan="6">(1) 行走时看清路面状况；
(2) 上下爬梯时抓牢、蹬稳；
(3) 不得正对或靠近泄漏点，考虑好泄漏时的撤离线路；
(4) 不得直接接触润滑油；
(5) 不得触及转动部分；
(6) 检查电动机金属外壳接地良好，否则禁止触摸；
(7) 定期检查保温状况</td></tr>
<tr><td>平台上下爬梯</td><td>高处坠落</td><td>3</td><td>10</td><td>1</td><td>30</td><td>2</td></tr>
<tr><td>空气预热器本体漏风、漏灰</td><td>灼烫</td><td>3</td><td>10</td><td>3</td><td>90</td><td>3</td></tr>
<tr><td>轴承箱、变速箱漏油</td><td>(1) 火灾；
(2) 其他伤害；
(3) 触电</td><td>3</td><td>10</td><td>1</td><td>30</td><td>2</td></tr>
<tr><td>机械转动</td><td>机械伤害</td><td>1</td><td>10</td><td>3</td><td>30</td><td>2</td></tr>
<tr><td>电动机外壳接地不良</td><td>触电</td><td>1</td><td>10</td><td>3</td><td>30</td><td>2</td></tr>
<tr><td rowspan="3">4</td><td rowspan="3">火检冷却风机区域</td><td>转动设备</td><td>机械伤害</td><td>1</td><td>10</td><td>1</td><td>10</td><td>1</td><td rowspan="3">(1) 不得触及转动部分；
(2) 检查电动机金属外壳接地良好，否则禁止触摸；
(3) 进入该区域时检查是否有高处作业</td></tr>
<tr><td>电动机外壳接地不良</td><td>触电</td><td>1</td><td>10</td><td>3</td><td>30</td><td>2</td></tr>
<tr><td>高处落物</td><td>物体打击</td><td>1</td><td>10</td><td>7</td><td>70</td><td>2</td></tr>
</table>

续表

编号	作业步骤	危害因素	可能导致的后果	风险评价					控制措施
				L	*E*	*C*	*D*	风险程度	
5	燃油平台	油管道和法兰泄漏	火灾	3	10	1	30	2	（1）设置警示标识； （2）行走时看清路面状况； （3）及时清理油污； （4）进入该区域时检查是否有高处作业
		地面不平、通道狭窄	其他伤害	3	10	1	30	2	
		高处落物	物体打击	1	10	7	70	2	
6	锅炉大气扩容箱区域	附近高温高压蒸汽泄漏	灼烫	1	10	3	30	2	（1）设置警示标识； （2）行走时看清通道状况； （3）进入该区域时检查是否有高处作业
		保温铁皮不平整	其他伤害	1	10	1	10	1	
		高处落物	物体打击	1	10	7	70	2	
三	巡检路线								
1	锅炉四周	锅炉爆炸	（1）爆炸； （2）灼烫	1	10	7	70	2	（1）上下爬梯时抓牢、蹬稳； （2）行走时看清前方、地面状况； （3）无故不得长久停留； （4）不正对和靠近泄漏点； （5）高温高压汽水管道附近应快速通过； （6）遇泄漏时考虑好撤退路线
		高处落物	物体打击	1	10	7	70	2	
		高温高压管道、阀门泄漏	烫伤、机械伤害	1	10	3	30	2	
		保温铁皮不平整	其他伤害	1	10	1	10	1	
2	锅炉露天楼梯	恶劣天气的通道危险	（1）高处坠落； （2）其他伤害	3	10	3	90	3	（1）上下楼梯时抓牢、蹬稳； （2）上下梯梯时不得从事其他工作； （3）大风雨雪天气尽量乘电梯上下； （4）设置警告牌

5 锅炉20.5m层以上区域巡检

<table>
<tr><td colspan="4">主要作业风险：
(1) 因使用不合适的工器具、穿戴不合适劳动防护用品导致巡检人员伤害；
(2) 垂直爬梯引起高处坠落；
(3) 主、再热蒸汽等高温高压蒸汽泄漏导致巡检人员灼烫；
(4) 因锅炉露天楼梯特殊天气下导致人员滑倒、跌落</td><td colspan="6">控制措施：
(1) 仔细核对工器具和正确使用工器具；
(2) 正确佩戴安全帽、防尘口罩、耳塞、手套、工作鞋等；
(3) 携带良好的通信工具和手电筒；
(4) 登垂直爬梯使用双扣安全带；
(5) 定期检查保温状况</td></tr>
<tr><td rowspan="2">编号</td><td rowspan="2">作业步骤</td><td rowspan="2">危害因素</td><td rowspan="2">可能导致的后果</td><td colspan="5">风险评价</td><td rowspan="2">控制措施</td></tr>
<tr><td>L</td><td>E</td><td>C</td><td>D</td><td>风险程度</td></tr>
<tr><td>一</td><td colspan="9">巡检前准备</td></tr>
<tr><td>1</td><td>向值班负责人汇报巡检内容</td><td>不熟悉巡检路线或去向不明</td><td>伤害后得不到及时救援</td><td>3</td><td>10</td><td>1</td><td>30</td><td>2</td><td rowspan="5">(1) 使用合适工器具；
(2) 加强沟通；
(3) 交待安全注意事项；
(4) 仔细核对钥匙编号；
(5) 正确佩戴安全帽、防尘口罩、耳塞、手套、工作鞋等；
(6) 规范着装（穿长袖工作服，袖口扣好、衣服钮好）；
(7) 携带状况良好的通信工具；</td></tr>
<tr><td rowspan="3">2</td><td rowspan="3">选择合适的工器具，如对讲机、测温仪、操作扳手、钥匙、手电筒等</td><td>对讲机充电不足或信号不好影响及时通信</td><td>(1) 伤害后得不到及时救援；
(2) 设备异常</td><td>6</td><td>10</td><td>1</td><td>60</td><td>2</td></tr>
<tr><td>照明不足</td><td>作业环境危害</td><td>3</td><td>10</td><td>3</td><td>90</td><td>3</td></tr>
<tr><td>拿错或使用错误工具</td><td>(1) 设备异常；
(2) 其他伤害</td><td>3</td><td>10</td><td>3</td><td>90</td><td>3</td></tr>
<tr><td>3</td><td>准备合适的防护用具，如安全帽、防粉口罩、耳塞、手套、工作鞋等</td><td>不合适的防护造成伤害</td><td>(1) 灼烫；
(2) 高处坠落；
(3) 其他伤害；
(4) 物体打击</td><td>3</td><td>10</td><td>3</td><td>90</td><td>3</td></tr>
</table>

续表

<table>
<tr><th rowspan="2">编号</th><th rowspan="2">作业步骤</th><th rowspan="2">危害因素</th><th rowspan="2">可能导致的后果</th><th colspan="5">风险评价</th><th rowspan="2">控制措施</th></tr>
<tr><th>L</th><th>E</th><th>C</th><th>D</th><th>风险程度</th></tr>
<tr><td>4</td><td>值班负责人核实并批准，交代安全注意事项</td><td>（1）准备不充分；
（2）工作无序，去向不明</td><td>伤害后得不到及时救援</td><td>1</td><td>10</td><td>3</td><td>30</td><td>2</td><td>（8）携带手电筒，电源要充足，亮度要足够；
（9）必要时带耳塞；
（10）严格执行规章制度</td></tr>
<tr><td>二</td><td colspan="9">巡检内容</td></tr>
<tr><td rowspan="5">1</td><td rowspan="5">等离子燃烧器区域</td><td>煤粉管泄漏</td><td>（1）灼烫；
（2）火灾</td><td>6</td><td>10</td><td>1</td><td>60</td><td>2</td><td rowspan="5">（1）设置警告牌；
（2）不宜长久停留；
（3）不正对和靠近泄漏点；
（4）及时联系处理漏粉；
（5）巡检时检查粉管运行情况，发现粉管堵塞，及时进行处理；
（6）上下爬梯时抓牢、蹬稳；
（7）及时联系处理缺陷</td></tr>
<tr><td>冷却水管路、阀门漏水</td><td>其他伤害</td><td>6</td><td>10</td><td>1</td><td>60</td><td>2</td></tr>
<tr><td>粉管堵塞</td><td>（1）火灾；
（2）爆炸</td><td>6</td><td>10</td><td>1</td><td>60</td><td>2</td></tr>
<tr><td>运行时外壁温度高</td><td>（1）灼烫</td><td>1</td><td>10</td><td>1</td><td>10</td><td>1</td></tr>
<tr><td>等离子燃烧器平台通道狭窄</td><td>（1）其他伤害；
（2）高处坠落</td><td>1</td><td>10</td><td>1</td><td>10</td><td>1</td></tr>
<tr><td rowspan="2">2</td><td rowspan="2">WDC 阀区域</td><td>位置不利</td><td>其他伤害</td><td>1</td><td>10</td><td>1</td><td>10</td><td>1</td><td rowspan="2">（1）不正对或靠近泄漏点；
（2）检查阀门时防止滑倒；
（3）观察好撤离路线；
（4）上下爬梯时抓牢、蹬稳</td></tr>
<tr><td>阀门、管路泄漏</td><td>灼烫</td><td>3</td><td>10</td><td>1</td><td>30</td><td>2</td></tr>
<tr><td rowspan="2">3</td><td rowspan="2">煤粉燃烧器、油枪区域</td><td>煤粉管泄漏</td><td>（1）灼烫；
（2）火灾</td><td>6</td><td>10</td><td>1</td><td>60</td><td>2</td><td rowspan="2">（1）设置警告牌；
（2）不宜长久停留；
（3）不正对和靠近泄漏点；
（4）及时联系处理漏油、漏粉；</td></tr>
<tr><td>油枪油管漏油</td><td>（1）火灾；
（2）灼烫</td><td>6</td><td>10</td><td>1</td><td>60</td><td>2</td></tr>
</table>

续表

编号	作业步骤	危害因素	可能导致的后果	风险评价 L	E	C	D	风险程度	控制措施
3	煤粉燃烧器、油枪区域	粉管堵塞	(1) 火灾； (2) 爆炸	6	10	1	60	2	(5) 巡检时检查粉管运行情况，发现粉管堵塞，及时进行处理； (6) 行走时看清前方、地面状况； (7) 上下爬梯时抓牢、蹬稳； (8) 及时联系处理缺陷
		二次风箱泄漏	灼烫	3	10	1	30	2	
		平台上下爬梯、垂直爬梯	高处坠落	1	10	1	10	1	
		地面不平、通道狭窄	其他伤害	1	10	1	10	1	
4	锅炉一、二次风区域	一、二次风管道泄漏	灼烫	1	10	1	10	1	(1) 不正对或靠近泄漏点； (2) 检查高处风门时防止滑倒； (3) 上下爬梯时抓牢、蹬稳
		一次风吹口风门位置不利通道狭窄	其他伤害	1	10	1	10	1	
		二次风再循环风门位置不利、通道狭窄	其他伤害	1	10	1	10	1	
5	人孔门区域	人孔门温度高	灼烫	1	10	1	10	1	(1) 行走时看清前方、地面状况； (2) 遇泄漏时考虑好撤退路线； (3) 禁止触摸未保温的人孔门； (4) 不得久留
		高温高压蒸汽泄漏	灼烫	3	10	3	90	3	
		炉膛高温烟气泄漏	灼烫	3	10	3	90	3	
6	看火、看焦孔区域	看火、看焦孔门把手烫	灼烫	1	10	1	10	1	(1) 行走时看清前方、地面状况； (2) 开启看火孔应戴好防护手套； (3) 看火时应带好防护面罩和护目镜；
		炉膛压力波动易造成火焰喷出	灼烫	3	10	1	30	2	

续表

编号	作业步骤	危害因素	可能导致的后果	风险评价					控制措施
				L	*E*	*C*	*D*	风险程度	
6	看火、看焦孔区域	打开看火孔积灰喷出	灼伤	3	10	1	30	2	(4) 检查时应戴好口罩； (5) 不得正对看火孔，观察好撤离路线； (6) 开启看火孔前应与主控联系，保持炉膛压力稳定； (7) 不宜长久停留； (8) 严格按照规定带好防护物品
		炉膛火焰温度及亮度高	灼伤	3	10	1	30	2	
		通道狭窄、空间受限	其他伤害	1	10	1	10	1	
		火焰温度高	灼烫	3	10	1	30	2	
		高温蒸汽管道泄漏喷出	灼烫	1	10	1	10	1	
7	炉本体吹灰区域	吹灰器泄漏	灼烫	6	10	1	60	2	(1) 不宜长久停留； (2) 不得正对或靠近泄漏点； (3) 不得正对吹灰器排空管； (4) 考虑好泄漏时的撤离线路； (5) 检查内漏时注意方法； (6) 不得触及转动部分； (7) 检查电动机金属外壳接地良好，否则禁止触摸； (8) 进入该区域时检查是否有高处作业； (9) 行走时看清前方、地面状况； (10) 上下爬梯时抓牢、蹬稳
		吹灰管路泄漏	灼烫	3	10	1	30	2	
		转动设备	机械伤害	1	10	1	10	1	
		电机外壳接地不良	触电	1	10	3	30	2	
		二级过热器至炉本体吹灰供气管道、阀门泄漏	灼烫	6	10	1	60	2	
		三级过热器至空气预热器吹灰供气管道、阀门泄漏	灼烫	3	10	1	30	2	
		冷端再热器至炉本体吹灰供气管道、阀门泄漏	灼烫	6	10	1	60	2	
		平台上下爬梯、通道狭窄	高处坠落	1	10	1	10	1	

续表

编号	作业步骤	危害因素	可能导致的后果	风险评价 L	E	C	D	风险程度	控制措施
8	锅炉疏水、放气电动门、手动门区域	位置不利	（1）灼烫； （2）其他伤害	1	10	1	10	1	（1）不正对或靠近泄漏点； （2）检查阀门时防止滑倒； （3）观察好撤离路线； （4）使用测温仪检查阀门内漏； （5）上下楼梯时看清前方状况，抓牢、站稳
		阀门内漏，把手温度高	灼烫	3	10	1	30	2	
		阀门、管路泄漏	灼烫	3	10	1	30	2	
		上下楼梯	高处坠落	1	10	1	10	1	
9	冷再蒸汽管道区域	上下楼梯	高处坠落	1	10	1	10	1	（1）上下楼梯时看清前方状况，抓牢、站稳； （2）不正对或靠近泄漏点； （3）不宜长时间停留； （4）观察好撤离路线； （5）不得久留
		阀门、管路泄漏	灼烫	3	10	1	30	2	
10	主蒸汽管道区域	上下楼梯	高处坠落	1	10	1	10	1	（1）上下楼梯时看清前方状况，抓牢、站稳； （2）不正对或靠近泄漏点； （3）不宜长时间停留； （4）观察好撤离路线； （5）阀门操作时应戴好防护手套； （6）不得久留
		主蒸汽取样阀、压力表计阀门把手温度高	灼烫	3	10	1	30	2	
		阀门、管路泄漏	灼烫	3	10	1	30	2	
11	再热蒸汽管道区域	上下楼梯	高处坠落	1	10	1	10	1	（1）上下楼梯时看清前方状况，抓牢、站稳； （2）不正对或靠近泄漏点； （3）不宜长时间停留； （4）观察好撤离路线； （5）阀门操作时应戴好防护手套
		再热蒸汽取样阀、压力表计阀门把手温度高	灼烫	3	10	1	30	2	
		阀门、管路泄漏	灼烫	3	10	1	30	2	

续表

编号	作业步骤	危害因素	可能导致的后果	风险评价					控制措施
				L	E	C	D	风险程度	
12	省煤器进口管道阀门区域	通道阀门狭窄、空间受限	其他伤害	1	10	1	10	1	(1) 行走时看清前方、地面状况； (2) 不正对或靠近泄漏点； (3) 不正对安全门排放口； (4) 观察好撤离路线； (5) 垂直上下楼梯时看清前方状况，抓牢、站稳
		给水总门检查	高处坠落	1	10	1	10	1	
		阀门、管路泄漏	灼烫	3	10	1	30	2	
13	给水至炉循环泵入口过冷水平台	减温水快关阀突然动作引起盘根吹损	灼烫	3	10	10	30	2	(1) 不宜长久停留； (2) 上下平台时看清前方状况，抓牢、站稳； (3) 不正对或靠近泄漏点； (4) 遇泄漏考虑好撤退路线
		检查平台	高处坠落	1	10	1	10	1	
		高温高压管道、阀门泄漏	(1) 灼烫； (2) 机械伤害	3	10	3	90	3	
14	再热器减温水平台	减温水快关阀突然动作引起盘根吹损	灼烫	3	10	10	30	2	(1) 不宜长久停留； (2) 上下楼梯时看清前方状况，抓牢、站稳； (3) 不正对或靠近泄漏点； (4) 遇泄漏考虑好撤退路线
		上下楼梯	高处坠落	1	10	1	10	1	
		高温高压管道、阀门泄漏	(1) 灼烫； (2) 机械伤害	3	10	3	90	3	
15	过热器减温水平台	减温水流量计平台检查	(1) 灼烫； (2) 高处坠落	3	10	10	30	2	(1) 不宜长久停留； (2) 上下平台时看清前方状况，抓牢、站稳； (3) 不正对或靠近泄漏点； (4) 遇泄漏时考虑好撤退路线
		通道阀门狭窄、空间受限	其他伤害	1	10	1	10	1	
		上下楼梯	高处坠落						
		高温高压管道、阀门泄漏	(1) 灼烫； (2) 机械伤害	3	10	3	90	3	

续表

编号	作业步骤	危害因素	可能导致的后果	风险评价					控制措施
				L	*E*	*C*	*D*	风险程度	
16	汽水分离器区域	通道狭窄、地面不平	其他伤害	1	10	1	10	1	(1) 行走时看清前方、地面状况； (2) 不正对或靠近泄漏点； (3) 观察好撤离路线； (4) 阀门操作时应戴好防护手套
		汽水分离器取样阀、压力表计阀门把手温度高	灼烫	1	10	1	10	1	
		阀门、管路泄漏	灼烫	3	10	1	30	2	
三	巡检路线								
1	锅炉四周	锅炉爆炸	(1) 爆炸； (2) 灼烫	1	10	7	70	2	(1) 上下爬梯时抓牢、蹬稳； (2) 行走时看清前方、地面状况； (3) 无故不得长久停留； (4) 不正对和靠近泄漏点； (5) 高温高压汽水管道附近应快速通过； (6) 遇泄漏时考虑好撤退路线
		高处落物	物体打击	1	10	7	70	2	
		高温高压管道、阀门泄漏	(1) 灼烫； (2) 机械伤害	1	10	3	30	2	
		保温铁皮不平整	其他伤害	1	10	1	10	1	
2	锅炉露天楼梯	恶劣天气的通道危险	高处坠落	3	10	3	90	3	(1) 上下楼梯时抓牢、蹬稳； (2) 上下梯梯时不得从事其他工作； (3) 大风雨雪天气尽量乘电梯上下； (4) 设置警告牌

6 锅炉专业检修人员巡检

<table>
<tr><td colspan="4">

主要作业风险：

（1）因通信不畅、穿戴不合适劳动防护用品、不熟悉巡检路线、高压蒸汽泄漏导致巡检人员灼烫和其他人员伤害；

（2）因除氧气爆炸引起火灾、人员伤害和设备事故；

（3）因调门检查垂直爬梯引起高处坠落

</td><td colspan="6">

控制措施：

（1）仔细核对钥匙编号和正确工具；

（2）携带良好的通信工具和手电筒；

（3）熟悉巡检路线和沿途及巡检点安全危害，登垂直爬梯使用双扣安全带；

（4）佩戴安全帽、防尘口罩、耳塞、手套、工作鞋等；

（5）现场培训

</td></tr>
<tr><th rowspan="2">编号</th><th rowspan="2">作业步骤</th><th rowspan="2">危害因素</th><th rowspan="2">可能导致的后果</th><th colspan="5">风险评价</th><th rowspan="2">控制措施</th></tr>
<tr><th>L</th><th>E</th><th>C</th><th>D</th><th>风险程度</th></tr>
<tr><td>一</td><td colspan="9">巡检前准备</td></tr>
<tr><td>1</td><td>准备巡检工具（测温仪、手电筒、对讲机、测振仪、钥匙等）</td><td>（1）拿错或使用错误工具；
（2）照明不足造成绊倒、摔伤等；
（3）拿错钥匙而匆忙往返引起绊倒、摔伤等；
（4）充电不足或信号不好影响及时通信</td><td>（1）人身伤害；
（2）设备故障</td><td>10</td><td>10</td><td>1</td><td>100</td><td>3</td><td>（1）使用合适工具；
（2）加强沟通；
（3）交待安全注意事项；
（4）仔细核对钥匙编号；
（5）正确佩戴安全帽、安全帽、防尘口罩、耳塞、手套、工作鞋等</td></tr>
</table>

续表

编号	作业步骤	危害因素	可能导致的后果	风险评价					控制措施
				L	E	C	D	风险程度	
2	向组长汇报去向	(1) 不熟悉巡检路线或去向不明; (2) 准备不充分	伤害后得不到及时救援	3	10	3	90	3	(6) 规范着装(穿长袖工作服,袖口扣好、衣服钮好); (7) 携带状况良好的通信工具; (8) 携带手电筒,电源要充足,亮度要足够
3	准备个人防护用品(安全帽、耳塞、防护镜、口罩)	使用不充分或不合适防护用品造成烫伤、化学伤害、滑跌绊跌、碰撞、落物伤害等	(1) 灼烫; (2) 其他伤害	3	10	3	90	3	
二	巡检内容								
1	引风机	(1) 上下楼梯陡,易滑倒; (2) 引风机润滑油站滤网差压高; (3) 润滑油站管路漏油	(1) 人身伤害; (2) 设备损坏,影响机组安全运行; (3) 环境污染	10	10	1	100	3	(1) 上下楼梯时用手扶牢护栏,严禁穿带钉的鞋; (2) 发现润滑油滤网差压高缺陷,及时清洗或更换其滤网; (3) 对漏油点进行处理
2	一次风机、送风机	(1) 上下楼梯陡,易滑倒; (2) 一次风机、送风机区域噪声大,易造成伤害; (3) 润滑油站管路漏油	(1) 人身伤害; (2) 设备损坏,影响机组安全运行; (3) 环境污染	1	6	3	18	2	(1) 上下楼梯时用手扶牢护栏,严禁穿带钉的鞋; (2) 巡检时佩戴好耳塞; (3) 对漏油点进行处理
3	炉水回收系统	(1) 高处落物,易对现场巡检人员造成伤害; (2) 疏水泵入口滤网堵塞	(1) 人身伤害; (2) 设备损坏,影响机组安全运行	10	10	1	100	3	(1) 正确佩戴好安全帽等个人防护用品; (2) 清洗疏水泵入口滤网

续表

编号	作业步骤	危害因素	可能导致的后果	风险评价					控制措施
				L	*E*	*C*	*D*	风险程度	
4	密封风机	(1) 密封风机轴承座漏油； (2) 密封风机轴承温度高； (3) 地面积水，造成巡检人员滑倒	(1) 人身伤害； (2) 设备损坏，影响机组安全运行； (3) 环境污染	10	10	1	100	3	(1) 发现漏油大时，切换风机运行，对漏油点进行消缺； (2) 分析其轴承温度高原因，必要时切换风机运行，对其缺陷进行消缺； (3) 检查地面是否积水，联系人员清扫
5	磨煤机	(1) 石子排渣门被异物堵塞； (2) 润滑油站滤网差压高； (3) 照明不足，在检查联轴器时易造成伤害	(1) 人身伤害； (2) 设备损坏，影响机组安全运行； (3) 环境污染； (4) 火灾	10	10	1	100	3	(1) 将石子排渣门堵塞异物清理； (2) 清洗油站润滑油滤网； (3) 检查联轴器时须有良好照明手电且不要离联轴器太近
6	磨煤机顶部	(1) 落煤管漏粉； (2) 出口粉管、出口闸板门漏粉； (3) 照明不足，巡检人员易绊倒	(1) 人身伤害； (2) 设备损坏，影响机组安全运行； (3) 环境污染； (4) 火灾	1	6	3	18	2	(1) 对落煤管漏粉点进行处理； (2) 及时处理出口粉管、出口闸板门漏粉； (3) 巡检时携带好良好的手电； (4) 及时清理出口闸板门处积粉，防止因高温引起火灾
7	等离子冷却水泵	(1) 机械密封破损、造成轴承处漏水； (2) 平台遍布管道，行走障碍	(1) 人身伤害； (2) 设备损坏，影响机组安全运行	2	6	3	36	2	(1) 更换机械密封； (2) 行走时注意脚下管道，在穿越平台管道处增加警示标志

续表

编号	作业步骤	危害因素	可能导致的后果	风险评价					控制措施
				L	*E*	*C*	*D*	风险程度	
8	炉水循环泵	（1）溢流管泄漏； （2）上下楼梯陡，易发生高处坠落	（1）人身伤害； （2）设备损坏，影响机组安全运行； （3）环境污染	2	6	3	36	2	（1）对溢流管泄漏点进行焊接； （2）上下楼梯时用手扶牢护栏，严禁穿带钉的鞋
9	空气预热器支撑轴承	（1）空气预热器漏灰、地面积灰； （2）支撑轴承油泵管路漏油； （3）支撑轴承润滑油加油孔漏油（油位偏高）	（1）人身伤害； （2）设备损坏，影响机组安全运行； （3）环境污染； （4）火灾	2	6	3	36	2	（1）消除漏灰点，及时清理地面积灰； （2）消除漏油点； （3）及时检查、确认油位
10	给煤机	（1）高处落物； （2）给煤机堵煤； （3）给煤机积煤过多引起自燃； （4）给煤机马达漏油； （5）给煤机区域积水	（1）人身伤害； （2）设备损坏，影响机组安全运行； （3）环境污染； （4）火灾	3	6	3	54	2	（1）正确的佩戴好安全帽； （2）用榔头振打原煤斗，将煤流疏通； （3）清理给煤机平台区域积水
11	空气预热器	（1）空气预热器卡塞、卡死； （2）空气预热器漏风、漏灰； （3）变速箱、轴承漏油； （4）马达故障； （5）上下楼梯陡易滑倒	（1）人身伤害； （2）灼烫； （3）设备故障	1	6	3	18	2	（1）不做过多停留； （2）工作前准备好撤退路线； （3）发现故障及时联系； （4）行走时注意观察，注意安全； （5）设置警示标牌

续表

编号	作业步骤	危害因素	可能导致的后果	风险评价					控制措施
				L	E	C	D	风险程度	
12	燃油平台	(1) 油管漏油； (2) 平台遍布管道，行走障碍	(1) 人身伤害； (2) 火灾； (3) 设备损坏	1	6	15	90	3	(1) 定期检查灭火装置； (2) 正确使用个人保护装置； (3) 设置禁烟禁火标志
13	火检风机	(1) 电动机外壳接地不良； (2) 转动设备	(1) 触电； (2) 机械伤害	1	6	3	18	2	(1) 检查接地情况，否则禁止触摸； (2) 不得触摸转动设备
14	等离子点火器	(1) 阴阳极漏水； (2) 拉弧电机故障； (3) 接地不良	(1) 设备故障； (2) 触电	2	6	3	36	2	(1) 检查接地情况，否则禁止触摸； (2) 定期检查等离子拉弧是否正常
15	油枪、喷燃器区域	(1) 煤粉管道漏粉； (2) 油枪卡涩、退不出来； (3) 照明不足	(1) 人身伤害； (2) 设备故障	1	6	15	90	3	(1) 定期检查煤粉管道漏点、及时处理； (2) 加强燃烧器区域照明
16	再热器减温水系统管道阀门、支吊架	(1) 支吊架受力不均、偏斜； (2) 阀门盘根漏水； (3) 人员坠落	(1) 人身伤害； (2) 设备故障	2	6	3	36	2	(1) 定期检查管道阀门及支吊架； (2) 对孔洞及不平区域设置明显的警示标志
17	过热器减温水系统管道阀门、支吊架	(1) 支吊架受力不均、偏斜； (2) 阀门盘根漏水； (3) 人员坠落	(1) 人身伤害； (2) 设备故障	2	6	3	36	2	(1) 定期检查管道阀门及支吊架； (2) 对孔洞及不平区域设置明显的警示标志

续表

编号	作业步骤	危害因素	可能导致的后果	风险评价					控制措施
				L	*E*	*C*	*D*	风险程度	
18	过热器出口管道阀门、支吊架	(1) 支吊架受力不均、偏斜； (2) 安全阀频繁起跳； (3) 人员坠落	(1) 人身伤害； (2) 设备故障	1	6	15	90	3	(1) 定期对安全阀进行校验及手动排放试验； (2) 对孔洞及不平区域设置明显的警示标志
19	再热器出口管道阀门、支吊架	(1) 支吊架受力不均、偏斜； (2) 安全阀频繁起跳； (3) 人员坠落	(1) 人身伤害； (2) 设备故障	1	6	15	90	3	(1) 定期对安全阀进行校验及手动排放试验； (2) 对孔洞及不平区域设置明显的警示标志
20	炉顶放空气管道、阀门	(1) 阀门内漏； (2) 人员坠落	(1) 人身伤害； (2) 设备故障	2	6	3	36	2	(1) 定期对放空气门进行检查； (2) 对孔洞及不平区域设置明显的警示标志
三	巡检路线								
1	六大风机	(1) 地面积水，造成巡检人员滑倒； (2) 上下楼梯陡，易滑倒	人身伤害	2	6	3	36	2	(1) 使用个人保护设备； (2) 走安全通道
2	锅炉楼梯	隔栅不平，引起绊倒	其他伤害	2	6	3	36	2	(1) 行走时注意安全； (2) 通知检修整改
3	给煤机层	照明不良	人身伤害	2	6	3	36	2	(1) 使用手电筒； (2) 及时消缺，照明整改

续表

编号	作业步骤	危害因素	可能导致的后果	风险评价					控制措施
				L	*E*	*C*	*D*	风险程度	
4	燃烧器、煤粉管道区域	(1) 照明不良； (2) 煤粉管道漏粉、造成粉尘伤害	人身伤害	1	6	3	18	2	(1) 使用手电筒； (2) 及时消缺，照明整改
5	锅炉本体	(1) 交叉作业； (2) 高处落物	物体打击	1	6	3	18	2	(1) 使用个人保护设备； (2) 走安全通道
四	以往发生的事件								
1	管道碰头	未戴安全帽，管道过低引起碰头	人身伤害	1	6	3	18	1	设置警告牌、戴安全帽
2	滑倒、绊倒	照明不足造成绊倒、摔伤等	人身伤害	1	6	3	18	1	(1) 及时清理工作场所的地面积油； (2) 厂房内巡检设备处要有充足的照明

7 启动锅炉巡检

<table>
<tr><td colspan="4">主要作业风险：
（1）因使用不合适的工器具、穿戴不合适劳动防护用品导致巡检人员伤害；
（2）检查垂直爬梯引起高处坠落；
（3）因锅炉本体漏风、漏灰、高温高压蒸汽泄漏导致巡检人员灼烫；
（4）因锅炉露天楼梯特殊天气下导致人员滑倒、跌落</td><td colspan="6">控制措施：
（1）仔细核对工器具和正确使用工器具；
（2）正确佩戴安全帽、防尘口罩、耳塞、手套、工作鞋等；
（3）携带良好的通信工具和手电筒；
（4）登垂直爬梯使用双扣安全带；
（5）定期检查保温状况</td></tr>
<tr><td rowspan="2">编号</td><td rowspan="2">作业步骤</td><td rowspan="2">危害因素</td><td rowspan="2">可能导致的后果</td><td colspan="5">风险评价</td><td rowspan="2">控制措施</td></tr>
<tr><td>L</td><td>E</td><td>C</td><td>D</td><td>风险程度</td></tr>
<tr><td>一</td><td colspan="9">巡检前准备</td></tr>
<tr><td>1</td><td>向值班负责人汇报巡检内容</td><td>不熟悉巡检路线或去向不明</td><td>伤害后得不到及时救援</td><td>3</td><td>10</td><td>1</td><td>30</td><td>2</td><td rowspan="4">（1）使用合适工器具；
（2）加强沟通；
（3）交待安全注意事项；
（4）仔细核对钥匙编号；
（5）正确佩戴安全帽、防尘口罩、耳塞、手套、工作鞋等；</td></tr>
<tr><td rowspan="3">2</td><td rowspan="3">选择合适的工器具，如对讲机、测温仪、操作扳手、钥匙、手电筒等</td><td>对讲机充电不足或信号不好，影响及时通信</td><td>（1）伤害后得不到及时救援；
（2）设备异常</td><td>6</td><td>10</td><td>1</td><td>60</td><td>2</td></tr>
<tr><td>照明不足</td><td>作业环境危害</td><td>3</td><td>10</td><td>3</td><td>90</td><td>3</td></tr>
<tr><td>拿错或使用错误工具</td><td>（1）设备异常；
（2）机械伤害；
（3）高处坠落</td><td>3</td><td>10</td><td>3</td><td>90</td><td>3</td></tr>
</table>

续表

<table>
<tr><th rowspan="2">编号</th><th rowspan="2">作业步骤</th><th rowspan="2">危害因素</th><th rowspan="2">可能导致的后果</th><th colspan="5">风险评价</th><th rowspan="2">控制措施</th></tr>
<tr><th>L</th><th>E</th><th>C</th><th>D</th><th>风险程度</th></tr>
<tr><td>3</td><td>准备合适的防护用具，如安全帽、防粉口罩、耳塞、手套、工作鞋等</td><td>不合适的防护造成伤害</td><td>（1）灼烫；
（2）物体打击；
（3）高处坠落</td><td>3</td><td>10</td><td>3</td><td>90</td><td>3</td><td rowspan="2">（6）规范着装（穿长袖工作服，袖口扣好、衣服钮好）；
（7）携带状况良好的通信工具；
（8）携带手电筒，电源要充足，亮度要足够；
（9）必要时带耳塞；
（10）严格执行规章制度</td></tr>
<tr><td>4</td><td>值班负责人核实并批准，交代安全注意事项</td><td>（1）准备不充分；
（2）工作无序，去向不明</td><td>伤害后得不到及时救援</td><td>1</td><td>10</td><td>3</td><td>30</td><td>2</td></tr>
<tr><td>二</td><td colspan="3">巡检内容</td><td></td><td></td><td></td><td></td><td></td><td></td></tr>
<tr><td rowspan="7">1</td><td rowspan="7">启动锅炉本体区域</td><td>高处异物掉落</td><td>物体打击</td><td>1</td><td>10</td><td>3</td><td>30</td><td>2</td><td rowspan="7">（1）进入该区域前观察是否有蒸汽泄漏，不得正对或靠近泄漏点；
（2）考虑好泄漏时的撤离线路；
（3）上下爬梯时抓牢、蹬稳；
（4）行走时看清路面状况；
（5）及时清理油污；
（6）设置警示标识；
（7）登垂直爬梯使用双扣安全带</td></tr>
<tr><td>附近高温高压蒸汽泄漏</td><td>灼烫</td><td>1</td><td>10</td><td>3</td><td>30</td><td>2</td></tr>
<tr><td>蒸汽出口电动门检查</td><td>机械伤害</td><td>3</td><td>10</td><td>3</td><td>90</td><td>3</td></tr>
<tr><td>水位计投入</td><td>灼烫</td><td>3</td><td>10</td><td>1</td><td>30</td><td>2</td></tr>
<tr><td>启动锅炉排污</td><td>灼烫</td><td>3</td><td>10</td><td>1</td><td>30</td><td>2</td></tr>
<tr><td>地面积水</td><td>其他伤害</td><td>3</td><td>10</td><td>1</td><td>30</td><td>2</td></tr>
<tr><td>取样管泄漏</td><td>灼烫</td><td>3</td><td>10</td><td>1</td><td>30</td><td>2</td></tr>
<tr><td rowspan="4">2</td><td rowspan="4">启动锅炉配电柜</td><td>附近高温高压蒸汽泄漏</td><td>灼烫</td><td>1</td><td>10</td><td>3</td><td>30</td><td>2</td><td rowspan="4">（1）不得正对或靠近泄漏点，考虑好泄漏时的撤离线路；
（2）检查变频器柜外壳接地良好，否则禁止触摸；
（3）检查地面状况；
（4）进入该区域时检查是否有高处作业</td></tr>
<tr><td>控制柜接地不良</td><td>触电</td><td>1</td><td>10</td><td>3</td><td>30</td><td>2</td></tr>
<tr><td>地面积水</td><td>（1）其他伤害；
（2）触电</td><td>3</td><td>10</td><td>1</td><td>30</td><td>2</td></tr>
<tr><td>高处落物</td><td>物体打击</td><td>1</td><td>10</td><td>7</td><td>70</td><td>2</td></tr>
</table>

续表

编号	作业步骤	危害因素	可能导致的后果	风险评价					控制措施
				L	E	C	D	风险程度	
3	储水箱区域	检查平台盖板不严密	（1）高处坠落； （2）其他伤害	3	10	1	30	2	（1）行走时看清路面状况； （2）上下爬梯时抓牢、蹬稳； （3）不得正对或靠近泄漏点，考虑好泄漏时的撤离线路； （4）不得直接接触水位计磁块； （5）定期检查保温状况
		平台上下爬梯	高处坠落	3	10	1	30	2	
		水箱本体漏水	灼烫	3	10	3	90	3	
		水位计漏水	其他伤害	3	10	1	30	2	
		注水门关闭	设备异常	1	10	3	30	2	
		底部排污门开启	设备异常	1	10	3	30	2	
4	风机区域	转动设备	机械伤害	1	10	1	10	1	（1）不得触及转动部分； （2）检查电动机金属外壳接地良好，否则禁止触摸； （3）进入该区域时检查是否有高处作业
		电动机外壳接地不良	触电	1	10	3	30	2	
		高处落物	物体打击	1	10	7	70	2	
5	燃油平台	油管道和法兰泄漏	火灾	3	10	1	30	2	（1）设置警示标识； （2）行走时看清路面状况； （3）及时清理油污； （4）进入该区域时检查是否有高处作业
		地面不平、通道狭窄	其他伤害	3	10	1	30	2	
		高处落物	物体打击	1	10	7	70	2	
三	巡检路线								
1	锅炉四周	锅炉爆炸	（1）爆炸； （2）灼烫	1	10	7	70	2	（1）上下爬梯时抓牢、蹬稳； （2）行走时看清前方、地面状况； （3）无故不得长久停留； （4）不正对和靠近泄漏点； （5）高温高压汽水管道附近应快速通过； （6）遇泄漏时考虑好撤退路线
		高处落物	物体打击	1	10	7	70	2	
		高温高压管道、阀门泄漏	（1）灼烫； （2）机械伤害	1	10	3	30	2	
		保温铁皮不平整	其他伤害	1	10	1	10	1	

续表

编号	作业步骤	危害因素	可能导致的后果	风险评价					控制措施
				L	*E*	*C*	*D*	风险程度	
2	锅炉露天楼梯	恶劣天气的通道危险	（1）高处坠落； （2）其他伤害	3	10	3	90	3	（1）上下楼梯时抓牢、蹬稳； （2）上下梯梯时不得从事其他工作； （3）大风雨雪天气尽量乘电梯上下； （4）设置警告牌

8 燃油库区巡检

<table>
<tr><td colspan="4">**主要作业风险：**
(1) 因使用不合适的工器具、穿戴不合适劳动防护用品导致巡检人员伤害；
(2) 因携带火种、不按规定使用无线通信设备、使用不合格工器具造成的火灾；
(3) 因地面盖板不平、地面积油导致巡检人员滑倒、摔伤；
(4) 因管道复杂导致巡检人员绊倒、碰撞；
(5) 巡检配电间及电气设备时的触电伤害</td><td colspan="6">**控制措施：**
(1) 仔细核对工器具和正确使用工器具；
(2) 正确佩戴安全帽、耳塞、手套、工作鞋等；
(3) 携带亮度足够的手电筒；
(4) 按规定存放火种及按规定使用通信工具；
(5) 定期检查并清理地面积油</td></tr>
<tr><th rowspan="2">编号</th><th rowspan="2">作业步骤</th><th rowspan="2">危害因素</th><th rowspan="2">可能导致的后果</th><th colspan="5">风险评价</th><th rowspan="2">控制措施</th></tr>
<tr><th>*L*</th><th>*E*</th><th>*C*</th><th>*D*</th><th>风险程度</th></tr>
<tr><td>一</td><td colspan="2">巡检前准备</td><td></td><td></td><td></td><td></td><td></td><td></td><td></td></tr>
<tr><td>1</td><td>向值班负责人汇报巡检内容</td><td>不熟悉巡检路线或去向不明</td><td>伤害后得不到及时救援</td><td>3</td><td>10</td><td>1</td><td>30</td><td>2</td><td rowspan="5">(1) 使用合适工器具；
(2) 加强沟通；
(3) 交待安全注意事项；
(4) 仔细核对门禁卡上的机组编号；
(5) 正确佩戴安全帽、耳塞、手套、工作鞋等；
(6) 规范着装（穿长袖工作服，袖口扣好、衣服钮好）；
(7) 按规定使用通信工具；
(8) 携带手电筒，电源要充足，亮度要足够；</td></tr>
<tr><td rowspan="3">2</td><td rowspan="3">选择合适的工器具，如测温仪、操作扳手、钥匙、门禁卡、手电筒等</td><td>照明不足</td><td>作业环境危害</td><td>6</td><td>10</td><td>1</td><td>60</td><td>2</td></tr>
<tr><td>拿错或使用错误工具</td><td>(1) 设备异常；
(2) 机械伤害</td><td>3</td><td>10</td><td>3</td><td>90</td><td>3</td></tr>
<tr><td>使用非铜质扳手</td><td>火灾</td><td>3</td><td>10</td><td>3</td><td>90</td><td>3</td></tr>
<tr><td>3</td><td>准备合适的防护用具：如安全帽、耳塞、手套、工作鞋等</td><td>不合适的防护造成伤害</td><td>(1) 灼烫；
(2) 高处坠落；
(3) 物体打击；
(4) 机械伤害</td><td>3</td><td>10</td><td>3</td><td>90</td><td>3</td></tr>
</table>

续表

编号	作业步骤	危害因素	可能导致的后果	风险评价					控制措施
				L	E	C	D	风险程度	
4	值班负责人核实并批准，交代安全注意事项	(1) 准备不充分； (2) 工作无序，去向不明	伤害后得不到及时救援	1	10	3	30	2	(9) 必要时带耳塞； (10) 火种等按规定存放在门卫处； (11) 严格执行规章制度
二	巡检内容								
1	燃油泵房	油管道和法兰泄漏	(1) 火灾； (2) 其他伤害	6	6	1	36	2	(1) 行走时看清路面状况； (2) 设置警示标识； (3) 及时清理油污； (4) 进入该区域时检查是否有高处作业； (5) 不得触及转动部分； (6) 检查电动机金属外壳接地良好，否则禁止触摸； (7) 照明按时投用
		地面不平，地沟盖板缺失、不平	其他伤害	3	2	1	6	1	
		转动设备	机械伤害	1	10	1	10	1	
		电动机外壳接地不良	触电	1	10	3	30	2	
		油管路复杂	其他伤害	3	10	1	30	2	
2	油箱及周围区域	油箱挡火墙、油箱爬梯及箱顶平台	(1) 其他伤害； (2) 高处坠落	3	10	1	30	2	(1) 行走时看清路面状况； (2) 设置警示标识； (3) 及时清理油污； (4) 进入该区域时检查是否有高处作业； (5) 不得触及转动部分； (6) 检查电动机金属外壳接地良好，否则禁止触摸； (7) 照明按时投用
		油管路复杂	其他伤害	3	10	1	30	2	
		地面不平，地沟盖板缺失、不平	其他伤害	3	2	1	6	1	
		油管道和法兰泄漏	火灾	3	10	1	30	2	
		地面积水	其他伤害	3	10	1	30	2	

续表

<table>
<tr><th rowspan="2">编号</th><th rowspan="2">作业步骤</th><th rowspan="2">危害因素</th><th rowspan="2">可能导致的后果</th><th colspan="5">风险评价</th><th rowspan="2">控制措施</th></tr>
<tr><th>L</th><th>E</th><th>C</th><th>D</th><th>风险程度</th></tr>
<tr><td rowspan="4">3</td><td rowspan="4">油库配电间</td><td>变压器、母线、开关柜</td><td>触电</td><td>1</td><td>10</td><td>3</td><td>30</td><td>2</td><td rowspan="4">（1）设置警示标识；
（2）配电间轴流风机运行规定；
（3）及时清理地面积水</td></tr>
<tr><td>变压器、断路器、TV</td><td>爆炸</td><td>1</td><td>10</td><td>3</td><td>30</td><td>2</td></tr>
<tr><td>地面积水</td><td>其他伤害</td><td>3</td><td>10</td><td>1</td><td>30</td><td>2</td></tr>
<tr><td>盘柜结露</td><td>触电</td><td>1</td><td>10</td><td>7</td><td>70</td><td>2</td></tr>
<tr><td>三</td><td colspan="3">巡检路线</td><td></td><td></td><td></td><td></td><td></td><td></td></tr>
<tr><td rowspan="6">1</td><td rowspan="6">燃油库区</td><td>油管路复杂</td><td>其他伤害</td><td>3</td><td>10</td><td>1</td><td>30</td><td>2</td><td rowspan="6">（1）上下爬梯时抓牢、蹬稳；
（2）行走时看清前方、地面状况；
（3）遇泄漏时考虑好撤退路线；
（4）设置警示标识；
（5）及时清理油污；
（6）进入该区域时检查是否有高处作业；
（7）不得触及转动部分；
（8）检查电动机金属外壳接地良好，否则禁止触摸；
（9）照明按时投用</td></tr>
<tr><td>地面不平，地沟盖板缺失、不平</td><td>其他伤害</td><td>3</td><td>2</td><td>1</td><td>6</td><td>1</td></tr>
<tr><td>油管道和法兰泄漏</td><td>火灾</td><td>3</td><td>10</td><td>1</td><td>30</td><td>2</td></tr>
<tr><td>油箱挡火墙、油箱爬梯及箱顶平台</td><td>（1）其他伤害；
（2）高处坠落</td><td>3</td><td>10</td><td>1</td><td>30</td><td>2</td></tr>
<tr><td>配电间电气设备</td><td>（1）触电；
（2）爆炸</td><td>1</td><td>10</td><td>3</td><td>30</td><td>2</td></tr>
<tr><td>地面积水</td><td>其他伤害</td><td>3</td><td>10</td><td>1</td><td>30</td><td>2</td></tr>
</table>

三、锅炉检修部分

1 安全阀排气管及消声器检修

<table>
<tr><td colspan="4">主要作业风险：
（1）高处坠落；
（2）脚手架坍塌；
（3）高处落物</td><td colspan="6">控制措施：
（1）工作中正确系好安全带；
（2）严格执行脚手架验收制度，上脚手架前检查脚手架是否牢固、可靠；
（3）工作中使用工具包，小型机工具及零配件放工具包内</td></tr>
<tr><td rowspan="2">编号</td><td rowspan="2">作业步骤</td><td rowspan="2">危害因素</td><td rowspan="2">可能导致的后果</td><td colspan="5">风险评价</td><td rowspan="2">控制措施</td></tr>
<tr><td>L</td><td>E</td><td>C</td><td>D</td><td>风险程度</td></tr>
<tr><td>一</td><td colspan="3">检修前准备</td><td></td><td></td><td></td><td></td><td></td><td></td></tr>
<tr><td>1</td><td>确认安全措施执行完毕</td><td>（1）系统未完全隔离；
（2）阀门管道内未泄压到零</td><td>（1）设备事故；
（2）人身伤害</td><td>3</td><td>0.5</td><td>15</td><td>22.5</td><td>2</td><td>（1）办理检修工作票；
（2）双人共同确认安全措施执行情况</td></tr>
<tr><td>2</td><td>准备手动工具</td><td>（1）手动工具损坏（如敲击扳手、榔头松脱、破损等）；
（2）使用不合适工具，小型工具准备不全或遗漏等</td><td>（1）人身伤害；
（2）设备损坏</td><td>3</td><td>1</td><td>1</td><td>3</td><td>1</td><td>（1）使用前确认工具型号和标示；
（2）使用前确认工具完好、合格</td></tr>
</table>

续表

编号	作业步骤	危害因素	可能导致的后果	风险评价					控制措施
				L	E	C	D	风险程度	
3	准备电（气）动工具	（1）不熟悉电动、气动工具的使用； （2）电动、气动工具不符合要求（如电动工具的电源线破损、绝缘和接地不良，气动工具气管破损、接口松动或磨损）； （3）工具或工具易损件质量不良； （4）电源无触电保护，或工具、设备无接地保护； （5）使用时砂轮片、切割片断裂飞出，不正确地使用劳保用品	（1）触电伤害； （2）机械伤害及其他人身伤害	3	3	15	135	3	（1）仔细阅读工具说明书，学会正确使用的方法； （2）使用前检查电源线、接地和其他部件良好，经检验合格、在有效期内； （3）电源盘等必须使用漏电保护器； （4）确认消耗品（如砂轮片、切割片）的质量，正确使用劳保防护用品（如防护眼镜、防护面罩等）
4	布置场地	（1）工具摆放凌乱； （2）场地选择不当（照明不足）等	（1）人身伤害； （2）影响人员通行	6	3	3	54	2	（1）严格执行定置管理要求； （2）进场前进行确认、检查； （3）正确使用工器具
5	安全交底	工作前未对施工人员进行安全技术交底或交底不清楚	（1）人身伤害； （2）设备损坏； （3）走错间隔	1	6	15	90	3	（1）工作前做好危险源分析； （2）工作前对施工人员做好详细的安全技术交底
6	个人防护用品准备	（1）未正确佩戴安全帽及工作服； （2）使用不合格的安全带	（1）人身伤害； （2）高处坠落	3	0.5	15	22.5	2	（1）正确佩戴安全帽及工作服； （2）使用在安全使用期内的安全带，并正确挂好安全带

续表

编号	作业步骤	危害因素	可能导致的后果	风险评价					控制措施
				L	E	C	D	风险程度	
二	检修过程								
1	检查安全阀排气管消声器固定支架	(1) 使用工具不当； (2) 工作中工具滑脱； (3) 零部件遗失、错位	(1) 人身伤害； (2) 设备损坏； (3) 影响工作进度	3	3	7	63	2	(1) 手动工具系好安全绳； (2) 拆卸下的部件进行定置管理
2	检查安全阀消声器出口滤网	(1) 安全阀消音器出口滤网破损； (2) 工作中工具滑脱	(1) 设备损坏； (2) 人身伤害	3	3	7	63	2	(1) 定期检查安全阀消声器滤网，对破损滤网进行修复或更换； (2) 手动工具系好安全绳
3	检查安全阀出口与排气管连接处焊缝	(1) 安全阀出口与排气管连接处焊缝开焊； (2) 焊缝开焊处漏汽	(1) 设备损坏； (2) 人身伤害	1	1	7	7	1	(1) 严格执行操作技能培训； (2) 正确使用工器具
4	安全阀出口与排气管连接处焊缝打磨及补焊	(1) 附近有易燃易爆气体或易燃物； (2) 附近有带电设备； (3) 没有使用防火垫； (4) 交叉作业或登高作业； (5) 动火设备不符合要求，如电焊机接线破损，接头接线不符合要求，接地不良等；	(1) 火灾； (2) 灼烫； (3) 化学爆炸； (4) 落物伤人等引起的人身伤害	10	1	7	70	3	(1) 制定严格的动火工作票制度，执行安全措施，监护人到位； (2) 作业人员必须参加动火作业培训且持证上岗； (3) 做好必要的防火措施，如使用防火垫和挂好安全警示牌；

续表

编号	作业步骤	危害因素	可能导致的后果	风险评价					控制措施
				L	E	C	D	风险程度	
4	安全阀出口与排气管连接处焊缝打磨及补焊	(6) 没有穿戴或使用不合适的工作服、防护鞋、防护眼镜和面罩等，动火时火星复燃； (7) 氧气、乙炔瓶距离太近； (8) 气体钢瓶没有固定好或无防撞圈； (9) 皮管老化，受损，无氧气减压器和乙炔回火器	(1) 火灾； (2) 灼烫； (3) 化学爆炸； (4) 落物伤人等引起的人身伤害	10	1	7	70	3	(4) 检查气割工具是不是符合要求，交叉作业时沟通和设置警示标语； (5) 气体钢瓶牢固、可靠地固定好并安装好防撞圈； (6) 氧气、乙炔瓶距离需≥8m； (7) 动火完毕及时清理现场，检查是否残留有火种
三	恢复检验								
1	检查、恢复各有关系统	(1) 走错间隔； (2) 误操作	(1) 设备事故； (2) 人身伤害	1	3	7	21	2	(1) 终结检修工作票； (2) 确认恢复安全措施
四	作业环境								
1	高温作业	检修工作中易对工作人员造成灼伤	高温灼伤	1	6	7	42	2	(1) 必须确认系统可靠隔离后方可开始作业； (2) 工作中正确佩戴好劳保防护用品
2	高处作业	检修工作中易发生高处坠落	高处坠落	1	3	7	21	2	工作中正确的系好安全带（安全带必须挂在牢固的地方，做到高挂低用）

2 等离子点火器检修

<table>
<tr><td colspan="4">主要作业风险：
(1) 高处坠落；
(2) 物体打击；
(3) 高温烫伤；
(4) 触电；
(5) 机械伤害；
(6) 起重伤害；
(7) 尘肺病</td><td colspan="6">控制措施：
(1) 正确使用合格的安全带、差速器。
(2) 戴好安全帽并系紧帽带，避免交叉作业。
(3) 正确使用个人防护用品。
(4) 正确使用合格的电动工具、电源。
(5) 严格执行《起重安全控制程序》，培训有证者操作；加强个人防护意识，防止挤伤、碰伤；戴手套等个人防护用品。
(6) 正确使用防尘口罩等劳保用品</td></tr>
<tr><td rowspan="2">编号</td><td rowspan="2">作业步骤</td><td rowspan="2">危害因素</td><td rowspan="2">可能导致的后果</td><td colspan="5">风险评价</td><td rowspan="2">控制措施</td></tr>
<tr><td>L</td><td>E</td><td>C</td><td>D</td><td>风险程度</td></tr>
<tr><td>一</td><td colspan="9">检修前准备</td></tr>
<tr><td>1</td><td>安全措施确认</td><td>(1) 走错间隔；
(2) 设备未隔离；
(3) 系统未泄压</td><td>(1) 设备损坏；
(2) 人身伤害</td><td>3</td><td>0.5</td><td>15</td><td>22.5</td><td>2</td><td>(1) 检修前确认设备名称和位置；
(2) 确认停电开关，确认安全措施执行情况；
(3) 工作前确认系统是否泄压</td></tr>
<tr><td>2</td><td>安全交底</td><td>(1) 安全交底不清楚；
(2) 交底的内容存在缺陷；
(3) 交底没有落实到每一位人员</td><td>(1) 人身伤害；
(2) 设备损坏</td><td>3</td><td>1</td><td>3</td><td>9</td><td>1</td><td>(1) 加强对人员的安全培训和学习；
(2) 严格执行安全交底的有关工作</td></tr>
<tr><td>3</td><td>场地布置</td><td>(1) 工具摆放凌乱；
(2) 场地选择不当，如场地条件不足（照明等）</td><td>(1) 人身伤害；
(2) 影响人员通行</td><td>3</td><td>1</td><td>3</td><td>9</td><td>1</td><td>(1) 严格执行定置管理要求；
(2) 进场前进行确认检查；
(3) 正确使用工器具</td></tr>
</table>

续表

编号	作业步骤	危害因素	可能导致的后果	风险评价					控制措施
				L	E	C	D	风险程度	
4	手动工具准备	(1) 手动工具不完好，如敲击工具锤头松脱、破损等； (2) 使用不合适工具，小工具准备不全或遗漏等	(1) 人身伤害； (2) 设备损坏	3	1	3	9	1	(1) 使用前确认工具型号和标示； (2) 使用前确认工具完好合格
5	电动工具准备	(1) 电动工具不符合要求，如电线破损、绝缘和接地不良； (2) 电源无触电保护或/和工具设备无接地保护； (3) 使用时如砂轮片、切割片等断裂飞出	(1) 触电； (2) 机械伤害； (3) 人身伤害	3	0.5	15	22.5	2	(1) 使用前检查电源线、接地和其他部件良好，经检验合格在有效期内； (2) 电源盘等必须使用漏电保护器； (3) 确保易耗品，如砂轮片、切割片的质量； (4) 使用正确劳动防护用品，如眼镜、面罩等
6	个人防护用品准备	(1) 未正确穿戴安全帽及工作服； (2) 使用不合格的安全带	(1) 人身伤害； (2) 高处坠落	3	0.5	15	22.5	2	(1) 正确穿戴安全帽及工作服； (2) 使用在安全使用期内的安全带，并正确挂好安全带
二	检修								
1	脚手架搭设	(1) 安全带、差速器未使用或使用不当； (2) 设备或材料未做好防坠落措施； (3) 未正确使用劳保用品及穿棉质连体服	(1) 高处坠落； (2) 物体打击； (3) 高温烫伤	3	0.5	15	22.5	2	(1) 正确佩戴安全帽、安全带、差速器； (2) 一律使用工具袋； (3) 安全带高挂低用，且挂在牢固可靠的物体上； (4) 做好脚手架管、卡件及毛竹片的防坠落措施，施工区域正下方设安全围栏、挂警示牌； (5) 正确使用劳保用品，穿棉质连体服

续表

<table>
<tr><th rowspan="2">编号</th><th rowspan="2">作业步骤</th><th rowspan="2">危害因素</th><th rowspan="2">可能导致的后果</th><th colspan="5">风险评价</th><th rowspan="2">控制措施</th></tr>
<tr><th>L</th><th>E</th><th>C</th><th>D</th><th>风险程度</th></tr>
<tr><td>2</td><td>拆卸等离子冷却水、载体风接头</td><td>小型工具未系安全绳</td><td>落物、设备损坏</td><td>6</td><td>1</td><td>1</td><td>6</td><td>1</td><td>小型工具系好安全绳，并正确使用</td></tr>
<tr><td>3</td><td>检查、更换等离子阴极头</td><td>(1) 电动工具不符合要求如电线破损、绝缘和接地不良
(2) 电源无触电保护或和工具设备无接地保护；
(3) 使用电动工具时如砂轮片、切割片等断裂飞出</td><td>触电、机械伤害</td><td>3</td><td>1</td><td>3</td><td>9</td><td>1</td><td>(1) 使用前检查工具的接地情况；
(2) 引入电源线必须经过二级以上漏电保安器；
(3) 准确使用电动工具，必须在切断电源待其在停止状态下方可进行检修或调整；
(4) 使用的磨光机必须装有防护罩，佩戴好防护眼镜</td></tr>
<tr><td rowspan="2">4</td><td rowspan="2">等离子体更换</td><td>使用的手拉葫芦不合格或使用不规范</td><td>起重伤害、其他人身伤害</td><td>3</td><td>0.5</td><td>15</td><td>22.5</td><td>2</td><td>(1) 使用前检查手拉葫芦、钢丝绳吊扣等；
(2) 戴防护手套、戴安全帽；
(3) 吊物必须捆绑牢固，保持重心稳定；
(4) 设专人指挥起吊，避免吊物下站人；
(5) 设置隔离措施</td></tr>
<tr><td>安全带、差速器未使用或使用不当</td><td>高处坠落</td><td>3</td><td>0.5</td><td>15</td><td>22.5</td><td>2</td><td>(1) 正确佩戴安全帽、安全带、差速器；
(2) 一律使用工具袋；
(3) 安全带高挂低用，且挂在牢固可靠的物体上</td></tr>
</table>

续表

编号	作业步骤	危害因素	可能导致的后果	风险评价					控制措施
				L	*E*	*C*	*D*	风险程度	
4	等离子体更换	设备或材料未做好防坠落措施及未正确使用安全帽等劳保用品	物体打击、设备损坏	3	0.5	15	22.5	2	(1) 做好设备及材料的防坠落措施； (2) 工具放置点必须满铺橡皮垫，工具放在橡皮垫上面
		未配备或不正确使用防尘口罩、个人防护用品	尘肺病、烫伤	3	3	1	9	1	戴防尘口罩、正确使用个人防护用品
		小型工具未系安全绳	落物、设备损坏	6	1	1	6	1	小型工具系好安全绳，并正确使用
		架子使用不规范	高处坠落、坍塌	3	0.5	40	60	2	架子使用前检查是否已合格验收，并挂验收牌，严禁脚手架超载使用
		(1) 电动工具不符合要求，如电线破损、绝缘和接地不良； (2) 电源无触电保护或/和工具设备无接地保护 (3) 使用电动工具时如砂轮片、切割片等断裂飞出	触电、机械伤害	3	1	3	9	1	(1) 使用前检查工具的接地情况； (2) 引入电源线必须经过二级以上漏电保安器； (3) 准确使用电动工具，必须在切断电源待其在停止状态下方可进行检修或调整； (4) 使用的磨光机必须装有防护罩，佩戴好防护眼镜
5	脚手架拆除	(1) 安全带、差速器未使用或使用不当； (2) 设备或材料未做好防坠落措施，未正确使用安全帽等劳保用品；	(1) 高处坠落； (2) 物体打击； (3) 高温烫伤	3	0.5	15	22.5	2	(1) 正确佩戴安全帽、安全带、差速器； (2) 一律使用工具袋； (3) 安全带高挂低用，且挂在牢固可靠的物体上；

续表

编号	作业步骤	危害因素	可能导致的后果	风险评价					控制措施
				L	E	C	D	风险程度	
5	脚手架拆除	（3）环境温度过高、未正确使用劳保用品及穿棉质连体服	（1）高处坠落； （2）物体打击； （3）高温烫伤	3	0.5	15	22.5	2	（4）做好脚手架管、卡件及毛竹片的防坠落措施，施工区域正下方设安全围栏、挂警示牌； （5）正确使用劳保用品，穿棉质连体服
三	完工恢复								
1	整体试运	（1）安全措施未恢复； （2）触碰电机及机械转动部位； （3）误操作； （4）工作票未回押； （5）电源线盒位盖未扣严密	（1）触电； （2）人身伤害； （3）设备事故	3	0.5	15	22.5	2	（1）确认工作票已经回押； （2）确认恢复安全措施； （3）试运时专人现场监护
2	结束工作（现场文明施工）	（1）遗漏工器具； （2）现场遗留检修杂物； （3）不拆除临时用电； （4）不结束工作票，终结工作票继续进行工作	（1）设备损坏； （2）人身伤害； （3）设备故障	6	3	1	18	1	（1）收齐检查工器具； （2）清扫检修现场； （3）拆除临时用电； （4）结束工作票
四	作业环境								
1	在高处环境中作业	（1）安全带、差速器未使用或使用不当；	（1）高处坠落； （2）物体打击	3	0.5	40	60	2	（1）正确佩戴安全帽、安全带、差速器； （2）一律使用工具袋； （3）安全带高挂低用，且挂在牢固可靠的物体上；

续表

编号	作业步骤	危害因素	可能导致的后果	风险评价					控制措施
				L	*E*	*C*	*D*	风险程度	
1	在高处环境中作业	（2）设备或材料未做好防坠落措施，未正确使用安全帽等劳保用品	（1）高处坠落； （2）物体打击	3	0.5	40	60	2	（4）做好拆卸下来的保温材料的防坠落措施
2	在高温环境中作业	环境温度过高、未正确使用劳保用品及穿棉质连体服	烫伤、中暑	3	1	1	3	1	（1）备好饮用水； （2）穿棉质连体服
3	在粉尘环境中作业	未配备或不正确使用防尘口罩、个人防护用品	尘肺病	3	3	1	9	1	戴防尘口罩、正确使用个人防护用品

3 风道检修

<table>
<tr><td colspan="4">主要作业风险：
（1）高处坠落；
（2）物体打击；
（3）高温烫伤；
（4）触电；
（5）机械伤害；
（6）火灾、爆炸；
（7）起重伤害</td><td colspan="6">控制措施：
（1）正确使用合格的安全带、差速器。
（2）戴好安全帽并系紧帽带，避免交叉作业。
（3）正确使用个人防护用品。
（4）正确使用合格的电动工具、电源。
（5）按要求办理二级动火票，并做好防火措施。
（6）严格执行《起重安全控制程序》，培训有证者操作；加强个人防护意识，防止挤伤、碰伤；戴手套等个人防护用品</td></tr>
<tr><th rowspan="2">编号</th><th rowspan="2">作业步骤</th><th rowspan="2">危害因素</th><th rowspan="2">可能导致的后果</th><th colspan="5">风险评价</th><th rowspan="2">控制措施</th></tr>
<tr><th>L</th><th>E</th><th>C</th><th>D</th><th>风险程度</th></tr>
<tr><td>一</td><td colspan="2">检修前准备</td><td></td><td></td><td></td><td></td><td></td><td></td><td></td></tr>
<tr><td>1</td><td>准备手动工具</td><td>（1）手动工具不完好，如敲击工具锤头松脱、破损等；
（2）使用不合适工具，小工具准备不全或遗漏等</td><td>（1）人身伤害；
（2）设备损坏</td><td>6</td><td>3</td><td>3</td><td>54</td><td>2</td><td>（1）使用前确认工具型号和标识；
（2）使用前确认工具完好合格</td></tr>
<tr><td>2</td><td>准备电动工具</td><td>（1）电动工具不符合要求，如电线破损、绝缘和接地不良；</td><td>（1）触电；</td><td>3</td><td>2</td><td>15</td><td>90</td><td>3</td><td>（1）使用前检查电源线、接地和其他部件良好，经检验合格在有效期内；</td></tr>
</table>

续表

编号	作业步骤	危害因素	可能导致的后果	风险评价					控制措施
				L	*E*	*C*	*D*	风险程度	
2	准备电动工具	(2) 电源无触电保护或/和工具设备无接地保护； (3) 使用时如砂轮片、切割片等断裂飞出	(2) 机械伤害； (3) 人身伤害	3	2	15	90	3	(2) 电源盘等必须使用漏电保护器； (3) 确保易耗品，如砂轮片、切割片的质量； (4) 正确使用劳动防护用品，如眼镜、面罩等
3	准备劳动防护用品	劳保用品佩戴不当	其他伤害	3	2	3	18	1	(1) 加强相互之间的监督； (2) 严格遵守关于劳保用品正确使用的规定
4	布置场地	(1) 工具摆放凌乱； (2) 场地选择不当，如场地条件（照明等）不足	(1) 人身伤害； (2) 影响人员通行	3	3	3	27	2	(1) 严格执行定置管理要求； (2) 进场前进行确认检查； (3) 正确使用工器具
5	进行作业前的安全交底	(1) 安全交底不清楚； (2) 交底的内容存在缺陷； (3) 交底没有落实到每一位人员	(1) 人身伤害； (2) 设备损坏	3	3	3	27	2	(1) 加强对人员的安全培训和学习； (2) 严格执行安全交底的有关工作
6	脚手架搭设	(1) 高处作业； (2) 高处落物； (3) 高温	(1) 高处坠落； (2) 物体打击； (3) 高温烫伤	3	1	40	120	3	(1) 正确佩戴安全帽、安全带、差速器； (2) 一律使用工具袋； (3) 安全带高挂低用，且挂在牢固可靠的物体上；

续表

编号	作业步骤	危害因素	可能导致的后果	风险评价					控制措施
				L	E	C	D	风险程度	
6	脚手架搭设	(1) 高处作业; (2) 高处落物; (3) 高温	(1) 高处坠落; (2) 物体打击; (3) 高温烫伤	3	1	40	120	3	(4) 做好脚手架管、卡件及毛竹片的防坠落措施，施工区域正下方设安全围栏、挂警示牌; (5) 正确使用劳保用品，穿棉质连体服
二	检修								
1	风道检修	高处作业	高处坠落	3	1	40	120	3	(1) 正确佩戴安全帽、安全带、差速器; (2) 一律使用工具袋; (3) 安全带高挂低用，且挂在牢固可靠的物体上
		架子使用、搭设不规范	高处坠落、坍塌	3	1	40	120	3	(1) 严禁脚手架超载使用; (2) 炉内铁丝匝的架子一般只允许两人在同一架子平台工作
		高温	烫伤	3	3	3	27	2	(1) 备好饮用水; (2) 穿棉质连体服，正确使用劳保用品
		高处落物	物体打击	3	1	40	120	3	(1) 做好设备及材料的防坠落措施; (2) 在炉外工具放置点必须满铺橡皮垫，工具放在橡皮垫上面

续表

编号	作业步骤	危害因素	可能导致的后果	风险评价					控制措施
				L	E	C	D	风险程度	
1	风道检修	安全装置失灵、误操作	设备损坏	3	3	3	27	2	严格执行《起重安全控制程序》，培训有证者操作
			起重伤害	3	3	3	27	2	加强个人防护意识，防止挤伤、碰伤，戴手套、戴口罩等个人防护用品
		使用工具不当	物体打击	3	2	3	18	1	（1）使用前应作仔细检查； （2）打锤时，握锤的手不得戴手套； （3）打锤挥动方向不得对人； （4）禁止使用没手柄的工具
		电动工具、临时电源	触电、机械伤害	3	2	3	18	1	（1）使用前检查工具的接地情况； （2）引入电源线必须经过二级以上漏电保安器； （3）准确使用电动工具，必须在切断电源待其在停止状态下方可进行检修或调整； （4）使用的磨光机必须装有防护罩，佩戴好防护眼镜
		动火作业	火灾、爆炸	3	1	40	120	3	（1）按要求办理二级动火票； （2）脚手板处铺好石棉毯； （3）动火工作间断、终结时，清理并检查现场无残留火种； （4）氧气瓶和乙炔瓶的距离不得小于8m，必须直立放置在炉外；

续表

<table>
<tr><th rowspan="2">编号</th><th rowspan="2">作业步骤</th><th rowspan="2">危害因素</th><th rowspan="2">可能导致的后果</th><th colspan="5">风险评价</th><th rowspan="2">控制措施</th></tr>
<tr><th>L</th><th>E</th><th>C</th><th>D</th><th>风险程度</th></tr>
<tr><td>1</td><td>风道检修</td><td>动火作业</td><td>火灾、爆炸</td><td>3</td><td>1</td><td>40</td><td>120</td><td>3</td><td>(5) 氧气管和乙炔管在工作中防止沾上油脂;
(6) 焊枪点火时先开氧气门，再开乙炔气门，熄火时与此操作相反</td></tr>
<tr><td>三</td><td colspan="3">完工恢复</td><td></td><td></td><td></td><td></td><td></td><td></td></tr>
<tr><td>1</td><td>脚手架拆除</td><td>(1) 高处作业;
(2) 高处落物;
(3) 高温</td><td>(1) 高处坠落;
(2) 物体打击;
(3) 高温烫伤</td><td>3</td><td>1</td><td>40</td><td>120</td><td>3</td><td>(1) 正确佩戴安全帽、安全带、差速器;
(2) 一律使用工具袋;
(3) 安全带高挂低用，且挂在牢固可靠的物体上;
(4) 做好脚手架管、卡件及毛竹片的防坠落措施，施工区域正下方设安全围栏、挂警示牌;
(5) 正确使用劳保用品，穿棉质连体服</td></tr>
<tr><td>四</td><td colspan="3">作业环境</td><td></td><td></td><td></td><td></td><td></td><td></td></tr>
<tr><td rowspan="2">1</td><td rowspan="2">在高处环境中作业</td><td>高处落物</td><td>物体打击</td><td>3</td><td>1</td><td>40</td><td>120</td><td>3</td><td>(1) 做好设备及材料的防坠落措施;
(2) 工具放置点必须满铺橡皮垫，工具放在橡皮垫上面</td></tr>
<tr><td>高处作业</td><td>高处坠落</td><td>3</td><td>1</td><td>40</td><td>120</td><td>3</td><td>(1) 正确佩戴安全帽、安全带、差速器;
(2) 一律使用工具袋;
(3) 安全带高挂低用，且挂在牢固可靠的物体上</td></tr>
</table>

续表

编号	作业步骤	危害因素	可能导致的后果	风险评价					控制措施
				L	*E*	*C*	*D*	风险程度	
2	在高温环境中作业	高温	烫伤	3	3	3	27	2	(1) 备好饮用水； (2) 穿棉质连体服，正确使用劳保用品

4 刚性梁、膨胀指示器检修

主要作业风险： （1）高处坠落； （2）物体打击； （3）高温烫伤； （4）触电； （5）机械伤害； （6）火灾、爆炸； （7）起重伤害	控制措施： （1）正确使用合格的安全带、差速器。 （2）戴好安全帽并系紧帽带，避免交叉作业。 （3）正确使用个人防护用品。 （4）正确使用合格的电动工具、电源。 （5）按要求办理二级动火票，并做好防火措施。 （6）严格执行《起重安全控制程序》，培训有证者操作；加强个人防护意识，防止挤伤、碰伤；戴手套等个人防护用品

编号	作业步骤	危害因素	可能导致的后果	风险评价					控制措施
				L	*E*	*C*	*D*	风险程度	
一	检修前准备								
1	安全措施确认	（1）走错间隔； （2）设备未隔离； （3）系统未泄压	（1）设备损坏； （2）人身伤害	3	0.5	15	22.5	2	（1）检修前确认设备名称和位置； （2）确认停电开关，确认安全措施执行情况； （3）工作前确认系统是否泄压
2	安全交底	（1）安全交底不清楚； （2）交底的内容存在缺陷； （3）交底没有落实到每一位人员	（1）人身伤害； （2）设备损坏	3	1	3	9	1	（1）加强对人员的安全培训和学习； （2）严格执行安全交底的有关工作

续表

编号	作业步骤	危害因素	可能导致的后果	风险评价					控制措施
				L	E	C	D	风险程度	
3	场地布置	(1) 工具摆放凌乱; (2) 场地选择不当，如场地条件（照明等）不足	(1) 人身伤害; (2) 影响人员通行	3	1	3	9	1	(1) 严格执行定置管理要求; (2) 进场前进行确认检查; (3) 正确使用工器具
4	手动工具准备	(1) 手动工具如敲击工具锤头松脱、破损等; (2) 使用不合适工具，小工具准备不全或遗漏等	(1) 人身伤害; (2) 设备损坏	3	1	3	9	1	(1) 使用前确认工具型号和标示; (2) 使用前确认工具完好合格
5	电动工具准备	(1) 电动工具不符合要求，如电线破损、绝缘和接地不良; (2) 电源无触电保护或/和工具设备无接地保护; (3) 使用时如砂轮片、切割片等断裂飞出	(1) 触电; (2) 机械伤害; (3) 人身伤害	3	0.5	15	22.5	2	(1) 使用前检查电源线、接地和其他部件良好，经检验合格、在有效期内; (2) 电源盘等必须使用漏电保护器; (3) 确保易耗品，如砂轮片、切割片的质量; (4) 使用正确劳动防护用品，如眼镜、面罩等
6	个人防护用品准备	(1) 未正确穿戴安全帽及工作服; (2) 使用不合格的安全带	(1) 人身伤害; (2) 高处坠落	3	0.5	15	22.5	2	(1) 正确穿戴安全帽及工作服; (2) 使用在安全使用期内的安全带，并正确挂好安全带

续表

编号	作业步骤	危害因素	可能导致的后果	风险评价					控制措施
				L	*E*	*C*	*D*	风险程度	
二	检修								
1	脚手架搭设	(1) 安全带、差速器未使用或使用不当; (2) 设备或材料未做好防坠落措施及未正确使用安全帽等劳保用品; (3) 未正确使用劳保用品及穿棉质连体服	(1) 高处坠落; (2) 物体打击; (3) 高温烫伤	3	0.5	15	22.5	2	(1) 正确佩戴安全帽、安全带、差速器; (2) 一律使用工具袋; (3) 安全带高挂低用,且挂在牢固可靠的物体上; (4) 做好脚手架管、卡件及毛竹片的防坠落措施,施工区域正下方设安全围栏、挂警示牌; (5) 正确使用劳保用品,穿棉质连体服
2	保温拆除	(1) 安全带、差速器未使用或使用不当; (2) 设备或材料未做好防坠落措施及未正确使用安全帽等劳保用品; (3) 未正确使用劳保用品及穿棉质连体服	(1) 高处坠落; (2) 物体打击; (3) 高温烫伤	3	0.5	15	22.5	2	(1) 正确佩戴安全帽、安全带、差速器; (2) 一律使用工具袋; (3) 安全带高挂低用,且挂在牢固可靠的物体上; (4) 做好拆卸下来的保温材料的防坠落措施; (5) 正确使用劳保用品,穿棉质连体服
3	需检修的刚性梁、膨胀指示器切割	切割作业未开动火票或未做好防火措施	火灾、爆炸、人身伤害	3	0.5	15	22.5	2	(1) 按要求办理二级动火票; (2) 脚手板处铺好石棉毯;

续表

编号	作业步骤	危害因素	可能导致的后果	风险评价					控制措施
				L	E	C	D	风险程度	
3	需检修的刚性梁、膨胀指示器切割	切割作业未开动火票或未做好防火措施	火灾、爆炸、人身伤害	3	0.5	15	22.5	2	（3）动火工作间断、终结时清理并检查现场无残留火种； （4）氧气瓶和乙炔瓶的距离不得小于8m，必须直立放置在炉外； （5）氧气管和乙炔管在工作中防止沾上油脂； （6）焊枪点火时先开氧气门，再开乙炔气门，熄火时与此操作相反
		使用的手拉葫芦不合格或使用不规范	起重伤害、其他人身伤害	3	0.5	15	22.5	2	（1）使用前检查手拉葫芦、钢丝绳吊扣等； （2）戴防护手套、戴安全帽； （3）吊物必须捆绑牢固，保持重心稳定； （4）设专人指挥起吊，避免吊物下站人； （5）设置隔离措施
		安全带、差速器未使用或使用不当	高处坠落	3	0.5	15	22.5	2	（1）正确佩戴安全帽、安全带、差速器； （2）一律使用工具袋； （3）安全带高挂低用，且挂在牢固可靠的物体上
		设备或材料未做好防坠落措施及未正确使用安全帽等劳保用品	物体打击、设备损坏	3	0.5	15	22.5	2	（1）做好设备及材料的防坠落措施； （2）工具放置点必须满铺橡皮垫，工具放在橡皮垫上面

续表

编号	作业步骤	危害因素	可能导致的后果	风险评价					控制措施
				L	E	C	D	风险程度	
3	需检修的刚性梁、膨胀指示器切割	未配备或不正确使用防尘口罩、个人防护用品	尘肺病、皮肤病、烫伤	3	3	1	9	1	戴防尘口罩，正确使用个人防护用品（口罩、披肩帽、防护镜、工作服等）
		小型工具未系安全绳	落物、设备损坏	6	1	1	6	1	小型工具系好安全绳，并正确使用
		设备或材料未做好防坠落措施及未正确使用安全帽等劳保用品	物体打击、设备损坏	3	0.5	15	22.5	2	（1）做好设备及材料的防坠落措施； （2）工具放置点必须满铺橡皮垫，工具放在橡皮垫上面
		架子使用不规范	高处坠落、坍塌	3	0.5	40	60	2	架子使用前检查是否已合格验收，并挂验收牌，严禁脚手架超载使用
		使用手动工具不当	物体打击	3	1	1	3	1	（1）使用前应作仔细检查； （2）打锤时，握锤的手不得戴手套； （3）打锤挥动方向不得对人； （4）禁止使用没手柄的工具
		（1）电动工具不符合要求，如电线破损、绝缘和接地不良； （2）电源无触电保护或/和工具设备无接地保护； （3）使用电动工具时如砂轮片、切割片等断裂飞出	触电、机械伤害	3	1	3	9	1	（1）使用前检查工具的接地情况； （2）引入电源线必须经过二级以上漏电保安器； （3）准确使用电动工具，必须在切断电源待其在停止状态下方可进行检修或调整； （4）使用的磨光机必须装有防护罩，佩戴好防护眼镜

续表

编号	作业步骤	危害因素	可能导致的后果	风险评价					控制措施
				L	*E*	*C*	*D*	风险程度	
4	膨胀指示器刻度板更换	（1）电动工具不符合要求，如电线破损、绝缘和接地不良； （2）电源无触电保护或/和工具设备无接地保护； （3）使用电动工具时如砂轮片、切割片等断裂飞出	触电、机械伤害	3	1	3	9	1	（1）使用前检查工具的接地情况； （2）引入电源线必须经过二级以上漏电保安器； （3）准确使用电动工具，必须在切断电源待其在停止状态下方可进行检修或调整； （4）使用的磨光机必须装有防护罩，佩戴好防护眼镜
5	刚性梁、膨胀指示器校正、恢复	（1）焊接工作时工作人员未正确使用个人防护用品； （2）未做好防触电措施； （3）未做好防火措施	烫伤、灼伤、触电、火灾、有害气体、粉尘、烟雾伤害	3	0.5	15	22.5	2	（1）焊接人员进行作业时，应穿戴好工作服、绝缘鞋、面罩、耐火防护手套等符合专业防护要求的劳动防护用品，衣着不得敞领卷袖； （2）焊工在施工时应采取防止电焊电压触电的措施； （3）电焊作业下方铺设好防火毯，工作结束必须切断焊机电源并确认作业点周围无遗留火种后方可离开； （4）焊接工作场所应加强通风
6	保温恢复	（1）安全带、差速器未使用或使用不当；	（1）高处坠落； （2）物体打击； （3）高温烫伤	3	0.5	15	22.5	2	（1）正确佩戴安全帽、安全带、差速器； （2）一律使用工具袋；

续表

编号	作业步骤	危害因素	可能导致的后果	风险评价					控制措施
				L	*E*	*C*	*D*	风险程度	
6	保温恢复	（2）设备或材料未做好防坠落措施及未正确使用安全帽等劳保用品； （3）环境温度过高、未正确使用劳保用品及穿棉质连体服	（1）高处坠落； （2）物体打击； （3）高温烫伤	3	0.5	15	22.5	2	（3）安全带高挂低用，且挂在牢固可靠的物体上； （4）做好拆卸下来的保温材料的防坠落措施； （5）正确使用劳保用品，穿棉质连体服
7	脚手架拆除	（1）安全带、差速器未使用或使用不当； （2）设备或材料未做好防坠落措施及未正确使用安全帽等劳保用品； （3）环境温度过高、未正确使用劳保用品及穿棉质连体服	（1）高处坠落； （2）物体打击； （3）高温烫伤	3	0.5	15	22.5	2	（1）正确佩戴安全帽、安全带、差速器； （2）一律使用工具袋； （3）安全带高挂低用，且挂在牢固可靠的物体上； （4）做好脚手架管、卡件及毛竹片的防坠落措施，施工区域正下方设安全围栏，挂警示牌； （5）正确使用劳保用品，穿棉质连体服
三	完工恢复								
1	结束工作（现场文明施工）	（1）遗漏工器具； （2）现场遗留检修杂物； （3）不拆除临时用电； （4）不结束工作票，终结工作票继续进行工作	（1）设备损坏； （2）人身伤害； （3）设备故障	6	3	1	18	1	（1）收齐检查工器具； （2）清扫检修现场； （3）拆除临时用电； （4）结束工作票

续表

编号	作业步骤	危害因素	可能导致的后果	风险评价					控制措施
				L	*E*	*C*	*D*	风险程度	
四	作业环境								
1	在高处环境中作业	(1) 安全带、差速器未使用或使用不当； (2) 设备或材料未做好防坠落措施及未正确使用安全帽等劳保用品	(1) 高处坠落； (2) 物体打击	3	0.5	40	60	2	(1) 正确佩戴安全帽、安全带、差速器； (2) 一律使用工具袋； (3) 安全带高挂低用，且挂在牢固可靠的物体上； (4) 做好拆卸下来的保温材料的防坠落措施
2	在高温环境中作业	环境温度过高、未正确使用劳保用品及穿棉质连体服	烫伤、中暑	3	1	1	3	1	备好饮用水；穿棉质连体服
3	在粉尘、保温棉环境中作业	未配备或不正确使用防尘口罩、个人防护用品	尘肺病、皮肤病	3	3	1	9	1	戴防尘口罩、正确使用个人防护用品（口罩、披肩帽、防护镜、工作服等）

5 刚性梁调整

<table>
<tr><td colspan="4">主要作业风险：
(1) 高处坠落；
(2) 物体打击；
(3) 高温烫伤；
(4) 触电；
(5) 机械伤害；
(6) 火灾、爆炸；
(7) 起重伤害</td><td colspan="6">控制措施：
(1) 正确使用合格的安全带、差速器。
(2) 戴好安全帽并系紧帽带，避免交叉作业。
(3) 正确使用个人防护用品。
(4) 正确使用合格的电动工具、电源。
(5) 按要求办理二级动火票，并做好防火措施。
(6) 严格执行《起重安全控制程序》，培训有证者操作，加强个人防护意识，防止挤伤、碰伤，戴手套等个人防护用品</td></tr>
<tr><td rowspan="2">编号</td><td rowspan="2">作业步骤</td><td rowspan="2">危害因素</td><td rowspan="2">可能导致的后果</td><td colspan="5">风险评价</td><td rowspan="2">控制措施</td></tr>
<tr><td>L</td><td>E</td><td>C</td><td>D</td><td>风险程度</td></tr>
<tr><td>一</td><td colspan="3">检修前准备</td><td></td><td></td><td></td><td></td><td></td><td></td></tr>
<tr><td>1</td><td>安全措施确认</td><td>(1) 走错间隔；
(2) 设备未隔离；
(3) 系统未泄压</td><td>(1) 设备损坏；
(2) 人身伤害</td><td>3</td><td>0.5</td><td>15</td><td>22.5</td><td>2</td><td>(1) 检修前确认设备名称和位置；
(2) 确认停电开关，确认安全措施执行情况；
(3) 工作前确认系统是否泄压</td></tr>
<tr><td>2</td><td>安全交底</td><td>(1) 安全交底不清楚；
(2) 交底的内容存在缺陷；
(3) 交底没有落实到每一位人员</td><td>(1) 人身伤害；
(2) 设备损坏</td><td>3</td><td>1</td><td>3</td><td>9</td><td>1</td><td>(1) 加强对人员的安全培训和学习；
(2) 严格执行安全交底的有关工作</td></tr>
</table>

续表

编号	作业步骤	危害因素	可能导致的后果	风险评价					控制措施
				L	*E*	*C*	*D*	风险程度	
3	场地布置	（1）工具摆放凌乱； （2）场地选择不当，如场地条件（照明等）不足	（1）人身伤害； （2）影响人员通行	3	1	3	9	1	（1）严格执行定置管理要求； （2）进场前进行确认检查； （3）正确使用工器具
4	手动工具准备	（1）手动工具如敲击工具锤头松脱、破损等； （2）使用不合适工具，小工具准备不全或遗漏等	（1）人身伤害； （2）设备损坏	3	1	3	9	1	（1）使用前确认工具型号和标示； （2）使用前确认工具完好合格
5	电动工具准备	（1）电动工具不符合要求，如电线破损、绝缘和接地不良； （2）电源无触电保护或/和工具设备无接地保护； （3）使用时如砂轮片、切割片等断裂飞出	（1）触电； （2）机械伤害； （3）人身伤害	3	0.5	15	22.5	2	（1）使用前检查电源线、接地和其他部件良好，经检验合格在有效期内； （2）电源盘等必须使用漏电保护器； （3）确保易耗品，如砂轮片、切割片的质量； （4）使用正确劳动防护用品如眼镜、面罩等
6	个人防护用品准备	（1）未正确佩戴安全帽及工作服； （2）使用不合格的安全带	（1）人身伤害； （2）高处坠落	3	0.5	15	22.5	2	（1）正确佩戴安全帽及工作服； （2）使用在安全使用期内的安全带，并正确挂好安全带

续表

编号	作业步骤	危害因素	可能导致的后果	风险评价					控制措施
				L	*E*	*C*	*D*	风险程度	
二	检修								
1	脚手架搭设	(1) 安全带、差速器未使用或使用不当; (2) 设备或材料未做好防坠落措施及未正确使用安全帽等劳保用品; (3) 未正确使用劳保用品及穿棉质连体服	(1) 高处坠落; (2) 物体打击; (3) 高温烫伤	3	0.5	15	22.5	2	(1) 正确佩戴安全帽、安全带、差速器; (2) 一律使用工具袋; (3) 安全带高挂低用,且挂在牢固可靠的物体上; (4) 做好脚手架管、卡件及毛竹片的防坠落措施,施工区域正下方设安全围栏、挂警示牌; (5) 正确使用劳保用品,穿棉质连体服
2	保温拆除	(1) 安全带、差速器未使用或使用不当; (2) 设备或材料未做好防坠落措施及未正确使用安全帽等劳保用品; (3) 未正确使用劳保用品及穿棉质连体服	(1) 高处坠落; (2) 物体打击; (3) 高温烫伤	3	0.5	15	22.5	2	(1) 正确佩戴安全帽、安全带、差速器; (2) 一律使用工具袋; (3) 安全带高挂低用,且挂在牢固可靠的物体上; (4) 做好拆卸下来的保温材料的防坠落措施; (5) 正确使用劳保用品,穿棉质连体服

续表

编号	作业步骤	危害因素	可能导致的后果	风险评价					控制措施
				L	E	C	D	风险程度	
3	刚性梁调整	气割作业未开动火票或未做好防火措施	火灾、爆炸、人身伤害	3	0.5	15	22.5	2	(1) 按要求办理二级动火票； (2) 脚手板处铺好石棉毯； (3) 动火工作间断、终结时清理并检查现场无残留火种； (4) 氧气瓶和乙炔瓶的距离不得小于8m，必须直立放置在炉外； (5) 氧气管和乙炔管在工作中防止沾上油脂； (6) 焊枪点火时先开氧气门，再开乙炔气门，熄火时与此操作相反
		使用的手拉葫芦不合格或使用不规范	起重伤害、其他人身伤害	3	0.5	15	22.5	2	(1) 使用前检查手拉葫芦、钢丝绳吊扣等； (2) 戴防护手套、戴安全帽； (3) 吊物必须捆绑牢固，保持重心稳定； (4) 设专人指挥起吊，避免吊物下站人； (5) 设置隔离措施
		安全带、差速器未使用或使用不当	高处坠落	3	0.5	15	22.5	2	(1) 正确佩戴安全帽、安全带、差速器； (2) 一律使用工具袋； (3) 安全带高挂低用，且挂在牢固可靠的物体上

续表

编号	作业步骤	危害因素	可能导致的后果	风险评价					控制措施
				L	E	C	D	风险程度	
3	刚性梁调整	设备或材料未做好防坠落措施及未正确使用安全帽等劳保用品	物体打击、设备损坏	3	0.5	15	22.5	2	（1）做好设备及材料的防坠落措施； （2）工具放置点必须满铺橡皮垫，工具放在橡皮垫上面
		未配备或不正确使用防尘口罩、个人防护用品	尘肺病、皮肤病、烫伤	3	3	1	9	1	戴防尘口罩，正确使用个人防护用品（口罩、披肩帽、防护镜、工作服等）
		小型工具未系安全绳	落物、设备损坏	6	1	1	6	1	小型工具系好安全绳，并正确使用
		架子使用不规范	高处坠落、坍塌	3	0.5	40	60	2	架子使用前检查是否已合格验收，并挂验收牌，严禁脚手架超载使用
		使用手动工具不当	物体打击	3	1	1	3	1	（1）使用前应作仔细检查； （2）打锤时，握锤的手不得戴手套； （3）打锤挥动方向不得对人； （4）禁止使用没手柄的工具
		（1）电动工具不符合要求如电线破损、绝缘和接地不良； （2）电源无触电保护或和工具设备无接地保护； （3）使用电动工具时如砂轮片、切割片等断裂飞出	触电、机械伤害	3	1	3	9	1	（1）使用前检查工具的接地情况； （2）引入电源线必须经过二级以上漏电保安器； （3）准确使用电动工具，必须在切断电源待其在停止状态下方可进行检修或调整； （4）使用的磨光机必须装有防护罩，佩戴好防护眼镜

续表

编号	作业步骤	危害因素	可能导致的后果	风险评价					控制措施
				L	*E*	*C*	*D*	风险程度	
4	刚性梁焊接	焊接工作时工作人员未正确使用个人防护用品、未做好防触电措施、未做好防火措施	烫伤、灼伤、触电、火灾、有害气体、粉尘、烟雾伤害	3	0.5	15	22.5	2	(1) 焊接人员进行作业时，应穿戴好工作服、绝缘鞋、面罩、耐火防护手套等符合专业防护要求的劳动防护用品，衣着不得敞领卷袖； (2) 焊工在施工时应采取防止电焊电压触电的措施； (3) 电焊作业下方铺设好防火毯，工作结束必须切断焊机电源并确认作业点周围无遗留火种后方可离开； (4) 焊接工作场所应加强通风
5	保温恢复、脚手架拆除	(1) 安全带、差速器未使用或使用不当； (2) 设备或材料未做好防坠落措施及未正确使用安全帽等劳保用品； (3) 环境温度过高、未正确使用劳保用品及穿棉质连体服	(1) 高处坠落； (2) 物体打击； (3) 高温烫伤	3	0.5	15	22.5	2	(1) 正确佩戴安全帽、安全带、差速器； (2) 一律使用工具袋； (3) 安全带高挂低用，且挂在牢固可靠的物体上； (4) 做好拆卸下来的保温材料的防坠落措施； (5) 正确使用劳保用品，穿棉质连体服

续表

编号	作业步骤	危害因素	可能导致的后果	风险评价					控制措施
				L	*E*	*C*	*D*	风险程度	
三	完工恢复								
1	结束工作（现场文明施工）	（1）遗漏工器具； （2）现场遗留检修杂物； （3）不拆除临时用电； （4）不结束工作票，终结工作票继续进行工作	（1）设备损坏； （2）人身伤害； （3）设备故障	6	3	1	18	1	（1）收齐检查工器具； （2）清扫检修现场； （3）拆除临时用电； （4）结束工作票
四	作业环境								
1	在高处环境中作业	（1）安全带、差速器未使用或使用不当； （2）设备或材料未做好防坠落措施及未正确使用安全帽等劳保用品	（1）高处坠落； （2）物体打击	3	0.5	40	60	2	（1）正确佩戴安全帽、安全带、差速器； （2）一律使用工具袋； （3）安全带高挂低用，且挂在牢固可靠的物体上； （4）做好拆卸下来的保温材料的防坠落措施
2	在高温环境中作业	环境温度过高、未正确使用劳保用品及穿棉质连体服	烫伤、中暑	3	1	1	3	1	备好饮用水；穿棉质连体服
3	在粉尘、保温棉环境中作业	未配备或不正确使用防尘口罩、个人防护用品	尘肺病、皮肤病	3	3	1	9	1	戴防尘口罩、正确使用个人防护用品（口罩、披肩帽、防护镜、工作服等）

6 给煤机解体检修

<table>
<tr><td colspan="4">主要作业风险：
（1）高处坠落；
（2）火灾；
（3）触电；
（4）物体打击</td><td colspan="6">控制措施：
（1）办理工作票、确认检修开关、验电、上锁挂牌；
（2）使用绝缘手套、绝缘鞋、面罩和防电弧服；
（3）如动火需开动火工作票、使用阻燃垫布、专人监护</td></tr>
<tr><td rowspan="2">编号</td><td rowspan="2">作业步骤</td><td rowspan="2">危害因素</td><td rowspan="2">可能导致的后果</td><td colspan="5">风险评价</td><td rowspan="2">控制措施</td></tr>
<tr><td>L</td><td>E</td><td>C</td><td>D</td><td>风险程度</td></tr>
<tr><td>一</td><td colspan="3">检修前准备</td><td></td><td></td><td></td><td></td><td></td><td></td></tr>
<tr><td>1</td><td>切断电源</td><td>（1）拉错开关、走错间隔或误送电导致设备带电或误动；
（2）误碰其他有电部位产生电弧</td><td>（1）触电、电弧灼伤；
（2）火灾；
（3）设备事故</td><td>1</td><td>6</td><td>15</td><td>90</td><td>3</td><td>（1）办理工作票，确认执行安全措施；
（2）双人共同确认检修开关、上锁、验电和挂警示牌；
（3）使用个人防护用品，如绝缘手套、绝缘鞋、面罩和防电弧服</td></tr>
<tr><td>2</td><td>临时用电</td><td>（1）电源、电压等级和接线方式不符要求；
（2）负荷过载</td><td>（1）触电；
（2）火灾</td><td>1</td><td>6</td><td>7</td><td>42</td><td>2</td><td>（1）检查电源；
（2）验电</td></tr>
<tr><td>3</td><td>场地布置</td><td>工具、设备落地</td><td>设备事故</td><td>1</td><td>6</td><td>7</td><td>42</td><td>2</td><td>工作现场铺设好橡胶垫</td></tr>
<tr><td>4</td><td>个人劳保用品</td><td>（1）手指碰伤、割伤；
（2）蒸汽烫伤</td><td>人身伤害</td><td>1</td><td>6</td><td>7</td><td>42</td><td>2</td><td>（1）工作中带好工作手套；
（2）口罩、防护眼镜等劳保用品能正确使用；
（3）进行高温蒸汽检修工作时，穿戴防烫服</td></tr>
</table>

续表

编号	作业步骤	危害因素	可能导致的后果	风险评价					控制措施
				L	*E*	*C*	*D*	风险程度	
5	安全交底	（1）工作前未识别安全隐患； （2）现场吸烟、酒后工作等	（1）火灾； （2）高处坠落； （3）人身伤害	1	6	7	42	2	工作前由工作负责人对工作人员进行安全交底
6	工器具准备	（1）电动工具未经检验合格； （2）起重工具未经检验合格； （3）机工具存在设备缺陷	（1）设备事故； （2）人身伤害	1	6	7	42	2	（1）电动、起重工具使用前，检查检验合格标签； （2）机工具使用前，检查是否存在裂纹
7	搭设脚手架	（1）检修脚手架无搭设委托单，搭设要求如载重、搭设环境不明，在高压电附近搭设等； （2）搭设人员无资质、不戴安全帽、不系安全带和穿防滑鞋等； （3）搭拆脚手架中误碰设备； （4）搭拆脚手架时工具、材料掉下砸伤人；	（1）高处坠落； （2）触电	1	6	7	42	2	（1）填写搭设委托单，明确搭设要求，如载重、搭设环境等； （2）检查搭设人员有无资质； （3）搭设时戴安全帽、系安全带和穿防滑鞋等； （4）经验收合格和挂牌后使用

续表

<table>
<tr><th rowspan="2">编号</th><th rowspan="2">作业步骤</th><th rowspan="2">危害因素</th><th rowspan="2">可能导致的后果</th><th colspan="5">风险评价</th><th rowspan="2">控制措施</th></tr>
<tr><th>L</th><th>E</th><th>C</th><th>D</th><th>风险程度</th></tr>
<tr><td>7</td><td>搭设脚手架</td><td>（5）脚手架不符合要求，如立杆、大横杆和小横杆间距太大；
（6）未经验收合格和挂牌后使用</td><td>（1）高处坠落；
（2）触电</td><td>1</td><td>6</td><td>7</td><td>42</td><td>2</td><td>（1）填写搭设委托单，明确搭设要求，如载重、搭设环境等；
（2）检查搭设人员有无资质；
（3）搭设时戴安全帽、系安全带和穿防滑鞋等；
（4）经验收合格和挂牌后使用</td></tr>
<tr><td>二</td><td colspan="9">检修过程</td></tr>
<tr><td>1</td><td>清扫链条检修</td><td>（1）清扫链条拆卸中击伤、碰伤；
（2）物件搬运中掉落砸伤</td><td>人身伤害</td><td>3</td><td>3</td><td>7</td><td>42</td><td>2</td><td>工作中穿工作服、防护鞋，带好劳保手套等</td></tr>
<tr><td>2</td><td>主驱动轴、轴承检修</td><td>（1）主驱动轴拉出过程中起吊用的钢丝绳、葫芦卡块断裂；
（2）掉落砸伤人、设备</td><td>（1）人身伤害；
（2）设备伤害</td><td>3</td><td>3</td><td>7</td><td>42</td><td>2</td><td>使用起重工具前，检查起重工具的钢丝绳、链条、卡块等情况，对损坏的进行更换</td></tr>
<tr><td>3</td><td>承力轴、轴承检修</td><td>（1）端盖拆除中滑落、碰伤人；
（2）轴取出时脱落伤脚</td><td>人身伤害</td><td>3</td><td>3</td><td>7</td><td>42</td><td>2</td><td>工作中穿工作服、防护鞋，带好劳保手套等</td></tr>
<tr><td>4</td><td>进、出口闸板门检修</td><td>（1）工作前确认设备电源是否断开；
（2）高处作业中系好安全带，做好防坠措施；
（3）工作中物品掉落砸人；
（4）工作中碰伤、击伤；
（5）动火作业（气割）</td><td>（1）高处坠落；
（2）人身伤害；
（3）火灾</td><td>3</td><td>3</td><td>7</td><td>42</td><td>2</td><td>（1）工作前检查设备是否带电；
（2）登高作业做好防坠措施；
（3）工作中穿工作服、防护鞋，带好劳保手套等；
（4）动火作业必须有动火作业安全措施票</td></tr>
</table>

续表

编号	作业步骤	危害因素	可能导致的后果	风险评价					控制措施
				L	*E*	*C*	*D*	风险程度	
5	皮带更换	(1) 工作中碰伤、击伤； (2) 搬运中滑落砸伤	人身伤害	3	3	7	42	2	工作中穿工作服、防护鞋，带好劳保手套等
6	回装	工作中碰伤、砸伤	人身伤害	3	3	7	42	2	工作中穿工作服、防护鞋，带好劳保手套等
三	恢复检验								
1	申请试运	(1) 工作票未回押； (2) 现场工作人员仍在施工	人身伤害	1	3	15	45	2	(1) 回押工作票； (2) 试运前确认现场无工作
2	结束工作	(1) 遗漏工器具； (2) 现场遗留检修杂物； (3) 不拆除临时用电； (4) 不结束工作票	(1) 触电； (2) 人身伤害	1	3	15	45	2	(1) 收齐检查工器具； (2) 清扫检修现场； (3) 拆除临时用电； (4) 结束工作票
四	作业环境								
1	粉尘环境	(1) 灰尘清理不当； (2) 呼吸系统保护不当	职业危害，导致呼吸系统疾病或眼睛伤害，如肺脏功能减低、鼻/喉发炎、皮炎	1	6	7	42	2	(1) 采取控制粉尘措施，加强日常维护； (2) 佩戴防尘口罩、呼吸器等； (3) 定期进行粉尘监测； (4) 定期体检； (5) 及时清扫地面，清理积灰

续表

编号	作业步骤	危害因素	可能导致的后果	风险评价					控制措施
				L	*E*	*C*	*D*	风险程度	
2	照明不足	(1) 照明不足； (2) 漏电	(1) 人身伤害； (2) 触电	1	3	15	45	2	(1) 在工作现场合理布置若干盏冷光灯，保证照明充足； (2) 在磨煤机内使用12V以下行灯照明； (3) 合理布置照明线路

7 过热器、再热器、省煤器检修

<table>
<tr><td colspan="5">主要作业风险：
（1）高处坠落；
（2）物体打击；
（3）尘肺病；
（4）高温烫伤；
（5）起重伤害；
（6）触电；
（7）机械伤害；
（8）火灾、爆炸；
（9）中暑</td><td colspan="5">控制措施：
（1）正确使用合格的安全带、差速器。
（2）戴好安全帽并系紧帽带，避免交叉作业。
（3）正确使用个人防护用品。
（4）严格执行《起重安全控制程序》，培训有证者操作；加强个人防护意识，防止挤伤、碰伤；戴手套等个人防护用品。
（5）正确使用合格的电动工具、电源。
（6）按要求办理二级动火票，并做好防火措施。
（7）工作环境温度在60℃以下时方可进行工作，加强通风，备好饮用水</td></tr>
<tr><th rowspan="2">编号</th><th rowspan="2">作业步骤</th><th rowspan="2">危害因素</th><th rowspan="2">可能导致的后果</th><th colspan="5">风险评价</th><th rowspan="2">控制措施</th></tr>
<tr><th>L</th><th>E</th><th>C</th><th>D</th><th>风险程度</th></tr>
<tr><td>一</td><td colspan="9">检修前准备</td></tr>
<tr><td>1</td><td>安全措施确认</td><td>（1）走错间隔；
（2）设备未隔离；
（3）系统未泄压</td><td>（1）设备损坏；
（2）人身伤害</td><td>3</td><td>0.5</td><td>15</td><td>22.5</td><td>2</td><td>（1）检修前确认设备名称和位置；
（2）确认停电开关，确认安全措施执行情况；
（3）工作前确认系统是否泄压</td></tr>
<tr><td>2</td><td>安全交底</td><td>（1）安全交底不清楚；
（2）交底的内容存在缺陷；
（3）交底没有落实到每一位人员</td><td>（1）人身伤害；
（2）设备损坏</td><td>3</td><td>1</td><td>3</td><td>9</td><td>1</td><td>（1）加强对人员的安全培训和学习；
（2）严格执行安全交底的有关工作</td></tr>
</table>

续表

编号	作业步骤	危害因素	可能导致的后果	风险评价					控制措施
				L	E	C	D	风险程度	
3	场地布置	（1）工具摆放凌乱； （2）场地选择不当，如场地条件（照明等）不足	（1）人身伤害； （2）影响人员通行	3	1	3	9	1	（1）严格执行定置管理要求； （2）进场前进行确认检查； （3）正确使用工器具
4	手动工具准备	（1）手动工具如敲击工具锤头松脱、破损等； （2）使用不合适工具，小工具准备不全或遗漏等	（1）人身伤害； （2）设备损坏	3	1	3	9	1	（1）使用前确认工具型号和标示； （2）使用前确认工具完好合格
5	电动工具准备	（1）电动工具不符合要求如电线破损、绝缘和接地不良； （2）电源无触电保护或和工具设备无接地保护； （3）使用时如砂轮片、切割片等断裂飞出	（1）触电； （2）机械伤害； （3）人身伤害	3	0.5	15	22.5	2	（1）使用前检查电源线、接地和其他部件良好，经检验合格在有效期内； （2）电源盘等必须使用漏电保护器； （3）确保易耗品，如砂轮片、切割片的质量； （4）使用正确劳动防护用品如眼镜、面罩等
6	个人防护用品准备	（1）未正确穿戴安全帽及工作服； （2）使用不合格的安全带	（1）人身伤害； （2）高处坠落	3	0.5	15	22.5	2	（1）正确佩戴安全帽及工作服； （2）使用在安全使用期内的安全带，并正确挂好安全带

续表

编号	作业步骤	危害因素	可能导致的后果	风险评价					控制措施
				L	E	C	D	风险程度	
二	检修								
1	打开过热器、再热器、省煤器检修人孔门	安全带、差速器未使用或使用不当	高处坠落	3	0.5	15	22.5	2	(1) 工作人员不应有妨碍安全带、差速器未使用或使用不当的病症，遇有精神异常等禁止作业； (2) 使用合格的安全带，且要将安全带挂在腰部以上牢固的物体上； (3) 在高处改变作业位置时，安全带不能解除或采用双绳安全带
		未配备或不正确使用防尘口罩、工作服等劳保用品	尘肺病、高温烫伤	3	3	1	9	1	戴防尘口罩，正确使用个人防护用品（口罩、披肩帽、防护镜、工作服等）
		设备或材料未做好防坠落措施及未正确使用安全帽等劳保用品	物体打击	3	0.5	15	22.5	2	(1) 戴好安全帽并系紧帽带； (2) 检查作业现场上部有无落物的可能
2	脚手架搭设	(1) 安全带、差速器未使用或使用不当； (2) 设备或材料未做好防坠落措施及未正确使用安全帽等劳保用品； (3) 未正确使用劳保用品及穿棉质连体服	(1) 高处坠落； (2) 物体打击； (3) 高温烫伤	3	0.5	15	22.5	2	(1) 正确佩戴安全帽、安全带、差速器； (2) 一律使用工具袋； (3) 安全带高挂低用，且挂在牢固可靠的物体上； (4) 做好脚手架管、卡件及毛竹片的防坠落措施，施工区域正下方设安全围栏、挂警示牌； (5) 正确使用劳保用品，穿棉质连体服

续表

编号	作业步骤	危害因素	可能导致的后果	风险评价					控制措施
				L	E	C	D	风险程度	
3	过热器、再热器、省煤器检修冲灰、清焦	环境温度过高，未正确使用防尘口罩等劳保用品及穿棉质连体服	烫伤、中暑、尘肺病	3	1	1	3	1	(1) 温度在60℃以上时不准入内进行工作； (2) 打开人孔门，加强通风； (3) 备好饮用水； (4) 戴防尘口罩，正确使用个人防护用品（口罩、披肩帽、防护镜、工作服等）
		安全带、差速器未使用或使用不当	高处坠落	3	0.5	15	22.5	2	(1) 正确佩戴安全帽、安全带、差速器； (2) 一律使用工具袋； (3) 安全带高挂低用，且挂在牢固可靠的物体上
		设备或材料未做好防坠落措施及未正确使用安全帽等劳保用品	物体打击、设备损坏	3	0.5	15	22.5	2	(1) 应检查耐火砖、大块焦渣有无塌落的危险，遇有可能塌落的，应先用长棒从人孔门或看火孔等处打落； (2) 在炉外工具放置点必须满铺橡皮垫，工具放在橡皮垫上面
		使用冲洗水时未位置站好	跌倒	6	1	1	6	1	用水冲灰、清焦时站在牢固、可借力的位置上
		打焦时工具未系安全绳	落物、设备损坏	6	1	1	6	1	打焦工具系好安全绳，并正确使用

续表

编号	作业步骤	危害因素	可能导致的后果	风险评价					控制措施
				L	*E*	*C*	*D*	风险程度	
4	二级过热器、三级过热器、四级过热器、高温再热器架子搭设	安全带、差速器未使用或使用不当	高处坠落	3	0.5	15	22.5	2	(1) 正确佩戴安全帽、安全带、差速器； (2) 一律使用工具袋； (3) 安全带高挂低用，且挂在牢固可靠的物体上
		架子使用、搭设不规范	高处坠落、坍塌	3	0.5	40	60	2	(1) 脚手架验收合格挂牌后方可使用； (2) 严禁脚手架超载使用； (3) 炉内铁丝匝的架子一般只允许两人在同一架子平台工作
		使用检修平台不规范	高处坠落、坍塌	3	0.5	40	60	2	(1) 检修平台严禁超载使用； (2) 作业人员必须系好安全带，并把安全带挂在安全绳上； (3) 检修平台的自锁装置完好
		环境温度过高，未正确使用防尘口罩等劳保用品及穿棉质连体服	烫伤、中暑、尘肺病	3	1	1	3	1	(1) 温度在60℃以上时不准入内进行工作； (2) 打开人孔门，加强通风； (3) 备好饮用水； (4) 戴防尘口罩、正确使用个人防护用品（口罩、披肩帽、防护镜、工作服等）

续表

编号	作业步骤	危害因素	可能导致的后果	风险评价					控制措施
				L	*E*	*C*	*D*	风险程度	
4	二级过热器、三级过热器、四级过热器、高温再热器架子搭设	焦块未清理彻底、设备或材料未做好防坠落措施及未正确使用安全帽等劳保用品	物体打击	3	0.5	15	22.5	2	(1) 应检查耐火砖、大块焦渣有无塌落的危险，遇有可能塌落的，应先用长棒从人孔门或看火孔等处打落； (2) 在炉外工具放置点必须满铺橡皮垫，工具放在橡皮垫上面
		使用工具不当	物体打击	3	1	1	3	1	(1) 使用前应作仔细检查； (2) 打锤时，握锤的手不得戴手套； (3) 打锤挥动方向不得对人； (4) 禁止使用没手柄的工具
		(1) 电动工具不符合要求，如电线破损、绝缘和接地不良； (2) 电源无触电保护或和工具设备无接地保护； (3) 使用时如砂轮片、切割片等断裂飞出	触电、机械伤害	3	1	3	9	1	(1) 使用前检查工具的接地情况； (2) 引入电源线必须经过二级以上漏电保安器； (3) 准确使用电动工具，必须在切断电源待其在停止状态下方可进行检修或调整； (4) 使用的磨光机必须装有防护罩，佩戴好防护眼镜
5	过热器、再热器、省煤器受热面检查	使用检修平台不规范	高处坠落、坍塌	3	0.5	40	60	2	(1) 检修平台严禁超载使用； (2) 作业人员必须系好安全带，并把安全带挂在安全绳上； (3) 检修平台的自锁装置完好

续表

编号	作业步骤	危害因素	可能导致的后果	风险评价					控制措施
				L	*E*	*C*	*D*	风险程度	
5	过热器、再热器、省煤器受热面检查	设备或材料未做好防坠落措施及未正确使用安全帽等劳保用品	物体打击	3	1	40	120	3	(1) 应检查耐火砖、大块焦渣有无塌落的危险，遇有可能塌落的，应先用长棒从人孔门或看火孔等处打落； (2) 在炉外工具放置点必须满铺橡皮垫，工具放在橡皮垫上面
		未配备或不正确使用防尘口罩等劳保用品	尘肺病	3	3	1	9	1	戴防尘口罩、正确使用个人防护用品（口罩、披肩帽、防护镜、工作服等）
6	过热器、再热器、省煤器管道及附件割除	使用检修平台不规范	高处坠落、坍塌	3	0.5	40	60	2	(1) 检修平台严禁超载使用； (2) 作业人员必须系好安全带，并把安全带挂在安全绳上； (3) 检修平台的自锁装置完好
		设备或材料未做好防坠落措施及未正确使用安全帽等劳保用品	物体打击	3	0.5	15	22.5	2	(1) 应检查耐火砖、大块焦渣有无塌落的危险，遇有可能塌落的，应先用长棒从人孔门或看火孔等处打落； (2) 在炉外工具放置点必须满铺橡皮垫，工具放在橡皮垫上面
		未配备或不正确使用防尘口罩等劳保用品	尘肺病	3	3	1	9	1	戴防尘口罩、正确使用个人防护用品（口罩、披肩帽、防护镜、工作服等）

续表

编号	作业步骤	危害因素	可能导致的后果	风险评价					控制措施
				L	E	C	D	风险程度	
6	过热器、再热器、省煤器管道及附件割除	架子使用不规范	高处坠落、坍塌	3	0.5	40	60	2	(1) 严禁脚手架超载使用； (2) 炉内铁丝匝的架子一般只允许两人在同一架子平台工作
		使用手动工具不当	物体打击	3	1	1	3	1	(1) 使用前应作仔细检查； (2) 打锤时，握锤的手不得戴手套； (3) 打锤挥动方向不得对人； (4) 禁止使用没手柄的工具
		(1) 电动工具不符合要求，如电线破损、绝缘和接地不良； (2) 电源无触电保护或和工具设备无接地保护； (3) 使用电动工具时如砂轮片、切割片等断裂飞出	触电、机械伤害	3	1	3	9	1	(1) 使用前检查工具的接地情况； (2) 引入电源线必须经过二级以上漏电保安器； (3) 准确使用电动工具，必须在切断电源待其在停止状态下方可进行检修或调整； (4) 使用的磨光机必须装有防护罩，佩戴好防护眼镜
		气割作业未开动火票或未做好防火措施	火灾、爆炸、人身伤害	3	0.5	15	22.5	2	(1) 按要求办理二级动火票； (2) 脚手板处铺好石棉毯； (3) 动火工作间断、终结时清理并检查现场无残留火种； (4) 氧气瓶和乙炔瓶的距离不得小于8m，必须直立放置在炉外；

续表

编号	作业步骤	危害因素	可能导致的后果	风险评价					控制措施
				L	E	C	D	风险程度	
6	过热器、再热器、省煤器管道及附件割除	气割作业未开动火票或未做好防火措施	火灾、爆炸、人身伤害	3	0.5	15	22.5	2	（5）氧气管和乙炔管在工作中防止沾上油脂； （6）焊枪点火时先开氧气门，再开乙炔气门，熄火时与此操作相反
7	过热器、再热器、省煤器管道及附件恢复	焊接工作时工作人员未正确使用个人防护用品、未做好防触电措施、未做好防火措施	烫伤、灼伤、触电、火灾、有害气体、粉尘、烟雾伤害	3	0.5	15	22.5	2	（1）焊接人员进行作业时，应穿戴好工作服、绝缘鞋、面罩、耐火防护手套等符合专业防护要求的劳动防护用品，衣着不得敞领卷袖； （2）焊工在施工时应采取防止电焊电压触电的措施； （3）电焊作业下方铺设好防火毯，工作结束必须切断焊机电源并确认作业点周围无遗留火种后方可离开； （4）焊接工作场所应加强通风
8	过热器、再热器、省煤器壁焊口射线探伤	（1）在射线探伤时未做好隔离； （2）工作人员未穿戴好个人防护用品或未保持有效安全距离	辐射伤害	3	0.5	15	22.5	2	（1）射线探伤现场做好隔离措施并挂警示牌； （2）工作人员穿戴好防辐射防护用品，并保持有效安全距离
9	脚手架拆除	（1）安全带、差速器未使用或使用不当；	（1）高处坠落；	3	0.5	15	22.5	2	（1）正确佩戴安全帽、安全带、差速器；

续表

编号	作业步骤	危害因素	可能导致的后果	风险评价					控制措施
				L	E	C	D	风险程度	
9	脚手架拆除	(2) 设备或材料未做好防坠落措施及未正确使用安全帽等劳保用品； (3) 环境温度过高、未正确使用劳保用品及穿棉质连体服	(2) 物体打击； (3) 高温烫伤	3	0.5	15	22.5	2	(2) 一律使用工具袋； (3) 安全带高挂低用，且挂在牢固可靠的物体上； (4) 做好脚手架管、卡件及毛竹片的防坠落措施，施工区域正下方设安全围栏、挂警示牌； (5) 正确使用劳保用品，穿棉质连体服
10	保温恢复	(1) 安全带、差速器未使用或使用不当； (2) 设备或材料未做好防坠落措施及未正确使用安全帽等劳保用品； (3) 环境温度过高、未正确使用劳保用品及穿棉质连体服	(1) 高处坠落； (2) 物体打击； (3) 高温烫伤	3	0.5	15	22.5	2	(1) 正确佩戴安全帽、安全带、差速器； (2) 一律使用工具袋； (3) 安全带高挂低用，且挂在牢固可靠的物体上； (4) 做好拆卸下来的保温材料的防坠落措施； (5) 正确使用劳保用品，穿棉质连体服
11	封人孔门	工具和人员遗留在设备中	(1) 设备损坏； (2) 人身伤害	3	0.5	15	22.5	2	工作负责人应清点人员和工具，检查确实无人或工具留在过热器内，方可关人孔门

续表

编号	作业步骤	危害因素	可能导致的后果	风险评价					控制措施
				L	*E*	*C*	*D*	风险程度	
三	完工恢复								
1	整体试运	(1) 安全措施未恢复；(2) 触碰电机及机械转动部位；(3) 误操作；(4) 工作票未回压；(5) 电源线盒位盖未扣严密	(1) 触电；(2) 人身伤害；(3) 设备事故	3	0.5	15	22.5	2	(1) 确认工作票已经回押；(2) 确认恢复安全措施；(3) 试运时专人现场监护
2	结束工作（现场文明施工）	(1) 遗漏工器具；(2) 现场遗留检修杂物；(3) 不拆除临时用电；(4) 不结束工作票，终结工作票继续进行工作	(1) 设备损坏；(2) 人身伤害；(3) 设备故障	6	3	1	18	1	(1) 收齐检查工器具；(2) 清扫检修现场；(3) 拆除临时用电；(4) 结束工作票
四	作业环境								
1	在高处环境中作业	(1) 安全带、差速器未使用或使用不当；(2) 设备或材料未做好防坠落措施及未正确使用安全帽等劳保用品	(1) 高处坠落；(2) 物体打击	3	0.5	40	60	2	(1) 正确佩戴安全帽、安全带、差速器；(2) 一律使用工具袋；(3) 安全带高挂低用，且挂在牢固可靠的物体上；(4) 做好拆卸下来的保温材料的防坠落措施

续表

编号	作业步骤	危害因素	可能导致的后果	风险评价					控制措施
				L	*E*	*C*	*D*	风险程度	
2	在高温环境中作业	环境温度过高、未正确使用劳保用品及穿棉质连体服	烫伤、中暑	3	1	1	3	1	(1) 温度在60℃以上时不准入内进行工作； (2) 打开人孔门，加强通风； (3) 备好饮用水；穿棉质连体服
3	在粉尘环境中作业	未配备或不正确使用防尘口罩等劳保用品	尘肺病	3	3	1	9	1	戴防尘口罩、正确使用个人防护用品（口罩、披肩帽、防护镜、工作服等）
4	在受限空间中作业	(1) 未正确佩戴安全帽； (2) 临时照明电线破损、绝缘不良、未固定好； (3) 窒息	物体打击（碰头）、触电	3	0.5	15	22.5	2	(1) 人孔门外设置警告牌、正确佩戴好安全帽； (2) 炉内使用220V临时性固定电灯时，必须绝缘良好，并固定在人碰不到的地方； (3) 人孔门外设专人监护； (4) 作业场所加强通风

8 过热器、再热器弹簧式安全阀解体检修

<table>
<tr><td colspan="4">主要作业风险：
(1) 起重伤害；
(2) 高温烫伤；
(3) 高处坠落</td><td colspan="6">控制措施：
(1) 起重前确认设备重量，重物下禁止站人；
(2) 工作中正确的佩戴好劳保防护用品；
(3) 工作中正确的系好安全带</td></tr>
<tr><td rowspan="2">编号</td><td rowspan="2">作业步骤</td><td rowspan="2">危害因素</td><td rowspan="2">可能导致的后果</td><td colspan="5">风险评价</td><td rowspan="2">控制措施</td></tr>
<tr><td>L</td><td>E</td><td>C</td><td>D</td><td>风险程度</td></tr>
<tr><td>一</td><td colspan="9">检修前准备</td></tr>
<tr><td>1</td><td>确认安全措施执行完毕</td><td>(1) 系统未完全隔离；
(2) 再热器母管未泄压到零</td><td>(1) 设备事故；
(2) 人身伤害</td><td>3</td><td>0.5</td><td>15</td><td>22.5</td><td>2</td><td>(1) 办理检修工作票；
(2) 双人共同确认安全措施执行情况</td></tr>
<tr><td>2</td><td>准备手动工具</td><td>(1) 手动工具（如敲击扳手、榔头松脱、破损等）；
(2) 使用不合适工具，小型工具准备不全或遗漏等</td><td>(1) 人身伤害；
(2) 设备损坏</td><td>3</td><td>1</td><td>1</td><td>3</td><td>1</td><td>(1) 使用前确认工具型号和标识；
(2) 使用前确认工具完好、合格</td></tr>
<tr><td>3</td><td>准备电（气）动工具</td><td>(1) 不熟悉使用电动、气动工具；
(2) 电动、气动工具不符合要求（如电动工具的电源线破损、绝缘和接地不良，气动工具气管破损、接口松动或磨损）；</td><td>(1) 触电伤害；
(2) 机械伤害；</td><td>3</td><td>3</td><td>15</td><td>135</td><td>3</td><td>(1) 仔细阅读工具说明书，学会正确使用方法；
(2) 使用前检查电源线、接地和其他部件良好，经检验合格在有效期内；</td></tr>
</table>

续表

编号	作业步骤	危害因素	可能导致的后果	风险评价					控制措施
				L	E	C	D	风险程度	
3	准备电（气）动工具	（3）工具或工具易损件质量不良； （4）电源无触电保护或工具、设备无接地保护； （5）使用时砂轮片、切割片断裂飞出，不正确的使用劳保用品	（3）其他人身伤害	3	3	15	135	3	（3）电源盘等必须使用漏电保护器； （4）确认消耗品（如砂轮片、切割片的质量），正确使用劳保防护用品（如防护眼镜、面罩等）
4	布置场地	（1）工具摆放凌乱； （2）场地选择不当（照明不足）等	（1）人身伤害； （2）影响人员通行	6	3	3	54	2	（1）严格执行定置管理要求； （2）进场前进行确认、检查； （3）正确使用工器具
5	安全交底	工作前未对施工人员进行安全技术交底	（1）人身伤害； （2）设备损坏	1	6	15	90	3	（1）工作前做好危险源分析； （2）工作前对施工人员做好安全技术交底
6	个人防护用品准备	（1）未正确穿戴安全帽及工作服； （2）使用不合格的安全带	（1）人身伤害； （2）高处坠落	3	0.5	15	22.5	2	（1）正确穿戴安全帽及工作服； （2）使用在安全使用期内的安全带，并正确挂好安全带
二	检修过程								
1	拆除所有连接部件和螺栓（压紧螺母、上下弹簧垫、弹簧、上下调节圈、阀芯等）	（1）使用工具不当； （2）工作中工具滑脱； （3）零部件遗失、错位	（1）人身伤害； （2）设备损坏； （3）影响工作进度	3	3	7	63	2	（1）手动工具系好安全绳； （2）阀门解体前做好标记； （3）拆卸下的部件进行定置管理

续表

编号	作业步骤	危害因素	可能导致的后果	风险评价					控制措施
				L	*E*	*C*	*D*	风险程度	
2	阀门弹簧吊装	(1) 吊装装置失灵（手拉链条葫芦链条失灵、滑脱）； (2) 误操作	(1) 人身伤害； (2) 设备损坏	3	3	7	63	2	(1) 严格执行《起重安全控制程序》； (2) 工作中指挥、信号正确； (3) 精力集中，设围栏、监护人，与检修无关人员不得入内
3	拆压紧螺母	操作不当，造成螺纹卡坏	设备损坏	1	3	3	9	1	(1) 严格执行操作技能培训； (2) 正确使用工器具
4	取出弹簧	(1) 起重装置失灵； (2) 误操作	(1) 人身伤害； (2) 设备损坏	1	3	15	90	3	(1) 正确使用安全帽、安全鞋等防护用品； (2) 合理的安排工作流程； (3) 对施工人员进行详细的安全技术交底
5	设备部件清洗及阀门密封面研磨	(1) 重物伤人； (2) 设备锋利棱角割伤； (3) 化学清洗剂伤害	(1) 人身伤害； (2) 设备损坏	1	3	3	9	1	(1) 正确使用劳保防护用品（手套、防护镜等）； (2) 合理的安排工作流程； (3) 对工作人员进行详细的安全技术交底
6	阀门回装（阀门解体的逆过程）	见前面阀门的解体	见前面阀门的解体	1	3	7	21	2	见前面阀门的解体
三	恢复检验								
1	检查、恢复阀门各系统	(1) 走错间隔； (2) 误操作	(1) 设备事故； (2) 人身伤害	3	3	7	63	2	(1) 终结检修工作票； (2) 确认恢复安全措施

续表

编号	作业步骤	危害因素	可能导致的后果	风险评价					控制措施
				L	E	C	D	风险程度	
四	作业环境								
1	阀门阀芯、阀座密封面研磨	润滑油、研磨膏污染环境	环境污染	1	6	7	42	2	（1）阀芯、阀座清洗过的煤油必须倒入废油桶，不得随意倾倒； （2）研磨过的研磨膏及擦拭的抹布倒入垃圾桶，不得随意乱扔
2	高处作业	阀门解体检修工作中易发生高处坠落	高处坠落	1	3	7	21	2	工作中正确系好安全带（安全带必须挂在牢固的地方，做到高挂低用）

9 过热器PCV阀解体检修

<table>
<tr><td colspan="7">**主要作业风险：**
（1）起重伤害；
（2）触电伤害；
（3）高温烫伤；
（4）脚手架坍塌</td><td colspan="4">**控制措施：**
（1）起重前确认设备重量，重物下禁止站人；
（2）阀门解体前确认已断电；
（3）工作中正确的佩戴好劳保防护用品；
（4）严格执行脚手架搭设、检查及验收制度</td></tr>
<tr><td rowspan="2">编号</td><td rowspan="2">作业步骤</td><td rowspan="2">危害因素</td><td rowspan="2">可能导致的后果</td><td colspan="5">风险评价</td><td rowspan="2">控制措施</td></tr>
<tr><td>L</td><td>E</td><td>C</td><td>D</td><td>风险程度</td></tr>
<tr><td>一</td><td colspan="2">检修前准备</td><td></td><td></td><td></td><td></td><td></td><td></td><td></td></tr>
<tr><td>1</td><td>确认安全措施执行完毕，切断电源</td><td>（1）系统未完全隔离；
（2）再热器母管未泄压到零</td><td>（1）设备事故；
（2）人身伤害</td><td>3</td><td>0.5</td><td>15</td><td>22.5</td><td>2</td><td>（1）办理检修工作票；
（2）双人共同确认安全措施执行情况</td></tr>
<tr><td>2</td><td>准备手动工具</td><td>（1）手动工具（如敲击扳手、榔头松脱、破损等）；
（2）使用不合适工具，小型工具准备不全或遗漏等</td><td>（1）人身伤害；
（2）设备损坏</td><td>3</td><td>1</td><td>1</td><td>3</td><td>1</td><td>（1）使用前确认工具型号和标示；
（2）使用前确认工具完好、合格</td></tr>
<tr><td>3</td><td>准备电（气）动工具</td><td>（1）不熟悉使用电动、气动工具；</td><td>（1）触电伤害；</td><td>3</td><td>3</td><td>15</td><td>135</td><td>3</td><td>（1）仔细阅读工具说明书，学会正确使用方法；</td></tr>
</table>

续表

编号	作业步骤	危害因素	可能导致的后果	风险评价					控制措施
				L	E	C	D	风险程度	
3	准备电（气）动工具	（2）电动、气动工具不符合要求（如电动工具的电源线破损、绝缘和接地不良，气动工具气管破损、接口松动或磨损）； （3）工具或工具易损件质量不良； （4）电源无触电保护或工具、设备无接地保护； （5）使用时砂轮片、切割片断裂飞出；不正确的使用劳保用品	（2）机械伤害； （3）其他人身伤害	3	3	15	135	3	（2）使用前检查电源线、接地和其他部件良好，经检验合格在有效期内； （3）电源盘等必须使用漏电保护器； （4）确认消耗品（如砂轮片、切割片的质量）； （5）正确使用劳保防护用品（如防护眼镜、面罩等）
4	布置场地	（1）工具摆放凌乱； （2）场地选择不当（照明不足）等	（1）人身伤害； （2）影响人员通行	6	3	3	54	2	（1）严格执行定置管理要求； （2）进场前进行确认、检查； （3）正确使用工器具
5	安全交底	工作前未对施工人员进行安全技术交底或交底不清楚	（1）人身伤害； （2）设备损坏； （3）走错间隔	1	6	15	90	3	（1）工作前做好危险源分析； （2）工作前对施工人员做好详细的安全技术交底
6	个人防护用品准备	（1）未正确佩戴安全帽及工作服； （2）使用不合格的安全带	（1）人身伤害； （2）高处坠落	3	0.5	15	22.5	2	（1）正确佩戴安全帽及工作服； （2）使用在安全使用期内的安全带，并正确挂好安全带

续表

编号	作业步骤	危害因素	可能导致的后果	风险评价					控制措施
				L	E	C	D	风险程度	
二	检修过程								
1	拆除法兰大盖所有螺栓连接	(1) 使用工具不当； (2) 工作中工具滑脱； (3) 零部件遗失、错位	(1) 人身伤害； (2) 设备损坏； (3) 影响工作进度	3	3	7	63	2	(1) 手动工具系好安全绳； (2) 阀门解体前做好标记； (3) 拆卸下的部件进行定置管理
2	法兰大盖吊装	(1) 吊装装置失灵（手拉链条葫芦链条失灵、滑脱）； (2) 误操作； (3) 钢丝绳断裂	(1) 人身伤害； (2) 设备损坏； (3) 物件坠落	1	3	3	9	1	(1) 严格执行《起重安全控制程序》； (2) 工作中指挥、信号正确； (3) 精力集中，设围栏、监护人，与检修无关人员不得入内； (4) 法兰起吊前做好钢丝绳棱角保护
3	拆除阀座及阀座套筒	(1) 操作不当，造成螺纹卡坏； (2) 榔头甩空，人员坠落	(1) 设备损坏； (2) 人身伤害	3	3	7	63	2	(1) 严格执行操作技能培训； (2) 正确使用工器具，系好安全带； (3) 甩榔头时禁止佩戴手套
4	取出弹簧、阀芯及阀座	(1) 起重装置失灵； (2) 误操作	(1) 人身伤害； (2) 设备损坏	1	3	15	90	3	(1) 正确使用安全帽、安全鞋等防护用品； (2) 合理安排工作流程； (3) 对施工人员进行详细的安全技术交底

续表

编号	作业步骤	危害因素	可能导致的后果	风险评价					控制措施
				L	*E*	*C*	*D*	风险程度	
5	设备部件清洗及阀门密封面研磨	（1）重物伤人； （2）设备锋利棱角割伤； （3）化学清洗剂伤害	（1）人身伤害； （2）设备损坏	1	3	3	9	1	（1）正确使用劳保防护用品（手套、防护镜等）； （2）合理的安排工作流程； （3）对工作人员进行详细的安全技术交底
6	阀门回装（阀门解体的逆过程）	见前面阀门的解体	见前面阀门的解体	1	3	15	90	3	见前面阀门的解体
三	恢复检验								
1	检查、恢复阀门各系统	（1）走错间隔； （2）误操作	（1）设备事故； （2）人身伤害	1	3	7	21	2	（1）终结检修工作票； （2）确认恢复安全措施
四	作业环境								
1	阀门阀芯、阀座密封面研磨	润滑油、研磨膏污染环境	环境污染	1	3	3	9	1	（1）阀芯、阀座清洗过的煤油必须倒入废油桶，不得随意倾倒； （2）研磨过的研磨膏及擦拭的抹布倒入垃圾桶，不得随意乱扔
2	高处作业	阀门解体检修工作中易发生高处坠落	高处坠落	1	3	15	45	2	工作中正确的系好安全带（安全带必须挂在牢固的地方，做到高挂低用）

10 过热器减温水电动门盘根紧固

主要作业风险： （1）高处坠落； （2）高温烫伤				控制措施： （1）工作中正确的系好安全带； （2）工作中正确的佩戴好劳保防护用品					
编号	作业步骤	危害因素	可能导致的后果	风险评价					控制措施
				L	*E*	*C*	*D*	风险程度	
一	检修前准备								
1	准备手、电动工具	（1）手动工具损坏（如敲击扳手、榔头松脱、破损等）； （2）使用不合适工具，小型工具准备不全或遗漏等	（1）人身伤害； （2）设备损坏	3	1	1	3	1	（1）使用前确认工具型号和标示； （2）使用前确认工具完好、合格
2	安全交底	工作前未对施工人员进行安全技术交底或交底不清楚	（1）人身伤害； （2）设备损坏； （3）走错间隔	1	6	15	90	3	（1）工作前做好危险源分析； （2）工作前对施工人员做好详细的安全技术交底
3	个人防护用品准备	（1）未正确佩戴安全帽及工作服； （2）使用不合格的安全带	（1）人身伤害； （2）高处坠落	3	0.5	15	22.5	2	（1）正确穿戴安全帽及工作服； （2）使用在安全使用期内的安全带，并正确挂好安全带

续表

编号	作业步骤	危害因素	可能导致的后果	风险评价					控制措施
				L	*E*	*C*	*D*	风险程度	
二	检修过程								
1	一级、二级、三级过热器减温水电动门盘根紧固	（1）阀门盘根紧固时防烫伤； （2）没有正确系好安全带，检修过程中人员坠落	（1）高温烫伤； （2）高处坠落	10	1	7	70	3	（1）阀门盘根紧固时做好防烫伤措施； （2）工作中正确的系好安全带，佩戴好个人劳保防护用品
三	作业环境								
1	高温作业	检修工作中易对工作人员造成灼伤	高温灼伤	1	6	7	42	2	（1）必须确认系统可靠隔离后方可开始作业； （2）工作中正确佩戴好劳保防护用品
2	高处作业	检修工作中易发生高处坠落	高处坠落	1	3	7	21	2	工作中正确系好安全带（安全带必须挂在牢固的地方，做到高挂低用）

11 空气预热器吹灰器检修

主要作业风险： (1) 高处坠落； (2) 高温烫伤； (3) 触电	控制措施： (1) 正确使用合格的安全带； (2) 正确使用个人防护用品； (3) 使用绝缘手套、绝缘鞋、面罩和防电弧服

编号	作业步骤	危害因素	可能导致的后果	风险评价					控制措施
				L	*E*	*C*	*D*	风险程度	
一	检修前准备								
1	安全措施确认	(1) 走错间隔； (2) 设备未隔离； (3) 系统未泄压	(1) 设备损坏； (2) 人身伤害	3	0.5	15	22.5	2	(1) 检修前确认设备名称和位置； (2) 确认停电开关，确认安全措施执行情况； (3) 工作前确认系统是否泄压
2	安全交底	(1) 安全交底不清楚； (2) 交底的内容存在缺陷； (3) 交底没有落实到每一位人员	(1) 人身伤害； (2) 设备损坏	3	1	3	9	1	(1) 加强对人员的安全培训和学习； (2) 严格执行安全交底的有关工作
3	场地布置	(1) 工具摆放凌乱； (2) 场地选择不当，如场地条件（照明等）不足	(1) 人身伤害； (2) 影响人员通行	3	1	3	9	1	(1) 严格执行定置管理要求； (2) 进场前进行确认检查； (3) 正确使用工器具

续表

编号	作业步骤	危害因素	可能导致的后果	风险评价					控制措施
				L	*E*	*C*	*D*	风险程度	
4	手动工具准备	(1) 手动工具如敲击工具锤头松脱、破损等； (2) 使用不合适工具，小工具准备不全或遗漏等	(1) 人身伤害； (2) 设备损坏	3	1	3	9	1	(1) 使用前确认工具型号和标示； (2) 使用前确认工具完好合格
5	个人防护用品准备	(1) 未正确穿戴安全帽及工作服； (2) 使用不合格的安全带	(1) 人身伤害； (2) 高处坠落	3	0.5	15	22.5	2	(1) 正确穿戴安全帽及工作服； (2) 使用在安全使用期内的安全带，并正确挂好安全带
二	检修								
1	脚手架搭设	(1) 安全带未使用或使用不当； (2) 设备或材料未做好防坠落措施及未正确使用安全帽等劳保用品； (3) 未正确使用劳保用品及穿棉质连体服	(1) 高处坠落； (2) 物体打击； (3) 高温烫伤	3	0.5	15	22.5	2	(1) 正确佩戴安全帽、安全带； (2) 一律使用工具袋； (3) 安全带高挂低用，且挂在牢固可靠的物体上； (4) 做好脚手架管、卡件及毛竹片的防坠落措施，施工区域正下方设安全围栏、挂警示牌； (5) 正确使用劳保用品，穿棉质连体服
2	拆除吹灰器罩壳	(1) 手动工具如敲击工具锤头松脱、破损等； (2) 使用不合适工具，小工具准备不全或遗漏等	(1) 人身伤害； (2) 设备损坏	3	1	3	9	1	(1) 使用前确认工具型号和标示； (2) 使用前确认工具完好合格

续表

编号	作业步骤	危害因素	可能导致的后果	风险评价					控制措施
				L	E	C	D	风险程度	
2	拆除吹灰器罩壳	安全带未使用或使用不当	高处坠落	3	0.5	15	22.5	2	（1）正确佩戴安全帽、安全带； （2）安全带高挂低用，且挂在牢固可靠的物体上
3	拆除吹灰器动力电缆	拆除吹灰器动力电缆时工作人员未正确使用个人防护用品、设备未断电并未做好防触电措施	烫伤、触电	3	0.5	15	22.5	2	（1）工作人员进行作业时，应穿戴好工作服、绝缘鞋、手套等符合专业防护要求的劳动防护用品，衣着不得敞领卷袖； （2）工作人员在施工前确认设备电源断开，并应采取防止触电的措施
4	脚手架拆除	（1）安全带未使用或使用不当； （2）设备或材料未做好防坠落措施及未正确使用安全帽等劳保用品； （3）环境温度过高、未正确使用劳保用品及穿棉质连体服	（1）高处坠落； （2）物体打击； （3）高温烫伤	3	0.5	15	22.5	2	（1）正确佩戴安全帽、安全带； （2）一律使用工具袋； （3）安全带高挂低用，且挂在牢固可靠的物体上； （4）做好脚手架管、卡件及毛竹片的防坠落措施，施工区域正下方设安全围栏、挂警示牌； （5）正确使用劳保用品，穿棉质连体服
三	完工恢复								
1	结束工作（现场文明施工）	（1）遗漏工器具； （2）现场遗留检修杂物； （3）不拆除临时用电； （4）不结束工作票，终结工作票继续进行工作	（1）设备损坏； （2）人身伤害； （3）设备故障	6	3	1	18	1	（1）收齐检查工器具； （2）清扫检修现场； （3）拆除临时用电； （4）结束工作票

续表

编号	作业步骤	危害因素	可能导致的后果	风险评价					控制措施
				L	*E*	*C*	*D*	风险程度	
四	作业环境								
1	在高处环境中作业	(1) 安全带未使用或使用不当； (2) 设备或材料未做好防坠落措施及未正确使用安全帽等劳保用品	(1) 高处坠落； (2) 物体打击	3	0.5	40	60	2	(1) 正确佩戴安全帽、安全带； (2) 一律使用工具袋； (3) 安全带高挂低用，且挂在牢固可靠的物体上； (4) 做好拆卸下来的保温材料的防坠落措施
2	在高温环境中作业	环境温度过高、未正确使用劳保用品及穿棉质连体服	烫伤	3	1	1	3	1	穿棉质连体服

12 空气预热器吹灰压力试验

<table>
<tr><td colspan="3">主要作业风险：
(1) 走错间隔；
(2) 高温烫伤；
(3) 设备误碰</td><td colspan="7">控制措施：
(1) 确认设备名称和位置；
(2) 正确使用个人防护用品；
(3) 工作中严禁触碰无关设备及测点、开关</td></tr>
<tr><th rowspan="2">编号</th><th rowspan="2">作业步骤</th><th rowspan="2">危害因素</th><th rowspan="2">可能导致的后果</th><th colspan="5">风险评价</th><th rowspan="2">控制措施</th></tr>
<tr><th>L</th><th>E</th><th>C</th><th>D</th><th>风险程度</th></tr>
<tr><td>一</td><td colspan="2">检修前准备</td><td></td><td></td><td></td><td></td><td></td><td></td><td></td></tr>
<tr><td>1</td><td>安全措施确认</td><td>走错间隔</td><td>设备损坏</td><td>3</td><td>0.5</td><td>15</td><td>22.5</td><td>2</td><td>检修前确认设备名称和位置</td></tr>
<tr><td>2</td><td>安全交底</td><td>(1) 安全交底不清楚；
(2) 交底的内容存在缺陷；
(3) 交底没有落实到每一位人员</td><td>(1) 人身伤害；
(2) 设备损坏</td><td>3</td><td>1</td><td>3</td><td>9</td><td>1</td><td>(1) 对人员加强安全培训和学习；
(2) 严格执行安全交底的有关规定</td></tr>
<tr><td>3</td><td>场地布置</td><td>工具摆放凌乱</td><td>影响人员通行</td><td>3</td><td>1</td><td>3</td><td>9</td><td>1</td><td>严格执行定置管理要求</td></tr>
<tr><td>4</td><td>手动工具准备</td><td>手动工具破损</td><td>人身伤害、设备损坏</td><td>3</td><td>1</td><td>3</td><td>9</td><td>1</td><td>使用前确认工具完好合格</td></tr>
<tr><td>5</td><td>个人防护用品准备</td><td>未正确穿戴安全帽及工作服</td><td>人身伤害</td><td>3</td><td>0.5</td><td>15</td><td>22.5</td><td>2</td><td>正确穿戴安全帽及工作服</td></tr>
</table>

续表

编号	作业步骤	危害因素	可能导致的后果	风险评价					控制措施
				L	*E*	*C*	*D*	风险程度	
二	检修								
1	空气预热器吹灰压力试验	（1）未正确确认设备名称和位置； （2）未正确使用劳保用品及穿棉质连体服； （3）碰触无关设备的开关、按钮、触点	（1）走错间隔； （2）高温烫伤； （3）设备误碰	3	0.5	15	22.5	2	（1）正确确认设备名称和位置； （2）正确使用劳保用品及穿棉质连体服； （3）严禁碰触无关设备的开关、按钮、触点
三	完工恢复								
1	结束工作（现场文明施工）	（1）遗漏工器具； （2）现场遗留检修杂物； （3）终结工作票继续进行工作	（1）设备损坏； （2）人身伤害； （3）设备故障	6	3	1	18	1	（1）收齐检查工器具； （2）清扫检修现场； （3）工作结束后终结工作票
四	作业环境								
1	在高温环境中作业	环境温度过高，未正确使用劳保用品及穿棉质连体服	烫伤	3	1	1	3	1	穿棉质连体服

13 空气预热器检修

<table>
<tr><td colspan="4">主要作业风险：
（1）高处坠落；
（2）火灾；
（3）触电；
（4）物体打击；
（5）粉尘伤害</td><td colspan="6">控制措施：
（1）办理工作票、确认检修开关、验电、上锁挂牌；
（2）使用绝缘手套、绝缘鞋、面罩和防电弧服；
（3）吊装前检查吊装器具、禁止站在吊件下；
（4）如动火需开动火工作票、使用阻燃垫布、专人监护</td></tr>
<tr><td rowspan="2">编号</td><td rowspan="2">作业步骤</td><td rowspan="2">危害因素</td><td rowspan="2">可能导致的后果</td><td colspan="5">风险评价</td><td rowspan="2">控制措施</td></tr>
<tr><td>L</td><td>E</td><td>C</td><td>D</td><td>风险程度</td></tr>
<tr><td>一</td><td colspan="9">检修前准备</td></tr>
<tr><td>1</td><td>切断电源</td><td>（1）拉错开关、走错间隔或误送电导致设备带电或误动；
（2）误碰其他有电部位产生电弧</td><td>（1）触电、电弧灼伤；
（2）火灾；
（3）设备事故</td><td>1</td><td>6</td><td>15</td><td>90</td><td>3</td><td>（1）办理工作票，确认执行安全措施；
（2）双人共同确认检修开关、上锁、验电和挂警示牌；
（3）使用个人防护用品，如绝缘手套、绝缘鞋、面罩和防电弧服</td></tr>
<tr><td>2</td><td>临时用电</td><td>（1）电源、电压等级和接线方式不符要求；
（2）负荷过载</td><td>（1）触电；
（2）火灾</td><td>1</td><td>6</td><td>7</td><td>42</td><td>2</td><td>（1）检查电源；
（2）验电</td></tr>
<tr><td>3</td><td>场地布置</td><td>工具、设备落地</td><td>设备事故</td><td>1</td><td>6</td><td>7</td><td>42</td><td>2</td><td>工作现场铺设好橡胶垫</td></tr>
<tr><td>4</td><td>个人劳保用品</td><td>（1）手指碰伤、割伤；
（2）蒸汽烫伤</td><td>人身伤害</td><td>1</td><td>6</td><td>7</td><td>42</td><td>2</td><td>（1）工作中带好工作手套；
（2）口罩、防护眼镜等劳保用品能正确使用；
（3）进行高温蒸汽检修工作时，穿戴防烫服</td></tr>
</table>

续表

编号	作业步骤	危害因素	可能导致的后果	风险评价					控制措施
				L	*E*	*C*	*D*	风险程度	
5	安全交底	(1) 工作前未识别安全隐患； (2) 现场吸烟、酒后工作等	(1) 火灾； (2) 高处坠落； (3) 人身伤害	1	6	7	42	2	工作前由工作负责人对工作人员进行安全交底
6	工器具准备	(1) 电动工具未经检验合格； (2) 起重工具未检验合格； (3) 机工具存在设备缺陷	(1) 设备事故； (2) 人身伤害	1	6	7	42	2	(1) 电动、起重工具使用前，检查检验合格标签； (2) 机工具使用前检查是否存在裂纹
7	搭设脚手架	(1) 检修脚手架无搭设委托单，搭设要求如载重、搭设环境不明，在高压电附近搭设等； (2) 搭设人员无资质、不戴安全帽、不系安全带和穿防滑鞋等； (3) 搭拆脚手架中误碰设备； (4) 搭拆脚手架时工具、材料掉下砸伤人； (5) 脚手架不符合要求如立杆、大横杆和小横杆间距太大，不符合要求； (6) 未经验收合格和挂牌后使用	(1) 高处坠落； (2) 触电	1	6	7	42	2	(1) 填写搭设委托单，明确搭设要求如载重、搭设环境等； (2) 检查搭设人员有无资质； (3) 搭设时戴安全帽、系安全带和穿防滑鞋等； (4) 经验收合格和挂牌后使用

续表

编号	作业步骤	危害因素	可能导致的后果	风险评价					控制措施
				L	*E*	*C*	*D*	风险程度	
二	检修过程								
1	人孔门打开	拆卸螺栓砸伤人员	人身伤害	1	3	3	9	1	工作中注意人身安全
2	空气预热器传热元件水冲洗	(1) 冲洗水压力大于1.0MPa，清洗过程中打伤人员； (2) 冲洗过程中从高处坠落； (3) 工作人员未做好保护措施	(1) 人身伤害； (2) 高处坠落	1	6	7	42	2	(1) 冲洗水勿对着人； (2) 登高进行冲洗，系好安全带
3	径向密封片检修	(1) 拆卸原有径向密封片固定螺栓，螺栓生锈，使用气割拆除时烫伤； (2) 安装完后紧固固定螺栓时，敲击造成砸伤； (3) 更换密封片时，转动空预器转子，碰伤头部或者摔倒	(1) 人身伤害； (2) 火灾	1	6	7	42	2	(1) 动火现场铺设防火毯，配备灭火器； (2) 工作中正确使用劳保用品
4	旁路密封片检修	(1) 拆卸原有密封片固定螺栓，螺栓生锈，使用气割拆除时烫伤； (2) 安装完后，紧固固定螺栓时，敲击造成砸伤	(1) 人身伤害； (2) 火灾	1	6	7	42	2	(1) 动火现场铺设防火毯，配备灭火器； (2) 工作中正确使用劳保用品

续表

编号	作业步骤	危害因素	可能导致的后果	风险评价					控制措施
				L	E	C	D	风险程度	
5	轴向密封片检修	(1) 为调整轴向密封间隙，空气预热器壳体开孔，动火烫伤； (2) 高处作业，人员坠落摔伤	(1) 人身伤害； (2) 高处坠落； (3) 火灾	1	6	7	42	2	(1) 动火现场铺设防火毯，配备灭火器； (2) 高处作业系好安全带
6	扇形板及提升装置检修、更换	(1) 扇形板动火割孔，烫伤； (2) 内部清理积灰，粉尘伤害； (3) 拆除扇形板提升装置中磁伤、砸伤； (4) 进行高处作业，人员坠落	(1) 人身伤害； (2) 高处坠落； (3) 火灾	1	6	7	42	2	(1) 动火现场铺设防火毯，配备灭火器； (2) 工作中正确使用劳保用品； (3) 高处作业系好安全带
7	壳体漏风检修	(1) 高处作业，人员坠落； (2) 动火作业； (3) 粉尘、积灰多	(1) 粉尘伤害； (2) 高处坠落； (3) 火灾	1	6	7	42	2	(1) 动火现场铺设防火毯，配备灭火器； (2) 高处作业系好安全带
8	传热元件的拆卸、更换	(1) 动火作业； (2) 高处作业，人员坠落； (3) 吊装传热元件盒，葫芦链条断裂、脱口等危险因素； (4) 传热元件盒砸伤人员	(1) 人身伤害； (2) 高处坠落； (3) 火灾	1	6	7	42	2	(1) 动火现场铺设防火毯，配备灭火器； (2) 高处作业系好安全带； (3) 使用前对起重设备进行检查，合格后才能使用

续表

编号	作业步骤	危害因素	可能导致的后果	风险评价					控制措施
				L	E	C	D	风险程度	
三	恢复检验								
1	申请试运	(1) 工作票未回押； (2) 现场工作人员仍在施工	人身伤害	1	3	15	45	2	(1) 回押工作票； (2) 试运前确认现场无工作
2	结束工作	(1) 遗漏工器具； (2) 现场遗留检修杂物； (3) 不拆除临时用电； (4) 不结束工作票	(1) 触电； (2) 人身伤害	1	3	15	45	2	(1) 收齐检查工器具； (2) 清扫检修现场； (3) 拆除临时用电； (4) 结束工作票
四	作业环境								
1	粉尘环境	(1) 空气预热器内部积灰； (2) 灰尘清理不当； (3) 呼吸系统保护不当	职业危害，导致呼吸系统疾病或眼睛伤害，如肺脏功能减低、鼻/喉发炎、皮炎	1	6	7	42	2	(1) 采取控制粉尘措施，加强日常维护； (2) 佩戴防尘口罩、呼吸器等； (3) 定期进行粉尘监测； (4) 定期体检； (5) 及时清扫地面，清理积灰
2	转子密封片、格栅板	工作中人员绊倒、拐角	人身伤害	1	6	7	42	2	使用竹板铺满孔洞
3	照明不足	(1) 照明不足； (2) 漏电	(1) 人身伤害； (2) 触电	1	3	15	45	2	(1) 在工作现场合理布置若干盏冷光灯，保证照明充足； (2) 在磨煤机内使用12V以下行灯照明； (3) 合理布置照明线路

14 炉顶密封检修

<table>
<tr><td colspan="4">**主要作业风险：**
（1）高处坠落；
（2）物体打击；
（3）尘肺病；
（4）高温烫伤；
（5）起重伤害；
（6）触电；
（7）机械伤害；
（8）火灾、爆炸；
（9）中暑</td><td colspan="6">**控制措施：**
（1）正确使用合格的安全带、差速器。
（2）戴好安全帽并系紧帽带，避免交叉作业。
（3）正确使用个人防护用品。
（4）严格执行《起重安全控制程序》，培训有证者操作；加强个人防护意识，防止挤伤、碰伤；戴手套等个人防护用品。
（5）正确使用合格的电动工具、电源。
（6）按要求办理二级动火票，并做好防火措施。
（7）工作环境温度在60℃以下时方可进行工作，加强通风，备好饮用水</td></tr>
<tr><td rowspan="2">编号</td><td rowspan="2">作业步骤</td><td rowspan="2">危害因素</td><td rowspan="2">可能导致的后果</td><td colspan="5">风险评价</td><td rowspan="2">控制措施</td></tr>
<tr><td>*L*</td><td>*E*</td><td>*C*</td><td>*D*</td><td>风险程度</td></tr>
<tr><td>一</td><td colspan="9">检修前准备</td></tr>
<tr><td>1</td><td>安全措施确认</td><td>（1）走错间隔；
（2）设备未隔离；
（3）系统未泄压</td><td>（1）设备损坏；
（2）人身伤害</td><td>3</td><td>0.5</td><td>15</td><td>22.5</td><td>2</td><td>（1）检修前确认设备名称和位置；
（2）确认停电开关，确认安全措施执行情况；
（3）工作前确认系统是否泄压</td></tr>
<tr><td>2</td><td>安全交底</td><td>（1）安全交底不清楚；
（2）交底的内容存在缺陷；
（3）交底没有落实到每一位人员</td><td>（1）人身伤害；
（2）设备损坏</td><td>3</td><td>1</td><td>3</td><td>9</td><td>1</td><td>（1）加强对人员的安全培训和学习；
（2）严格执行安全交底的有关工作</td></tr>
<tr><td>3</td><td>场地布置</td><td>（1）工具摆放凌乱；</td><td>（1）人身伤害；</td><td>3</td><td>1</td><td>3</td><td>9</td><td>1</td><td>（1）严格执行定置管理要求；</td></tr>
</table>

续表

编号	作业步骤	危害因素	可能导致的后果	风险评价					控制措施
				L	E	C	D	风险程度	
3	场地布置	(2)场地选择不当，如场地条件不足（照明等）	(2)影响人员通行	3	1	3	9	1	(2)进场前进行确认检查； (3)正确使用工器具
4	手动工具准备	(1)手动工具如敲击工具锤头松脱、破损等； (2)使用不合适工具，小工具准备不全或遗漏等	(1)人身伤害； (2)设备损坏	3	1	3	9	1	(1)使用前确认工具型号和标示； (2)使用前确认工具完好合格
5	电动工具准备	(1)电动工具不符合要求，如电线破损、绝缘和接地不良； (2)电源无触电保护或和工具设备无接地保护； (3)使用时如砂轮片、切割片等断裂飞出	(1)触电； (2)机械伤害； (3)人身伤害	3	0.5	15	22.5	2	(1)使用前检查电源线、接地和其他部件良好，经检验合格在有效期内； (2)电源盘等必须使用漏电保护器； (3)确保易耗品，如砂轮片、切割片的质量； (4)使用正确劳动防护用品如眼镜、面罩等
6	个人防护用品准备	(1)未正确穿戴安全帽及工作服； (2)使用不合格的安全带	(1)人身伤害； (2)高处坠落	3	0.5	15	22.5	2	(1)正确穿戴安全帽及工作服； (2)使用在安全使用期内的安全带，并正确挂好安全带

续表

编号	作业步骤	危害因素	可能导致的后果	风险评价					控制措施
				L	*E*	*C*	*D*	风险程度	
二	检修								
1	打开人孔门	安全带、差速器未使用或使用不当	高处坠落	3	0.5	15	22.5	2	(1) 工作人员不应有妨碍安全带、差速器未使用或使用不当的病症，遇有精神异常等禁止作业； (2) 使用合格的安全带，且要将安全带挂在腰部以上牢固的物体上； (3) 在高处改变作业位置时，安全带不能解除或采用双绳安全带
		未正确使用防尘口罩等劳保用品及穿棉质连体服	烫伤、中暑、尘肺病	3	1	1	3	1	备好饮用水；戴防尘口罩、正确使用个人防护用品（口罩、披肩帽、防护镜、工作服等）
		设备或材料未做好防坠落措施及未正确使用安全帽等劳保用品	物体打击	3	0.5	15	22.5	2	(1) 戴好安全帽并系紧帽带； (2) 检查作业现场上部有无落物的可能
2	大罩开孔	安全带、差速器未使用或使用不当	高处坠落	3	3	3	27	2	(1) 工作人员不应有妨碍安全带、差速器未使用或使用不当的病症，遇有精神异常等禁止作业； (2) 使用合格的安全带，且要将安全带挂在腰部以上牢固的物体上； (3) 在高处改变作业位置时，安全带不能解除或采用双绳安全带

续表

编号	作业步骤	危害因素	可能导致的后果	风险评价					控制措施
				L	*E*	*C*	*D*	风险程度	
2	大罩开孔	未配备或不正确使用防尘口罩等劳保用品	尘肺病	3	1	1	3	1	戴防尘口罩、正确使用个人防护用品（口罩、披肩帽、防护镜、工作服等）
		设备或材料未做好防坠落措施及未正确使用安全帽等劳保用品	落物伤人	3	3	3	27	2	（1）戴好安全帽并系紧帽带； （2）检查作业现场上部有无落物的可能
		气割作业未开动火票或未做好防火措施	火灾、爆炸、人身伤害	3	0.5	15	22.5	2	（1）按要求办理二级动火票； （2）脚手板处铺好石棉毯； （3）动火工作间断、终结时清理并检查现场无残留火种； （4）氧气瓶和乙炔瓶的距离不得小于8m，必须直立放置在炉外； （5）氧气管和乙炔管在工作中防止沾上油脂； （6）焊枪点火时先开氧气门，再开乙炔气门，熄火时与此操作相反
3	脚手架搭设	（1）安全带、差速器未使用或使用不当； （2）设备或材料未做好防坠落措施及未正确使用安全帽等劳保用品； （3）环境温度过高、未正确使用劳保用品及穿棉质连体服	（1）高处坠落； （2）物体打击； （3）高温烫伤	3	3	3	27	2	（1）正确佩戴安全帽、安全带、差速器； （2）一律使用工具袋； （3）安全带高挂低用，且挂在牢固可靠的物体上； （4）做好脚手架管、卡件及毛竹片的防坠落措施，施工区域正下方设安全围栏、挂警示牌； （5）正确使用劳保用品，穿棉质连体服

续表

编号	作业步骤	危害因素	可能导致的后果	风险评价					控制措施
				L	E	C	D	风险程度	
		气割作业未开动火票或未做好防火措施	火灾、爆炸、人身伤害	3	0.5	15	22.5	2	（1）按要求办理二级动火票； （2）脚手板处铺好石棉毯； （3）动火工作间断、终结时清理并检查现场无残留火种； （4）氧气瓶和乙炔瓶的距离不得小于8m，必须直立放置在炉外； （5）氧气管和乙炔管在工作中防止沾上油脂； （6）焊枪点火时先开氧气门，再开乙炔气门，熄火时与此操作相反
4	小罩开孔	环境温度过高、未正确使用劳保用品及穿棉质连体服	烫伤、中暑	3	1	1	3	1	（1）温度在60℃以上时不准入内进行工作； （2）打开人孔门，大罩加强通风； （3）备好饮用水； （4）穿棉质连体服
		设备或材料未做好防坠落措施及未正确使用安全帽等劳保用品	物体打击	3	3	3	27	2	（1）应检查耐火砖、大块焦渣有无塌落的危险，遇有可能塌落的，应先用长棒从人孔门或看火孔等处打落； （2）在炉外工具放置点必须满铺橡皮垫，工具放在橡皮垫上面
		未配备或不正确使用防尘口罩等劳保用品	尘肺病	3	3	3	27	2	戴防尘口罩、正确使用个人防护用品（口罩、披肩帽、防护镜、工作服等）

续表

编号	作业步骤	危害因素	可能导致的后果	风险评价					控制措施
				L	E	C	D	风险程度	
4	小罩开孔	使用工具不当	物体打击	3	2	3	18	1	(1) 使用前应作仔细检查； (2) 打锤时，握锤的手不得戴手套； (3) 打锤挥动方向不得对人； (4) 禁止使用没手柄的工具
		(1) 电动工具不符合要求，如电线破损、绝缘和接地不良； (2) 电源无触电保护或和工具设备无接地保护； (3) 使用时如砂轮片、切割片等断裂飞出	触电、机械伤害	3	2	3	18	1	(1) 使用前检查工具的接地情况； (2) 引入电源线必须经过二级以上漏电保安器； (3) 准确使用电动工具，必须在切断电源待其在停止状态下方可进行检修或调整； (4) 使用的磨光机必须装有防护罩，佩戴好防护眼镜
5	大罩、小罩内清灰	未配备或不正确使用防尘口罩等劳保用品	尘肺病	3	1	1	3	1	戴防尘口罩、正确使用个人防护用品（口罩、披肩帽、防护镜、工作服等）
6	炉顶密封割除	(1) 电动工具不符合要求如电线破损、绝缘和接地不良； (2) 电源无触电保护或和工具设备无接地保护； (3) 使用时如砂轮片、切割片等断裂飞出	触电、机械伤害	3	2	3	18	1	(1) 使用前检查工具的接地情况； (2) 引入电源线必须经过二级以上漏电保安器； (3) 准确使用电动工具，必须在切断电源待其在停止状态下方可进行检修或调整； (4) 使用的磨光机必须装有防护罩，佩戴好防护眼镜

续表

编号	作业步骤	危害因素	可能导致的后果	风险评价					控制措施
				L	E	C	D	风险程度	
6	炉顶密封割除	气割作业未开动火票或未做好防火措施	火灾、爆炸、人身伤害	3	0.5	15	22.5	2	(1) 按要求办理二级动火票； (2) 脚手板处铺好石棉毯； (3) 动火工作间断、终结时清理并检查现场无残留火种； (4) 氧气瓶和乙炔瓶的距离不得小于8m，必须直立放置在炉外； (5) 氧气管和乙炔管在工作中防止沾上油脂； (6) 焊枪点火时先开氧气门，再开乙炔气门，熄火时与此操作相反
7	炉顶密封、小罩、大罩恢复	焊接工作时工作人员未正确使用个人防护用品、未做好防触电措施、未做好防火措施	烫伤、灼伤、触电、火灾、有害气体、粉尘、烟雾伤害	3	0.5	15	22.5	2	(1) 焊接人员进行作业时，应穿戴好工作服、绝缘鞋、面罩、耐火防护手套等符合专业防护要求的劳动防护用品，衣着不得敞领卷袖； (2) 焊工在施工时应采取防止电焊电压触电的措施； (3) 电焊作业下方铺设好防火毯，工作结束必须切断焊机电源并确认作业点周围无遗留火种后方可离开； (4) 焊接工作场所应加强通风

续表

编号	作业步骤	危害因素	可能导致的后果	风险评价					控制措施
				L	*E*	*C*	*D*	风险程度	
8	脚手架拆除	（1）安全带、差速器未使用或使用不当； （2）设备或材料未做好防坠落措施及未正确使用安全帽等劳保用品； （3）环境温度过高、未正确使用劳保用品及穿棉质连体服	（1）高处坠落； （2）物体打击； （3）高温烫伤	3	0.5	15	22.5	2	（1）正确佩戴安全帽、安全带、差速器； （2）一律使用工具袋； （3）安全带高挂低用，且挂在牢固可靠的物体上； （4）做好脚手架管、卡件及毛竹片的防坠落措施，施工区域正下方设安全围栏、挂警示牌； （5）正确使用劳保用品，穿棉质连体服
9	封人孔门	工具和人员遗留在设备中	（1）设备损坏； （2）人身伤害	3	2	3	18	1	工作负责人应清点人员和工具，检查确实无人或工具留在过热器内，方可关人孔门
三	完工恢复								
1	结束工作（现场文明施工）	（1）遗漏工器具； （2）现场遗留检修杂物； （3）不拆除临时用电； （4）不结束工作票，终结工作票继续进行工作	（1）设备损坏； （2）人身伤害； （3）设备故障	6	3	1	18	1	（1）收齐检查工器具； （2）清扫检修现场； （3）拆除临时用电； （4）结束工作票

续表

编号	作业步骤	危害因素	可能导致的后果	风险评价					控制措施
				L	*E*	*C*	*D*	风险程度	
四	作业环境								
1	在高处环境中作业	（1）安全带、差速器未使用或使用不当； （2）设备或材料未做好防坠落措施及未正确使用安全帽等劳保用品	（1）高处坠落； （2）物体打击	3	0.5	15	22.5	2	（1）正确佩戴安全帽、安全带、差速器； （2）一律使用工具袋； （3）安全带高挂低用，且挂在牢固可靠的物体上； （4）做好拆卸下来的保温材料的防坠落措施
2	在高温环境中作业	环境温度过高、未正确使用劳保用品及穿棉质连体服	烫伤、中暑	3	3	3	27	2	（1）温度在60℃以上时不准入内进行工作； （2）打开人孔门，大罩加强通风； （3）备好饮用水； （4）穿棉质连体服
3	在粉尘环境中作业	未配备或不正确使用防尘口罩等劳保用品	尘肺病	3	3	3	27	2	戴防尘口罩、正确使用个人防护用品（口罩、披肩帽、防护镜、工作服等）
4	在受限空间中作业	（1）未正确佩戴安全帽； （2）临时照明电线破损、绝缘不良、未固定好	物体打击（碰头）、触电	3	3	3	27	2	（1）人孔门外设置警告牌、正确佩戴好安全帽； （2）炉内使用220V临时性固定电灯时，必须绝缘良好，并固定在人碰不到的地方； （3）人孔门外设专人监护

15 炉前燃油管道、点火枪检修

主要作业风险： (1) 高处坠落； (2) 物体打击； (3) 高温烫伤； (4) 触电； (5) 机械伤害	控制措施： (1) 正确使用合格的安全带、差速器； (2) 戴好安全帽并系紧帽带，避免交叉作业； (3) 正确使用个人防护用品； (4) 正确使用合格的电动工具、电源

编号	作业步骤	危害因素	可能导致的后果	风险评价					控制措施
				L	*E*	*C*	*D*	风险程度	
一	检修前准备								
1	安全措施确认	(1) 走错间隔； (2) 设备未隔离； (3) 系统未泄压	(1) 设备损坏； (2) 人身伤害	3	0.5	15	22.5	2	(1) 检修前确认设备名称和位置； (2) 确认停电开关，确认安全措施执行情况； (3) 工作前确认系统是否泄压
2	安全交底	(1) 安全交底不清楚； (2) 交底的内容存在缺陷； (3) 交底没有落实到每一位人员	(1) 人身伤害； (2) 设备损坏	3	1	3	9	1	(1) 加强对人员的安全培训和学习； (2) 严格执行安全交底的有关工作
3	场地布置	(1) 工具摆放凌乱； (2) 场地选择不当，如场地条件不足（照明等）	(1) 人身伤害； (2) 影响人员通行	3	1	3	9	1	(1) 严格执行定置管理要求； (2) 进场前进行确认检查； (3) 正确使用工器具

续表

编号	作业步骤	危害因素	可能导致的后果	风险评价					控制措施
				L	E	C	D	风险程度	
4	手动工具准备	(1) 手动工具如敲击工具锤头松脱、破损等； (2) 使用不合适工具，小工具准备不全或遗漏等	(1) 人身伤害； (2) 设备损坏	3	1	3	9	1	(1) 使用前确认工具型号和标示； (2) 使用前确认工具完好合格
5	电动工具准备	(1) 电动工具不符合要求如电线破损、绝缘和接地不良； (2) 电源无触电保护或和工具设备无接地保护； (3) 使用时如砂轮片、切割片等断裂飞出	(1) 触电； (2) 机械伤害； (3) 人身伤害	3	0.5	15	22.5	2	(1) 使用前检查电源线、接地和其他部件良好，经检验合格在有效期内； (2) 电源盘等必须使用漏电保护器； (3) 确保易耗品，如砂轮片、切割片的质量； (4) 使用正确劳动防护用品如眼镜、面罩等
6	个人防护用品准备	(1) 未正确佩戴安全帽及工作服； (2) 使用不合格的安全带	(1) 人身伤害； (2) 高处坠落	3	0.5	15	22.5	2	(1) 正确佩戴安全帽及工作服； (2) 使用在安全使用期内的安全带，并正确挂好安全带
二	检修								
1	脚手架搭设	(1) 安全带、差速器未使用或使用不当； (2) 设备或材料未做好防坠落措施及未正确使用安全帽等劳保用品； (3) 未正确使用劳保用品及穿棉质连体服	(1) 高处坠落； (2) 物体打击； (3) 高温烫伤	3	0.5	15	22.5	2	(1) 正确佩戴安全帽、安全带、差速器； (2) 一律使用工具袋； (3) 安全带高挂低用，且挂在牢固可靠的物体上； (4) 做好脚手架管、卡件及毛竹片的防坠落措施，施工区域正下方设安全围栏、挂警示牌； (5) 正确使用劳保用品，穿棉质连体服

续表

<table>
<tr><th rowspan="2">编号</th><th rowspan="2">作业步骤</th><th rowspan="2">危害因素</th><th rowspan="2">可能导致的后果</th><th colspan="5">风险评价</th><th rowspan="2">控制措施</th></tr>
<tr><th>L</th><th>E</th><th>C</th><th>D</th><th>风险程度</th></tr>
<tr><td>2</td><td>各金属软管拆卸</td><td>小型工具未系安全绳</td><td>落物、设备损坏</td><td>6</td><td>1</td><td>1</td><td>6</td><td>1</td><td>小型工具系好安全绳，并正确使用</td></tr>
<tr><td rowspan="2">3</td><td rowspan="2">油枪雾化片、旋流片检查、疏通、打磨</td><td>(1) 电动工具不符合要求如电线破损、绝缘和接地不良；
(2) 电源无触电保护或和工具设备无接地保护；
(3) 使用电动工具时如砂轮片、切割片等断裂飞出</td><td>触电、机械伤害</td><td>3</td><td>1</td><td>3</td><td>9</td><td>1</td><td>(1) 使用前检查工具的接地情况；
(2) 引入电源线必须经过二级以上漏电保安器；
(3) 准确使用电动工具，必须在切断电源待其在停止状态下方可进行检修或调整；
(4) 使用的磨光机必须装有防护罩，佩戴好防护眼镜</td></tr>
<tr><td>用清洗剂清洗雾化片、旋流片时未配备或不正确使用口罩等个人防护用品</td><td>有害气体吸入、人身伤害</td><td>3</td><td>1</td><td>3</td><td>9</td><td>1</td><td>戴口罩、正确使用个人防护用品</td></tr>
<tr><td rowspan="2">4</td><td rowspan="2">稳燃罩检查、更换</td><td>安全带、差速器未使用或使用不当</td><td>高处坠落</td><td>3</td><td>0.5</td><td>15</td><td>22.5</td><td>2</td><td>(1) 正确佩戴安全帽、安全带、差速器；
(2) 一律使用工具袋；
(3) 安全带高挂低用，且挂在牢固可靠的物体上</td></tr>
<tr><td>设备或材料未做好防坠落措施及未正确使用安全帽等劳保用品</td><td>物体打击、设备损坏</td><td>3</td><td>0.5</td><td>15</td><td>22.5</td><td>2</td><td>(1) 做好设备及材料的防坠落措施；
(2) 工具放置点必须满铺橡皮垫，工具放在橡皮垫上面</td></tr>
</table>

续表

编号	作业步骤	危害因素	可能导致的后果	风险评价					控制措施
				L	E	C	D	风险程度	
4	稳燃罩检查、更换	未配备或不正确使用防尘口罩、个人防护用品	尘肺病、烫伤	3	3	1	9	1	戴防尘口罩、正确使用个人防护用品
		小型工具未系安全绳	落物、设备损坏	6	1	1	6	1	小型工具系好安全绳，并正确使用
		(1) 电动工具不符合要求，如电线破损、绝缘和接地不良； (2) 电源无触电保护或/和工具设备无接地保护； (3) 使用电动工具时如砂轮片、切割片等断裂飞出	触电、机械伤害	3	1	3	9	1	(1) 使用前检查工具的接地情况； (2) 引入电源线必须经过二级以上漏电保安器； (3) 准确使用电动工具，必须在切断电源待其在停止状态下方可进行检修或调整； (4) 使用的磨光机必须装有防护罩，佩戴好防护眼镜
5	油枪气动执行机构检查、消缺	安全带、差速器未使用或使用不当	高处坠落	3	0.5	15	22.5	2	(1) 正确佩戴安全帽、安全带、差速器； (2) 一律使用工具袋； (3) 安全带高挂低用，且挂在牢固可靠的物体上
		设备或材料未做好防坠落措施及未正确使用安全帽等劳保用品	物体打击、设备损坏	3	0.5	15	22.5	2	(1) 做好设备及材料的防坠落措施； (2) 工具放置点必须满铺橡皮垫，工具放在橡皮垫上面
		小型工具未系安全绳	落物、设备损坏	6	1	1	6	1	小型工具系好安全绳，并正确使用

续表

编号	作业步骤	危害因素	可能导致的后果	风险评价					控制措施
				L	E	C	D	风险程度	
6	进油总管滤网清理、点火枪更换	拆卸接头或放油时未用油盆接好管道内剩余燃油	环境污染、火险	3	1	3	9	1	拆卸接头或放油时使用油盆接好管道内剩余燃油
		小型工具未系安全绳	落物、设备损坏	6	1	1	6	1	小型工具系好安全绳，并正确使用
7	脚手架拆除	（1）安全带、差速器未使用或使用不当； （2）设备或材料未做好防坠落措施及未正确使用安全帽等劳保用品； （3）环境温度过高、未正确使用劳保用品及穿棉质连体服	（1）高处坠落； （2）物体打击； （3）高温烫伤	3	0.5	15	22.5	2	（1）正确佩戴安全帽、安全带、差速器； （2）一律使用工具袋； （3）安全带高挂低用，且挂在牢固可靠的物体上； （4）做好脚手架管、卡件及毛竹片的防坠落措施，施工区域正下方设安全围栏、挂警示牌； （5）正确使用劳保用品，穿棉质连体服
三	完工恢复								
1	整体试运	（1）安全措施未恢复； （2）触碰电机及机械转动部位； （3）误操作； （4）工作票未回压； （5）电源线盒位盖未扣严密	（1）触电； （2）人身伤害； （3）设备事故	3	0.5	15	22.5	2	（1）确认工作票已经回押； （2）确认恢复安全措施； （3）试运时专人现场监护

续表

编号	作业步骤	危害因素	可能导致的后果	风险评价					控制措施
				L	E	C	D	风险程度	
2	结束工作（现场文明施工）	（1）遗漏工器具； （2）现场遗留检修杂物； （3）不拆除临时用电； （4）不结束工作票，终结工作票继续进行工作	（1）设备损坏； （2）人身伤害； （3）设备故障	6	3	1	18	1	（1）收齐检查工器具； （2）清扫检修现场； （3）拆除临时用电； （4）结束工作票
四	作业环境								
1	在高处环境中作业	（1）安全带、差速器未使用或使用不当； （2）设备或材料未做好防坠落措施及未正确使用安全帽等劳保用品	（1）高处坠落； （2）物体打击	3	0.5	40	60	2	（1）正确佩戴安全帽、安全带、差速器； （2）一律使用工具袋； （3）安全带高挂低用，且挂在牢固可靠的物体上； （4）做好拆卸下来的保温材料的防坠落措施
2	在粉尘环境中作业	未配备或不正确使用防尘口罩、个人防护用品	尘肺病	3	3	1	9	1	戴防尘口罩、正确使用个人防护用品

16 炉膛吹灰器检修

<table>
<tr><td colspan="4">主要作业风险：
（1）高处坠落；
（2）高温烫伤；
（3）机械伤害</td><td colspan="6">控制措施：
（1）正确使用合格的安全带、差速器；
（2）正确使用个人防护用品；
（3）正确使用合格的电动工具，佩戴好劳保用品</td></tr>
<tr><td rowspan="2">编号</td><td rowspan="2">作业步骤</td><td rowspan="2">危害因素</td><td rowspan="2">可能导致的后果</td><td colspan="5">风险评价</td><td rowspan="2">控制措施</td></tr>
<tr><td>L</td><td>E</td><td>C</td><td>D</td><td>风险程度</td></tr>
<tr><td>一</td><td colspan="9">检修前准备</td></tr>
<tr><td>1</td><td>安全措施确认</td><td>（1）走错间隔；
（2）设备未隔离；
（3）系统未泄压</td><td>（1）设备损坏；
（2）人身伤害</td><td>3</td><td>0.5</td><td>15</td><td>22.5</td><td>2</td><td>（1）检修前确认设备名称和位置；
（2）确认停电开关，确认安全措施执行情况；
（3）工作前确认系统是否泄压</td></tr>
<tr><td>2</td><td>安全交底</td><td>（1）安全交底不清楚；
（2）交底的内容存在缺陷；
（3）交底没有落实到每一位人员</td><td>（1）人身伤害；
（2）设备损坏</td><td>3</td><td>1</td><td>3</td><td>9</td><td>1</td><td>（1）加强对人员的安全培训和学习；
（2）严格执行安全交底的有关工作</td></tr>
<tr><td>3</td><td>场地布置</td><td>（1）工具摆放凌乱；
（2）场地选择不当，如场地条件不足（照明等）</td><td>（1）人身伤害；
（2）影响人员通行</td><td>3</td><td>1</td><td>3</td><td>9</td><td>1</td><td>（1）严格执行定置管理要求；
（2）进场前进行确认检查；
（3）正确使用工器具</td></tr>
<tr><td>4</td><td>手动工具准备</td><td>（1）手动工具如敲击工具锤头松脱、破损等；</td><td>（1）人身伤害；
（2）设备损坏</td><td>3</td><td>1</td><td>3</td><td>9</td><td>1</td><td>（1）使用前确认工具型号和标示；
（2）使用前确认工具完好合格</td></tr>
</table>

续表

编号	作业步骤	危害因素	可能导致的后果	风险评价					控制措施
				L	E	C	D	风险程度	
4	手动工具准备	（2）使用不合适工具，小工具准备不全或遗漏等	（1）人身伤害； （2）设备损坏	3	1	3	9	1	（1）使用前确认工具型号和标示； （2）使用前确认工具完好合格
5	电动工具准备	（1）电动工具不符合要求如电线破损、绝缘和接地不良； （2）电源无触电保护或和工具设备无接地保护； （3）使用时如砂轮片、切割片等断裂飞出	（1）触电； （2）机械伤害； （3）人身伤害	3	0.5	15	22.5	2	（1）使用前检查电源线、接地和其他部件良好，经检验合格、在有效期内； （2）电源盘等必须使用漏电保护器； （3）使用正确劳动防护用品如眼镜、面罩等
6	个人防护用品准备	（1）未正确穿戴安全帽及工作服； （2）使用不合格的安全带	（1）人身伤害； （2）高处坠落	3	0.5	15	22.5	2	（1）正确穿戴安全帽及工作服； （2）使用在安全使用期内的安全带，并正确挂好安全带
二	检修								
1	炉膛吹灰器检修	（1）未正确使用电动、手动工具； （2）拆下零部件、小型工具坠落	（1）人身伤害； （2）落物、设备损坏； （3）设备损坏	6	1	1	6	1	（1）做好文明施工、拆下零部件摆放整齐； （2）小型工具系好安全绳，并正确使用

续表

编号	作业步骤	危害因素	可能导致的后果	风险评价					控制措施
				L	*E*	*C*	*D*	风险程度	
三	作业环境								
1	在高处环境中作业	(1) 安全带、差速器未使用或使用不当; (2) 设备或材料未做好防坠落措施及未正确使用安全帽等劳保用品	(1) 高处坠落; (2) 物体打击	3	0.5	40	60	2	(1) 正确佩戴安全帽、安全带、差速器; (2) 一律使用工具袋; (3) 安全带高挂低用，且挂在牢固可靠的物体上; (4) 做好拆卸下来的保温材料的防坠落措施
2	在高温环境中作业	环境温度过高、未正确使用劳保用品及穿棉质连体服	烫伤、中暑	3	1	1	3	1	(1) 备好饮用水; (2) 穿棉质连体服

17 炉外管道检修

<table>
<tr><td colspan="4">

主要作业风险：
（1）高处坠落；
（2）物体打击；
（3）尘肺病；
（4）高温烫伤；
（5）触电；
（6）机械伤害；
（7）火灾、爆炸；
（8）起重伤害

</td><td colspan="6">

控制措施：
（1）正确使用合格的安全带、差速器。
（2）戴好安全帽并系紧帽带，避免交叉作业。
（3）正确使用个人防护用品。
（4）正确使用合格的电动工具、电源。
（5）按要求办理二级动火票，并做好防火措施。
（6）严格执行《起重安全控制程序》，培训有证者操作；加强个人防护意识，防止挤伤、碰伤；戴手套等个人防护用品

</td></tr>
<tr><th rowspan="2">编号</th><th rowspan="2">作业步骤</th><th rowspan="2">危害因素</th><th rowspan="2">可能导致的后果</th><th colspan="5">风险评价</th><th rowspan="2">控制措施</th></tr>
<tr><th>L</th><th>E</th><th>C</th><th>D</th><th>风险程度</th></tr>
<tr><td>一</td><td colspan="3">检修前准备</td><td></td><td></td><td></td><td></td><td></td><td></td></tr>
<tr><td>1</td><td>安全措施确认</td><td>（1）走错间隔；
（2）设备未隔离；
（3）系统未泄压</td><td>（1）设备损坏；
（2）人身伤害</td><td>3</td><td>0.5</td><td>15</td><td>22.5</td><td>2</td><td>（1）检修前确认设备名称和位置；
（2）确认停电开关，确认安全措施执行情况；
（3）工作前确认系统是否泄压</td></tr>
<tr><td>2</td><td>安全交底</td><td>（1）安全交底不清楚；
（2）交底的内容存在缺陷；
（3）交底没有落实到每一位人员</td><td>（1）人身伤害；
（2）设备损坏</td><td>3</td><td>1</td><td>3</td><td>9</td><td>1</td><td>（1）加强对人员的安全培训和学习；
（2）严格执行安全交底的有关工作</td></tr>
</table>

续表

编号	作业步骤	危害因素	可能导致的后果	风险评价					控制措施
				L	E	C	D	风险程度	
3	场地布置	(1) 工具摆放凌乱； (2) 场地选择不当，如场地条件不足（照明等）	(1) 人身伤害； (2) 影响人员通行	3	1	3	9	1	(1) 严格执行定置管理要求； (2) 进场前进行确认检查； (3) 正确使用工器具
4	手动工具准备	(1) 手动工具如敲击工具锤头松脱、破损等； (2) 使用不合适工具，小工具准备不全或遗漏等	(1) 人身伤害； (2) 设备损坏	3	1	3	9	1	(1) 使用前确认工具型号和标示； (2) 使用前确认工具完好合格
5	电动工具准备	(1) 电动工具不符合要求，如电线破损、绝缘和接地不良； (2) 电源无触电保护或和工具设备无接地保护； (3) 使用时如砂轮片、切割片等断裂飞出	(1) 触电； (2) 机械伤害； (3) 人身伤害	3	0.5	15	22.5	2	(1) 使用前检查电源线、接地和其他部件良好，经检验合格在有效期内； (2) 电源盘等必须使用漏电保护器； (3) 确保易耗品，如砂轮片、切割片的质量； (4) 使用正确劳动防护用品如眼镜、面罩等
6	个人防护用品准备	(1) 未正确穿戴安全帽及工作服； (2) 使用不合格的安全带	(1) 人身伤害； (2) 高处坠落	3	0.5	15	22.5	2	(1) 正确穿戴安全帽及工作服； (2) 使用在安全使用期内的安全带，并正确挂好安全带

续表

编号	作业步骤	危害因素	可能导致的后果	风险评价					控制措施
				L	*E*	*C*	*D*	风险程度	
二	检修								
1	脚手架搭设	(1) 安全带、差速器未使用或使用不当； (2) 设备或材料未做好防坠落措施及未正确使用安全帽等劳保用品； (3) 未正确使用劳保用品及穿棉质连体服	(1) 高处坠落； (2) 物体打击； (3) 高温烫伤	3	0.5	15	22.5	2	(1) 正确佩戴安全帽、安全带、差速器； (2) 一律使用工具袋； (3) 安全带高挂低用，且挂在牢固可靠的物体上； (4) 做好脚手架管、卡件及毛竹片的防坠落措施，施工区域正下方设安全围栏、挂警示牌； (5) 正确使用劳保用品，穿棉质连体服
2	保温拆除	(1) 安全带、差速器未使用或使用不当； (2) 设备或材料未做好防坠落措施及未正确使用安全帽等劳保用品； (3) 未正确使用劳保用品及穿棉质连体服	(1) 高处坠落； (2) 物体打击； (3) 高温烫伤	3	0.5	15	22.5	2	(1) 正确佩戴安全帽、安全带、差速器； (2) 一律使用工具袋； (3) 安全带高挂低用，且挂在牢固可靠的物体上； (4) 做好拆卸下来的保温材料的防坠落措施； (5) 正确使用劳保用品，穿棉质连体服

续表

编号	作业步骤	危害因素	可能导致的后果	风险评价					控制措施
				L	*E*	*C*	*D*	风险程度	
3	炉外管道割除及支吊架拆除	气割作业未开动火票或未做好防火措施	火灾、爆炸、人身伤害	3	0.5	15	22.5	2	(1) 按要求办理二级动火票； (2) 脚手板处铺好石棉毯； (3) 动火工作间断、终结时清理并检查现场无残留火种； (4) 氧气瓶和乙炔瓶的距离不得小于8m，必须直立放置在炉外； (5) 氧气管和乙炔管在工作中防止沾上油脂； (6) 焊枪点火时先开氧气门，再开乙炔气门，熄火时与此操作相反
		安全带、差速器未使用或使用不当	高处坠落	3	0.5	15	22.5	2	(1) 正确佩戴安全帽、安全带、差速器； (2) 一律使用工具袋； (3) 安全带高挂低用，且挂在牢固可靠的物体上
		设备或材料未做好防坠落措施及未正确使用安全帽等劳保用品	物体打击、设备损坏	3	0.5	15	22.5	2	(1) 做好设备及材料的防坠落措施； (2) 工具放置点必须满铺橡皮垫，工具放在橡皮垫上面
		未配备或不正确使用防尘口罩、个人防护用品	尘肺病、皮肤病、烫伤	3	3	1	9	1	戴防尘口罩、正确使用个人防护用品（口罩、披肩帽、防护镜、工作服等）

续表

编号	作业步骤	危害因素	可能导致的后果	风险评价					控制措施
				L	*E*	*C*	*D*	风险程度	
3	炉外管道割除及支吊架拆除	小型工具未系安全绳	落物、设备损坏	6	1	1	6	1	小型工具系好安全绳，并正确使用
		架子使用不规范	高处坠落、坍塌	3	0.5	40	60	2	架子使用前检查是否已合格验收，并挂验收牌，严禁脚手架超载使用
		使用手动工具不当	物体打击	3	1	1	3	1	（1）使用前应作仔细检查； （2）打锤时，握锤的手不得戴手套； （3）打锤挥动方向不得对人； （4）禁止使用没手柄的工具
		（1）电动工具不符合要求如电线破损、绝缘和接地不良； （2）电源无触电保护或和工具设备无接地保护； （3）使用电动工具时如砂轮片、切割片等断裂飞出	触电、机械伤害	3	1	3	9	1	（1）使用前检查工具的接地情况； （2）引入电源线必须经过二级以上漏电保安器； （3）准确使用电动工具，必须在切断电源待其在停止状态下方可进行检修或调整； （4）使用的磨光机必须装有防护罩，佩戴好防护眼镜
4	炉外管道热处理	炉外管道热处理工作时工作人员未正确使用个人防护用品，未做好防触电措施	烫伤、触电	3	0.5	15	22.5	2	（1）热处理人员进行作业时，应穿戴好工作服、绝缘鞋、耐火防护手套等符合专业防护要求的劳动防护用品，衣着不得敞领卷袖； （2）热处理人员在施工时应采取防止触电的措施

续表

编号	作业步骤	危害因素	可能导致的后果	风险评价					控制措施
				L	E	C	D	风险程度	
5	炉外管道及其附件、支吊架恢复	焊接工作时工作人员未正确使用个人防护用品，未做好防触电措施，未做好防火措施	烫伤、灼伤、触电、火灾、有害气体、粉尘、烟雾伤害	3	0.5	15	22.5	2	（1）焊接人员进行作业时，应穿戴好工作服、绝缘鞋、面罩、耐火防护手套等符合专业防护要求的劳动防护用品，衣着不得敞领卷袖； （2）焊工在施工时应采取防止电焊电压触电的措施； （3）电焊作业下方铺设好防火毯，工作结束必须切断焊机电源并确认作业点周围无遗留火种后方可离开； （4）焊接工作场所应加强通风
6	炉外管道射线探伤	在射线探伤时未做好隔离、工作人员未穿戴好个人防护用品或未保持有效安全距离	辐射伤害	3	0.5	15	22.5	2	射线探伤现场做好隔离措施并挂警示牌，工作人员穿戴好防辐射防护用品，并保持有效安全距离
7	保温恢复	（1）安全带、差速器未使用或使用不当； （2）设备或材料未做好防坠落措施及未正确使用安全帽等劳保用品； （3）环境温度过高、未正确使用劳保用品及穿棉质连体服	（1）高处坠落； （2）物体打击； （3）高温烫伤	3	0.5	15	22.5	2	（1）正确佩戴安全帽、安全带、差速器； （2）一律使用工具袋； （3）安全带高挂低用，且挂在牢固可靠的物体上； （4）做好拆卸下来的保温材料的防坠落措施； （5）正确使用劳保用品，穿棉质连体服

续表

编号	作业步骤	危害因素	可能导致的后果	风险评价					控制措施
				L	*E*	*C*	*D*	风险程度	
8	脚手架拆除	(1) 安全带、差速器未使用或使用不当； (2) 设备或材料未做好防坠落措施及未正确使用安全帽等劳保用品； (3) 环境温度过高、未正确使用劳保用品及穿棉质连体服	(1) 高处坠落； (2) 物体打击； (3) 高温烫伤	3	0.5	15	22.5	2	(1) 正确佩戴安全帽、安全带、差速器； (2) 一律使用工具袋； (3) 安全带高挂低用，且挂在牢固可靠的物体上； (4) 做好脚手架管、卡件及毛竹片的防坠落措施，施工区域正下方设安全围栏、挂警示牌； (5) 正确使用劳保用品，穿棉质连体服
三	完工恢复								
1	结束工作（现场文明施工）	(1) 遗漏工器具； (2) 现场遗留检修杂物； (3) 不拆除临时用电； (4) 不结束工作票，终结工作票继续进行工作	(1) 设备损坏； (2) 人身伤害； (3) 设备故障	6	3	1	18	1	(1) 收齐检查工器具； (2) 清扫检修现场； (3) 拆除临时用电； (4) 结束工作票
四	作业环境								
1	在高处环境中作业	(1) 安全带、差速器未使用或使用不当； (2) 设备或材料未做好防坠落措施及未正确使用安全帽等劳保用品	(1) 高处坠落； (2) 物体打击	3	0.5	40	60	2	(1) 正确佩戴安全帽、安全带、差速器； (2) 一律使用工具袋； (3) 安全带高挂低用，且挂在牢固可靠的物体上； (4) 做好拆卸下来的保温材料的防坠落措施

续表

编号	作业步骤	危害因素	可能导致的后果	风险评价					控制措施
				L	*E*	*C*	*D*	风险程度	
2	在高温环境中作业	环境温度过高、未正确使用劳保用品及穿棉质连体服	烫伤、中暑	3	1	1	3	1	备好饮用水；穿棉质连体服
3	在粉尘、保温棉环境中作业	未配备或不正确使用防尘口罩、个人防护用品	尘肺病、皮肤病	3	3	1	9	1	戴防尘口罩、正确使用个人防护用品（口罩、披肩帽、防护镜、工作服等）

18 煤粉取样

<table>
<tr><td colspan="5">主要作业风险：
（1）物体打击；
（2）粉尘伤害</td><td colspan="6">控制措施：
（1）正确穿戴劳动保护用品防止物体打击；
（2）正确的佩戴口罩及其他防止粉尘伤害的防护用品</td></tr>
<tr><th rowspan="2">编号</th><th rowspan="2">作业步骤</th><th rowspan="2">危害因素</th><th rowspan="2">可能导致的后果</th><th colspan="5">风险评价</th><th rowspan="2">控制措施</th></tr>
<tr><th>L</th><th>E</th><th>C</th><th>D</th><th>风险程度</th></tr>
<tr><td>一</td><td colspan="3">检修前准备</td><td></td><td></td><td></td><td></td><td></td><td></td></tr>
<tr><td>1</td><td>场地布置</td><td>工具、设备落地</td><td>设备事故</td><td>1</td><td>6</td><td>7</td><td>42</td><td>2</td><td>工作现场铺设好橡胶垫</td></tr>
<tr><td>2</td><td>个人劳保用品</td><td>（1）手指碰伤、割伤；
（2）蒸汽烫伤</td><td>人身伤害</td><td>1</td><td>6</td><td>7</td><td>42</td><td>2</td><td>（1）工作中带好工作手套；
（2）口罩、防护眼镜等劳保用品能正确使用；
（3）进行高温蒸汽检修工作时，穿戴防烫服</td></tr>
<tr><td>3</td><td>安全交底</td><td>（1）工作前未识别安全隐患；
（2）现场吸烟、酒后工作等</td><td>（1）火灾；
（2）高处坠落；
（3）人身伤害</td><td>1</td><td>6</td><td>7</td><td>42</td><td>2</td><td>工作前由工作负责人对工作人员进行安全交底</td></tr>
<tr><td>二</td><td colspan="3">检修过程</td><td></td><td></td><td></td><td></td><td></td><td></td></tr>
<tr><td>1</td><td>拆除取样口闷头</td><td>工作中碰伤、砸伤</td><td>人身伤害</td><td>1</td><td>6</td><td>15</td><td>90</td><td>3</td><td>工作中穿工作服、防护鞋，带好劳保手套等</td></tr>
<tr><td>2</td><td>取煤样</td><td>工作中粉尘伤害</td><td>粉尘伤害</td><td>1</td><td>6</td><td>7</td><td>42</td><td>2</td><td>工作中穿工作服、佩戴好口罩及其他防护用品</td></tr>
</table>

续表

编号	作业步骤	危害因素	可能导致的后果	风险评价					控制措施
				L	*E*	*C*	*D*	风险程度	
三	恢复检验								
1	结束工作	(1) 遗漏工器具; (2) 现场遗留检修杂物; (3) 不结束工作票	人身伤害	1	6	7	42	2	(1) 收齐检查工器具; (2) 清扫检修现场; (3) 结束工作票
四	作业环境								
1	粉尘环境	(1) 灰尘清理不当; (2) 呼吸系统保护不当	职业危害,导致呼吸系统疾病或眼睛伤害,如肺脏功能减低、鼻/喉发炎、皮炎	1	6	7	42	2	(1) 采取控制粉尘措施,加强日常维护; (2) 佩戴防尘口罩、呼吸器等; (3) 定期进行粉尘监测; (4) 定期体检; (5) 及时清扫地面,清理积灰

19 密封风机解体检修

主要作业风险： (1) 触电； (2) 火灾； (3) 物体打击； (4) 高处坠落	控制措施： (1) 办理工作票、确认检修开关、验电、上锁挂牌； (2) 吊装前检查吊装器具、禁止站在吊件下； (3) 如动火需开动火工作票、使用阻燃垫布、专人监护

编号	作业步骤	危害因素	可能导致的后果	风险评价					控制措施
				L	*E*	*C*	*D*	风险程度	
一	检修前准备								
1	切断电源	(1) 拉错开关、走错间隔或误送电导致设备带电或误动； (2) 误碰其他有电部位产生电弧	(1) 触电、电弧灼伤； (2) 火灾； (3) 设备事故	1	6	15	90	3	(1) 办理工作票，确认执行安全措施； (2) 双人共同确认检修开关、上锁、验电和挂警示牌； (3) 使用个人防护用品，如绝缘手套、绝缘鞋、面罩和防电弧服
2	临时用电	(1) 电源、电压等级和接线方式不符要求； (2) 负荷过载	(1) 触电； (2) 火灾	1	6	7	42	2	(1) 检查电源； (2) 验电
3	场地布置	工具、设备落地	设备事故	1	6	7	42	2	工作现场铺设好橡胶垫
4	个人劳保用品	(1) 手指碰伤、割伤； (2) 蒸汽烫伤	人身伤害	1	6	7	42	2	(1) 工作中带好工作手套； (2) 口罩、防护眼镜等劳保用品能正确使用； (3) 进行高温蒸汽检修工作时，穿戴防烫服

续表

编号	作业步骤	危害因素	可能导致的后果	风险评价					控制措施
				L	*E*	*C*	*D*	风险程度	
5	安全交底	（1）工作前未识别安全隐患； （2）现场吸烟、酒后工作等	（1）火灾； （2）高处坠落； （3）人身伤害	1	6	7	42	2	工作前由工作负责人对工作人员进行安全交底
6	工器具准备	（1）电动工具未经检验合格； （2）起重工具未检验合格； （3）机工具存在设备缺陷	（1）设备事故； （2）人身伤害	1	6	7	42	2	（1）电动、起重工具使用前，检查检验合格标签； （2）机工具使用前检查是否存在裂纹
7	搭设脚手架	（1）检修脚手架无搭设委托单，搭设要求如载重、搭设环境不明、在高压电附近搭设等； （2）搭设人员无资质、不戴安全帽、不系安全带和穿防滑鞋等； （3）搭拆脚手架中误碰设备； （4）搭拆脚手架时工具、材料掉下砸伤人； （5）脚手架不符合要求如立杆、大横杆和小横杆间距太大，不符合要求； （6）未经验收合格和挂牌后使用	（1）高处坠落； （2）触电	1	6	7	42	2	（1）填写搭设委托单，明确搭设要求如载重、搭设环境等； （2）检查搭设人员有无资质； （3）搭设时戴安全帽、系安全带和穿防滑鞋等； （4）经验收合格和挂牌后使用

续表

编号	作业步骤	危害因素	可能导致的后果	风险评价					控制措施
				L	E	C	D	风险程度	
二	检修过程								
1	轴承箱端盖拆卸	（1）螺栓拆除中碰伤； （2）使用葫芦吊装端盖，葫芦链条断裂； （3）固定葫芦的钢丝绳断裂	人身伤害	3	3	7	42	2	吊装物件前，对钢丝绳、葫芦进行检查，如有钢丝绳打结或扭曲，吊钩、卡块损坏应进行更换，并在吊装过程中防止钢丝绳打结、扭曲
2	轴承箱内部清理、检查	（1）清理内部杂物时，发生人员坠落； （2）工作未进行时，不注意现场保护，轴承箱未用塑料薄膜铺设	（1）人身伤害； （2）高处坠落	1	3	15	45	2	（1）高处作业系好安全带； （2）工作过程中注意设备保护
3	靠背轮拆卸	拆卸靠背轮，滑落损坏	人身伤害	3	3	7	42	2	工作文明施工，做好预防措施
4	轴承检查	（1）轴承外观情况、轴承游隙未做记录； （2）更换轴承过程中，碰伤人员	人身伤害	3	3	7	42	2	（1）做好设备记录； （2）检修工作中做好文明施工
5	叶轮检查	拆卸叶轮机壳，未对其进行固定，碰伤人员	人身伤害	3	3	7	42	2	做好预防措施，对叶轮预先进行加固
6	进、出口挡板门，滤网反冲洗门检查	（1）进入风道内部，未佩戴劳动用品；	（1）人身伤害； （2）高处坠落	3	3	7	42	2	（1）正确佩戴劳保用品； （2）光线不足的地方，应配备足够的照明； （3）高处作业系好安全带

续表

编号	作业步骤	危害因素	可能导致的后果	风险评价					控制措施
				L	*E*	*C*	*D*	风险程度	
6	进、出口挡板门，滤网反冲洗门检查	（2）光线昏暗的地方，没有充足的照明或使用手电； （3）高处作业，未系安全带	（1）人身伤害； （2）高处坠落	3	3	7	42	2	（1）正确佩戴劳保用品； （2）光线不足的地方，应配备足够的照明； （3）高处作业系好安全带
7	靠背轮、轴承箱体回装	（1）回装靠背轮中，碰伤、砸伤； （2）轴承箱端盖回装时，杂物落入轴承箱内； （3）吊装轴承箱端盖的葫芦、钢丝绳断裂，造成人身、设备伤害	（1）人身伤害； （2）设备事故	3	3	7	42	2	（1）正确规范使用劳保用品； （2）起重工作使用前进行检查
8	人孔门回装、铁板焊接	动火作业现场，未铺设防火毯、消防器材	火灾	3	3	7	42	2	（1）动火作业现场铺设好防火毯； （2）动火场地周围准备应急消防灭火器
三	恢复检验								
1	申请试运	（1）工作票未回押； （2）现场工作人员仍在施工	人身伤害	1	3	15	45	2	（1）回押工作票； （2）试运前确认现场无工作
2	结束工作	（1）遗漏工器具； （2）现场遗留检修杂物； （3）不拆除临时用电； （4）不结束工作票	（1）触电； （2）人身伤害	1	3	15	45	2	（1）收齐检查工器具； （2）清扫检修现场； （3）拆除临时用电； （4）结束工作票

续表

<table>
<tr><th rowspan="2">编号</th><th rowspan="2">作业步骤</th><th rowspan="2">危害因素</th><th rowspan="2">可能导致的后果</th><th colspan="5">风险评价</th><th rowspan="2">控制措施</th></tr>
<tr><th>L</th><th>E</th><th>C</th><th>D</th><th>风险程度</th></tr>
<tr><td>四</td><td colspan="3">作业环境</td><td></td><td></td><td></td><td></td><td></td><td></td></tr>
<tr><td>1</td><td>照明不足</td><td>(1) 照明不足；
(2) 漏电</td><td>(1) 人身伤害；
(2) 触电</td><td>1</td><td>3</td><td>15</td><td>45</td><td>2</td><td>(1) 在工作现场合理布置若干盏冷光灯，保证照明充足；
(2) 在磨煤机内使用12V以下行灯照明；
(3) 合理布置照明线路</td></tr>
</table>

20 磨煤机混合风门卡涩处理

<table>
<tr><td colspan="4">主要作业风险：
(1) 高处落物；
(2) 物体打击；
(3) 粉尘伤害</td><td colspan="6">控制措施：
(1) 吊装前检查吊装器具、禁止站在吊件下；
(2) 正确使用劳动保护用品；
(3) 口罩、防护眼镜等劳保用品能正确使用</td></tr>
<tr><th rowspan="2">编号</th><th rowspan="2">作业步骤</th><th rowspan="2">危害因素</th><th rowspan="2">可能导致的后果</th><th colspan="5">风险评价</th><th rowspan="2">控制措施</th></tr>
<tr><th>L</th><th>E</th><th>C</th><th>D</th><th>风险程度</th></tr>
<tr><td>一</td><td colspan="9">检修前准备</td></tr>
<tr><td>1</td><td>临时用电</td><td>(1) 电源、电压等级和接线方式不符要求；
(2) 负荷过载</td><td>(1) 触电；
(2) 火灾</td><td>1</td><td>6</td><td>7</td><td>42</td><td>2</td><td>(1) 检查电源；
(2) 验电</td></tr>
<tr><td>2</td><td>场地布置</td><td>工具、设备落地</td><td>设备事故</td><td>1</td><td>6</td><td>7</td><td>42</td><td>2</td><td>工作现场铺设好橡胶垫</td></tr>
<tr><td>3</td><td>个人劳保用品</td><td>手指碰伤、割伤</td><td>人身伤害</td><td>1</td><td>6</td><td>7</td><td>42</td><td>2</td><td>(1) 工作中带好工作手套；
(2) 口罩、防护眼镜等劳保用品能正确使用</td></tr>
<tr><td>4</td><td>安全交底</td><td>(1) 工作前未识别安全隐患；
(2) 现场吸烟、酒后工作等</td><td>(1) 火灾；
(2) 高处坠落；
(3) 人身伤害</td><td>1</td><td>6</td><td>7</td><td>42</td><td>2</td><td>工作前由工作负责人对工作人员进行安全交底</td></tr>
</table>

续表

编号	作业步骤	危害因素	可能导致的后果	风险评价					控制措施
				L	E	C	D	风险程度	
5	工器具准备	（1）电动工具未经检验合格； （2）机工具存在设备缺陷	（1）设备事故； （2）人身伤害	1	6	7	42	2	（1）电动工具使用前，检查检验合格标签； （2）机工具使用前检查是否存在裂纹
二	检修过程								
1	磨煤机混合风门卡涩处理	（1）工作中碰伤、挤伤； （2）工作中不注意成品保护，损坏运行设备； （3）施工现场进行动火作业	（1）人身伤害； （2）设备损坏； （3）火灾	1	3	15	45	2	（1）施工中做好个人劳动保护； （2）工作过程中注意设备保护； （3）动火作业点铺设防火毯，配备消防灭火器材
三	恢复检验								
1	结束工作	（1）遗漏工器具； （2）现场遗留检修杂物； （3）不结束工作票	（1）触电； （2）人身伤害	1	3	15	45	2	（1）收齐检查工器具； （2）清扫检修现场； （3）结束工作票
四	作业环境								
1	照明不足	（1）照明不足； （2）漏电	（1）人身伤害； （2）触电	1	3	15	45	2	（1）在工作现场合理布置若干盏冷光灯，保证照明充足； （2）使用12V以下行灯照明； （3）合理布置照明线路

21 磨煤机解体检修

<table>
<tr><td colspan="4">主要作业风险：
（1）触电；
（2）火灾；
（3）物体打击；
（4）高处坠落</td><td colspan="6">控制措施：
（1）办理工作票、确认检修开关、验电、上锁挂牌；
（2）使用绝缘手套、绝缘鞋、面罩和防电弧服；
（3）吊装前检查吊装器具、禁止站在吊件下；
（4）如动火需开动火工作票、使用阻燃垫布、专人监护</td></tr>
<tr><td rowspan="2">编号</td><td rowspan="2">作业步骤</td><td rowspan="2">危害因素</td><td rowspan="2">可能导致的后果</td><td colspan="5">风险评价</td><td rowspan="2">控制措施</td></tr>
<tr><td>L</td><td>E</td><td>C</td><td>D</td><td>风险程度</td></tr>
<tr><td>一</td><td colspan="3">检修前准备</td><td></td><td></td><td></td><td></td><td></td><td></td></tr>
<tr><td>1</td><td>切断电源</td><td>（1）拉错开关、走错间隔或误送电导致设备带电或误动；
（2）误碰其他有电部位产生电弧</td><td>（1）触电、电弧灼伤；
（2）火灾；
（3）设备事故</td><td>1</td><td>6</td><td>15</td><td>90</td><td>3</td><td>（1）办理工作票，确认执行安全措施；
（2）双人共同确认检修开关、上锁、验电和挂警示牌；
（3）使用个人防护用品，如绝缘手套、绝缘鞋、面罩和防电弧服</td></tr>
<tr><td>2</td><td>临时用电</td><td>（1）电源、电压等级和接线方式不符要求；
（2）负荷过载</td><td>（1）触电；
（2）火灾</td><td>1</td><td>6</td><td>7</td><td>42</td><td>2</td><td>（1）检查电源；
（2）验电</td></tr>
<tr><td>3</td><td>场地布置</td><td>工具、设备落地</td><td>设备事故</td><td>1</td><td>6</td><td>7</td><td>42</td><td>2</td><td>工作现场铺设好橡胶垫</td></tr>
<tr><td>4</td><td>个人劳保用品</td><td>（1）手指碰伤、割伤；
（2）蒸汽烫伤</td><td>人身伤害</td><td>1</td><td>6</td><td>7</td><td>42</td><td>2</td><td>（1）工作中带好工作手套；
（2）口罩、防护眼镜等劳保用品能正确使用；
（3）进行高温蒸汽检修工作时，穿戴防烫服</td></tr>
</table>

续表

编号	作业步骤	危害因素	可能导致的后果	风险评价					控制措施
				L	E	C	D	风险程度	
5	安全交底	(1) 工作前未识别安全隐患； (2) 现场吸烟、酒后工作等	(1) 火灾； (2) 高处坠落； (3) 人身伤害	1	6	7	42	2	工作前由工作负责人对工作人员进行安全交底
6	工器具准备	(1) 电动工具未经检验合格； (2) 起重工具未检验合格； (3) 机工具存在设备缺陷	(1) 设备事故； (2) 人身伤害	1	6	7	42	2	(1) 电动、起重工具使用前检查检验合格标签； (2) 机工具使用前检查是否存在裂纹
7	搭设脚手架	(1) 检修脚手架无搭设委托单，搭设要求如载重、搭设环境不明、在高压电附近搭设等； (2) 搭设人员无资质、不戴安全帽、不系安全带和穿防滑鞋等； (3) 搭拆脚手架中误碰设备； (4) 搭拆脚手架时工具、材料掉下砸伤人； (5) 脚手架不符合要求如立杆、大横杆和小横杆间距太大，不符合要求； (6) 未经验收合格和挂牌后使用	(1) 高处坠落； (2) 触电	1	6	7	42	2	(1) 填写搭设委托单，明确搭设要求，如载重、搭设环境等； (2) 检查搭设人员有无资质； (3) 搭设时戴安全帽、系安全带和穿防滑鞋等； (4) 经验收合格和挂牌后使用

续表

编号	作业步骤	危害因素	可能导致的后果	风险评价					控制措施
				L	*E*	*C*	*D*	风险程度	
二	检修过程								
1	检修大门拆吊	(1) 检修大门吊装过程中，钢丝绳断裂、吊机故障不动； (2) 吊装中起吊物掉落砸人	人身伤害	3	3	7	63	2	(1) 检修前对吊机、钢丝绳进行检修； (2) 做好安全围栏，起吊物下方不允许人员走动
2	磨辊解体检修	(1) 磨辊翻出、吊装过程中，过轨吊钢丝绳断裂； (2) 吊钩、卡扣损坏砸人； (3) 吊装中吊机损坏，起吊物悬在空中； (4) 磨辊套烘烤加热，造成人员烫伤； (5) 磨辊解体中，磨辊轴碰撞轴承； (6) 磨辊油流出地面积油； (7) 耐油环烘热取出，造成烫伤工作中击伤、碰伤	(1) 落物砸人； (2) 设备事故； (3) 火灾； (4) 人身伤害	3	3	7	63	2	(1) 吊装物件前，对钢丝绳进行检查，如有钢丝绳打结或扭曲，吊钩、卡块损坏应进行更换，并在吊装过程中防止钢丝绳打结、扭曲； (2) 检修前，对过轨吊的电动部位进行检查； (3) 动火作业中做好防烫措施，动火点周围铺设好防火毯、准备灭火消防设备； (4) 工作中穿工作服、防护鞋，带好劳保手套等； (5) 清理油污前，做好油污流出预防措施
3	磨碗衬板更换	(1) 拆卸衬板压板螺栓，在敲击过程中锤子飞出伤人；	(1) 设备事故； (2) 火灾； (3) 人身伤害	1	3	15	45	2	(1) 在使用锤子进行敲打工作中，不允许戴手套进行敲打；

续表

编号	作业步骤	危害因素	可能导致的后果	风险评价					控制措施
				L	E	C	D	风险程度	
3	磨碗衬板更换	(2) 动火作业（割除、焊接）； (3) 物件搬运中砸伤人	(1) 设备事故； (2) 火灾； (3) 人身伤害	1	3	15	45	2	(2) 动火作业中做好防烫措施，动火点周围铺设好防火毯、准备灭火消防设备； (3) 工作中穿工作服、防护鞋，带好劳保手套等； (4) 工作中搬运东西时，注意周围环境
4	叶轮装置检修	(1) 动火作业（割除、焊接）； (2) 工作中击伤，碰伤	(1) 火灾； (2) 人身伤害	1	3	15	45	2	(1) 动火作业中做好防烫措施，动火点周围铺设好防火毯、准备灭火消防设备； (2) 工作中穿工作服、防护鞋，带好劳保手套等
5	石子煤刮板检修	(1) 动火作业（割除、焊接）； (2) 物件搬运中砸伤人	(1) 火灾； (2) 人身伤害	1	3	15	45	2	(1) 动火作业中做好防烫措施，动火点周围铺设好防火毯、准备灭火消防设备； (2) 工作中搬运东西时，注意周围环境
6	旋转分离器检修	(1) 靠背轮拆卸，滑脱； (2) 动火作业（割除煤粉管）； (3) 工作中碰伤	(1) 火灾； (2) 人身伤害	1	3	15	45	2	(1) 动火作业中做好防烫措施，动火点周围铺设好防火毯、准备灭火消防设备； (2) 工作中穿工作服、防护鞋，带好劳保手套等

续表

编号	作业步骤	危害因素	可能导致的后果	风险评价					控制措施
				L	E	C	D	风险程度	
7	侧机体衬板更换	（1）动火焊接； （2）物件搬运中砸伤人	（1）火灾； （2）人身伤害	1	3	15	45	2	（1）动火作业中做好防烫措施，动火点周围铺设好防火毯、准备灭火消防设备； （2）工作中搬运东西时，注意周围环境
8	磨煤机油站检修	（1）油污染； （2）拆卸螺栓工作中击伤、碰伤； （3）油站内检修不能进行动火作业	人身伤害	1	3	15	45	2	（1）工作中穿工作服、防护鞋，带好劳保手套等； （2）清理油污前，做好油污流出预防措施
9	磨煤机电机靠背轮检修	（1）靠背轮滑脱； （2）掉落砸伤	人身伤害	1	3	15	45	2	工作中穿工作服、防护鞋，带好劳保手套等
10	磨煤机回装	（1）吊装中落物砸人； （2）回装过程中砸伤、碰伤	（1）落物砸人； （2）人身伤害	1	3	15	45	2	（1）起吊物件下方不允许站人； （2）工作中穿工作服、防护鞋，带好劳保手套等
三	恢复检验								
1	申请试运	（1）工作票未回押； （2）现场工作人员仍在施工	人身伤害	1	3	15	45	2	（1）回押工作票； （2）试运前确认现场无工作
2	结束工作	（1）遗漏工器具； （2）现场遗留检修杂物；	（1）触电； （2）人身伤害	1	3	15	45	2	（1）收齐检查工器具； （2）清扫检修现场；

续表

编号	作业步骤	危害因素	可能导致的后果	风险评价					控制措施
				L	E	C	D	风险程度	
2	结束工作	（3）不拆除临时用电； （4）不结束工作票	（1）触电； （2）人身伤害	1	3	15	45	2	（3）拆除临时用电； （4）结束工作票
四	作业环境								
1	粉尘环境	（1）磨煤机内部积煤； （2）灰尘清理不当； （3）呼吸系统保护不当	职业危害，导致呼吸系统疾病或眼睛伤害，如肺脏功能减低、鼻/喉发炎、皮炎	1	6	7	42	2	（1）采取控制粉尘措施，加强日常维护； （2）佩戴防尘口罩、呼吸器等； （3）定期进行粉尘监测； （4）定期体检； （5）及时清扫地面，清理积灰
2	格栅板孔洞	工作中人员绊倒、拐角	人身伤害	1	6	7	42	2	使用竹板铺满孔洞
3	隔离围栏	因工作需要割除造成人员坠落	人身伤害	1	3	15	45	2	使用钢管等材料临时加固，不留空隙
4	照明不足	（1）照明不足； （2）漏电	（1）人身伤害； （2）触电	1	3	15	45	2	（1）在工作现场合理布置若干盏冷光灯，保证照明充足； （2）在磨煤机内使用12V以下行灯照明； （3）合理布置照明线路

22 磨煤机内部积煤清理

主要作业风险： （1）物体打击； （2）粉尘伤害	控制措施： （1）正确穿戴劳动保护用品，防止物体打击； （2）正确的佩戴口罩及其他防止粉尘伤害的防护用品

编号	作业步骤	危害因素	可能导致的后果	风险评价					控制措施
				L	*E*	*C*	*D*	风险程度	
一	检修前准备								
1	场地布置	工具、设备落地	设备事故	1	6	7	42	2	工作现场铺设好橡胶垫
2	个人劳保用品	（1）手指碰伤、割伤； （2）蒸汽烫伤	人身伤害	1	6	7	42	2	（1）工作中带好工作手套； （2）口罩、防护眼镜等劳保用品能正确使用； （3）进行高温蒸汽检修工作时，穿戴防烫服
3	安全交底	（1）工作前未识别安全隐患； （2）现场吸烟、酒后工作等	（1）火灾； （2）高处坠落； （3）人身伤害	1	6	7	42	2	工作前由工作负责人对工作人员进行安全交底
二	检修过程								
1	磨煤机内积煤清理	（1）工作中碰伤、砸伤； （2）工作中粉尘伤害	（1）人身伤害； （2）粉尘伤害	1	6	7	42	2	（1）工作中穿工作服、防护鞋，带好劳保手套等； （2）工作中穿工作服、佩戴好口罩及其他防护用品

续表

编号	作业步骤	危害因素	可能导致的后果	风险评价					控制措施
				L	*E*	*C*	*D*	风险程度	
三	恢复检验								
1	结束工作	(1) 遗漏工器具; (2) 现场遗留检修杂物; (3) 不结束工作票	人身伤害	1	6	7	42	2	(1) 收齐检查工器具; (2) 清扫检修现场; (3) 结束工作票
四	作业环境								
1	粉尘环境	(1) 灰尘清理不当; (2) 呼吸系统保护不当	职业危害	1	6	7	42	2	(1) 采取控制粉尘措施，加强日常维护; (2) 佩戴防尘口罩、呼吸器等; (3) 定期进行粉尘监测; (4) 定期体检; (5) 及时清扫地面，清理积灰

23 磨煤机石子煤闸板门检修

<table>
<tr><td colspan="4">主要作业风险：
（1）触电；
（2）粉尘伤害；
（3）物体打击</td><td colspan="6">控制措施：
（1）办理工作票、确认检修开关、验电、上锁挂牌；
（2）使用口罩、防尘面具等；
（3）吊装前检查吊装器具、禁止站在吊件下</td></tr>
<tr><td rowspan="2">编号</td><td rowspan="2">作业步骤</td><td rowspan="2">危害因素</td><td rowspan="2">可能导致的后果</td><td colspan="5">风险评价</td><td rowspan="2">控制措施</td></tr>
<tr><td>L</td><td>E</td><td>C</td><td>D</td><td>风险程度</td></tr>
<tr><td>一</td><td colspan="9">检修前准备</td></tr>
<tr><td>1</td><td>切断电源、气源</td><td>（1）拉错开关、走错间隔或误送电导致设备带电或误动；
（2）误碰其他有电部位产生电弧；
（3）误关进气阀门开关</td><td>（1）触电、电弧灼伤；
（2）火灾；
（3）设备事故</td><td>1</td><td>6</td><td>15</td><td>90</td><td>3</td><td>（1）办理工作票，确认执行安全措施；
（2）双人共同确认检修开关、上锁、验电和挂警示牌；
（3）使用个人防护用品，如绝缘手套、绝缘鞋、面罩和防电弧服</td></tr>
<tr><td>2</td><td>场地布置</td><td>工具、设备落地</td><td>设备事故</td><td>1</td><td>6</td><td>7</td><td>42</td><td>2</td><td>工作现场铺设好橡胶垫</td></tr>
<tr><td>3</td><td>个人劳保用品</td><td>（1）手指碰伤、割伤；
（2）蒸汽烫伤</td><td>人身伤害</td><td>1</td><td>6</td><td>7</td><td>42</td><td>2</td><td>（1）工作中带好工作手套；
（2）口罩、防护眼镜等劳保用品能正确使用；
（3）进行高温蒸汽检修工作时，穿戴防烫服</td></tr>
<tr><td>4</td><td>安全交底</td><td>（1）工作前未识别安全隐患；
（2）现场吸烟、酒后工作等</td><td>（1）火灾；
（2）高处坠落；
（3）人身伤害</td><td>1</td><td>6</td><td>7</td><td>42</td><td>2</td><td>工作前由工作负责人对工作人员进行安全交底</td></tr>
</table>

续表

编号	作业步骤	危害因素	可能导致的后果	风险评价					控制措施
				L	E	C	D	风险程度	
5	工器具准备	(1) 电动工具未经检验合格； (2) 起重工具未检验合格； (3) 机工具存在设备缺陷	(1) 设备事故； (2) 人身伤害	1	6	7	42	2	(1) 电动、起重工具使用前，检查检验合格标签； (2) 机工具使用前检查是否存在裂纹
二	检修过程								
1	拆除闸板门气缸气源接头、控制线路板	(1) 气源未完全隔离； (2) 设备损坏	(1) 人身伤害； (2) 设备事故	1	6	7	42	2	(1) 工作前检查隔离措施是否完善； (2) 工作中注意成品保护
2	拆除闸板门连接螺栓	工作中碰伤、砸伤	人身伤害	1	6	7	42	2	工作中佩戴手套等劳保用品，做好防护措施
3	安装备品闸板门	工作中碰伤、砸伤	人身伤害	1	6	7	42	2	工作中佩戴手套等劳保用品，做好防护措施
4	安装、紧固闸板门连接螺栓	工作中碰伤、砸伤	人身伤害	1	6	7	42	2	工作中佩戴手套等劳保用品，做好防护措施
5	恢复气源接头及控制线路板	阀门、线路板未恢复	设备事故	1	6	7	42	2	检修完成后对安全措施进行恢复，检查
三	恢复检验								
1	结束工作	(1) 遗漏工器具； (2) 现场遗留检修杂物； (3) 不结束工作票	(1) 触电； (2) 人身伤害	1	3	15	45	2	(1) 收齐检查工器具； (2) 清扫检修现场； (3) 结束工作票

续表

编号	作业步骤	危害因素	可能导致的后果	风险评价					控制措施
				L	*E*	*C*	*D*	风险程度	
四	作业环境								
1	粉尘环境	(1) 磨煤机内部积煤; (2) 灰尘清理不当; (3) 呼吸系统保护不当	职业危害,导致呼吸系统疾病或眼睛伤害,如肺脏功能减低、鼻/喉发炎、皮炎	1	6	7	42	2	(1) 采取控制粉尘措施,加强日常维护; (2) 佩戴防尘口罩、呼吸器等; (3) 定期进行粉尘监测; (4) 定期体检; (5) 及时清扫地面,清理积灰
2	照明不足	(1) 照明不足; (2) 漏电	(1) 人身伤害; (2) 触电	1	3	15	45	2	(1) 在工作现场合理布置若干盏冷光灯,保证照明充足; (2) 在磨煤机内使用 12V 以下行灯照明; (3) 合理布置照明线路

24 磨煤机旋转分离器加润滑油脂

主要作业风险： （1）设备损坏； （2）物体打击	控制措施： （1）工作中注重成品保护； （2）正确穿戴劳动保护用品，防止物体打击

编号	作业步骤	危害因素	可能导致的后果	风险评价					控制措施
				L	*E*	*C*	*D*	风险程度	
一	检修前准备								
1	场地布置	工具、设备落地	设备事故	1	6	7	42	2	工作现场铺设好橡胶垫
2	个人劳保用品	（1）手指碰伤、割伤； （2）蒸汽烫伤	人身伤害	1	6	7	42	2	（1）工作中带好工作手套； （2）口罩、防护眼镜等劳保用品能正确使用； （3）进行高温蒸汽检修工作时，穿戴防烫服
3	安全交底	（1）工作前未识别安全隐患； （2）现场吸烟、酒后工作等	（1）火灾； （2）高处坠落； （3）人身伤害	1	6	7	42	2	工作前由工作负责人对工作人员进行安全交底
二	检修过程								
1	安装油枪至加油口	工作中碰伤、砸伤	人身伤害	1	6	15	90	3	工作中穿工作服、防护鞋，带好劳保手套等
2	对设备进行加油脂	（1）工作中碰伤、砸伤； （2）加油过程中油污地面；	（1）人身伤害； （2）油污地面； （3）设备损坏	1	6	7	42	2	（1）工作中穿工作服、防护鞋，带好劳保手套等； （2）加油过程中地面铺设防油污塑料薄膜；

续表

编号	作业步骤	危害因素	可能导致的后果	风险评价					控制措施
				L	*E*	*C*	*D*	风险程度	
2	对设备进行加油脂	（3）加油过程中轴承温度突然升高	（1）人身伤害； （2）油污地面； （3）设备损坏	1	6	7	42	2	（3）加油中控制加油速度及加油量，时刻关注轴承温度变化
三	恢复检验								
1	结束工作	（1）遗漏工器具； （2）现场遗留检修杂物； （3）联系单未终结	（1）触电； （2）人身伤害	1	6	7	42	2	（1）收齐检查工器具； （2）清扫检修现场； （3）结束工作票

25 启动锅炉检修

<table>
<tr><td colspan="3">主要作业风险：
（1）火灾；
（2）高温灼伤；
（3）高处落物；
（4）受限空间</td><td colspan="6">控制措施：
（1）严禁带火种进入启动锅炉区域；
（2）工作中正确的佩戴好防烫等劳保防护用品；
（3）工作中使用工具包、小型机工具及零配件放工具包内；
（4）对启动锅炉汽包进行检查前要做好有关受限空间作业的保护措施</td></tr>
<tr><td rowspan="2">编号</td><td rowspan="2">作业步骤</td><td rowspan="2">危害因素</td><td rowspan="2">可能导致的后果</td><td colspan="5">风险评价</td><td rowspan="2">控制措施</td></tr>
<tr><td>L</td><td>E</td><td>C</td><td>D</td><td>风险程度</td></tr>
<tr><td>一</td><td colspan="3">检修前准备</td><td></td><td></td><td></td><td></td><td></td><td></td></tr>
<tr><td>1</td><td>确认安全措施执行完毕</td><td>（1）系统未完全隔离；
（2）阀门管道内未泄压到零</td><td>（1）设备事故；
（2）人身伤害</td><td>3</td><td>0.5</td><td>15</td><td>22.5</td><td>2</td><td>（1）办理检修工作票；
（2）双人共同确认安全措施执行情况</td></tr>
<tr><td>2</td><td>准备手动工具</td><td>（1）手动工具（如敲击扳手、榔头松脱、破损等）；
（2）使用不合适工具，小型工具准备不全或遗漏等</td><td>（1）人身伤害；
（2）设备损坏</td><td>3</td><td>1</td><td>1</td><td>3</td><td>1</td><td>（1）使用前确认工具型号和标示；
（2）使用前确认工具完好、合格</td></tr>
<tr><td>3</td><td>准备电（气）动工具</td><td>（1）不熟悉使用电动、气动工具；</td><td>（1）触电伤害；
（2）机械伤害；
（3）其他人身伤害</td><td>3</td><td>3</td><td>15</td><td>135</td><td>3</td><td>（1）仔细阅读工具说明书，学会正确使用方法；</td></tr>
</table>

续表

编号	作业步骤	危害因素	可能导致的后果	风险评价					控制措施
				L	E	C	D	风险程度	
3	准备电（气）动工具	（2）电动、气动工具不符合要求（如电动工具的电源线破损、绝缘和接地不良，气动工具气管破损、接口松动或磨损）； （3）工具或工具易损件质量不良； （4）电源无触电保护或工具、设备无接地保护； （5）使用时砂轮片、切割片断裂飞出；不正确的使用劳保用品	（1）触电伤害； （2）机械伤害； （3）其他人身伤害	3	3	15	135	3	（2）使用前检查电源线、接地和其他部件良好，经检验合格在有效期内； （3）电源盘等必须使用漏电保护器； （4）确认消耗品（如砂轮片、切割片的质量）； （5）正确的使用劳保防护用品（如防护眼镜、面罩等）
4	布置场地	（1）工具摆放凌乱； （2）场地选择不当（照明不足）等	（1）人身伤害； （2）影响人员通行	6	3	3	54	2	（1）严格执行定置管理要求； （2）进场前进行确认、检查； （3）正确使用工器具
5	安全交底	工作前未对施工人员进行安全技术交底或交底不清楚	（1）人身伤害； （2）设备损坏； （3）走错间隔	1	6	15	90	3	（1）工作前做好危险源分析； （2）工作前对施工人员做好详细的安全技术交底
6	个人防护用品准备	（1）未正确穿戴安全帽及工作服； （2）使用不合格的安全带	（1）人身伤害； （2）高处坠落	3	0.5	15	22.5	2	（1）正确穿戴安全帽及工作服； （2）使用在安全使用期内的安全带，并正确挂好安全带

续表

编号	作业步骤	危害因素	可能导致的后果	风险评价					控制措施
				L	*E*	*C*	*D*	风险程度	
二	检修过程								
1	启动锅炉进、回油管路滤网检查、清洗	(1) 使用工具不当； (2) 润滑油溢出，污染地面； (3) 零部件遗失、错位	(1) 人身伤害； (2) 设备损坏； (3) 影响工作进度	3	3	7	63	2	(1) 手动工具系好安全绳； (2) 在进、回油管路滤网下方放置油盆，防止润滑油溢出； (3) 拆卸下的部件进行定置管理
2	启动锅炉1号、2号、3号油枪滤网检清洗、雾化片检查	(1) 使用工具不当； (2) 润滑油溢出，污染地面； (3) 零部件遗失、错位	(1) 人身伤害； (2) 设备损坏； (3) 影响工作进度	3	3	7	63	2	(1) 手动工具系好安全绳； (2) 在1号、2号、3号油枪下方放置油盆，防止润滑油溢出； (3) 拆卸下的部件进行定置管理
3	启动锅炉阀门定期维护、保养	(1) 高温烫伤； (2) 误操作； (3) 机械伤害	(1) 设备损坏； (2) 人身伤害	1	3	7	21	2	(1) 对启动锅炉辅汽管道阀门进行维护保养时，注意做好防烫措施； (2) 正确使用工器具； (3) 工作中禁止私自开关阀门，严禁扩大工作范围
4	启动锅炉炉内管检查、做pt渗透检查	(1) 照明不足； (2) 化学中毒； (3) 粉尘伤害； (4) 炉内管磨损严重、超标	(1) 人身伤害； (2) 设备损坏	1	3	15	90	3	(1) 加强启动锅炉膛内部照明； (2) 工作中正确的佩戴好劳保防护用品； (3) 根据防磨防爆检查要求，对严重超标的管子进行更换
5	启动锅炉汽包检查	(1) 受限空间，造成人员缺氧；	(1) 人身伤害； (2) 设备损坏	1	3	15	90	3	(1) 正确使用防烫劳保防护用品(手套、连体服等)；

续表

编号	作业步骤	危害因素	可能导致的后果	风险评价					控制措施
				L	E	C	D	风险程度	
5	启动锅炉汽包检查	(2) 照明不足； (3) 高温烫伤	(1) 人身伤害； (2) 设备损坏	1	3	15	90	3	(2) 加强照明，按照安规规定使用合适的照明器具； (3) 打开人孔门，加强内部通风
6	启动锅炉给水泵检查	(1) 给水泵油位偏低； (2) 给水泵地脚螺栓松动； (3) 工作中工作人员手指被夹伤	(1) 人身伤害； (2) 设备损坏	1	3	7	21	2	(1) 定期检查启动锅炉给水泵油位； (2) 定期检查给水泵地脚螺栓松动情况并紧固； (3) 工作中佩戴好手套
三	恢复检验								
1	检查、恢复启动锅炉各系统	(1) 走错间隔； (2) 误操作	(1) 设备事故； (2) 人身伤害	3	3	7	63	2	(1) 终结检修工作票； (2) 确认恢复安全措施
2	启动锅炉点火试运	(1) 误操作； (2) 防爆门起跳、崩开	(1) 设备事故； (2) 人身伤害	3	3	7	63	2	(1) 严格执行启动锅炉运行规程； (2) 检查各设备压力是否正常，防爆门盖板是否盖好
四	作业环境								
1	受限空间	对工作人员造成缺氧等伤害	人身伤害	1	6	7	42	2	加强内部通风
2	照明不足	照明不足，易造成人员被绊倒、摔跤	人身伤害	1	3	7	21	2	加强照明，按照安规规定使用合适的照明器具
3	高温烫伤	设备高温，易对工作人员造成烫伤	人身伤害	1	3	7	21	2	工作中正确的佩戴好防烫等劳保防护用品

续表

编号	作业步骤	危害因素	可能导致的后果	风险评价					控制措施
				L	*E*	*C*	*D*	风险程度	
4	粉尘作业	对启动锅炉内部进行检查时，易对工作人员造成粉尘伤害	人身伤害	1	3	7	21	2	工作中正确的佩戴好防尘口罩等劳保防护用品

26 启动循环泵滤网清洗

主要作业风险： (1) 物体打击； (2) 高温烫伤； (3) 高压； (4) 触电； (5) 机械伤害	控制措施： (1) 戴好安全帽并系紧帽带，避免交叉作业； (2) 正确使用个人防护用品； (3) 确认设备内无压力后方可施工； (4) 正确使用合格的电动工具、电源； (5) 加强个人防护意识，防止挤伤、碰伤，戴手套等个人防护用品

编号	作业步骤	危害因素	可能导致的后果	风险评价					控制措施
				L	E	C	D	风险程度	
一	检修前准备								
1	安全措施确认	(1) 走错间隔； (2) 设备未隔离； (3) 系统未泄压	(1) 设备损坏； (2) 人身伤害	3	0.5	15	22.5	2	(1) 检修前确认设备名称和位置； (2) 确认停电开关，确认安全措施执行情况； (3) 工作前确认系统是否泄压
2	安全交底	(1) 安全交底不清楚； (2) 交底的内容存在缺陷； (3) 交底没有落实到每一位人员	(1) 人身伤害； (2) 设备损坏	3	1	3	9	1	(1) 加强对人员的安全培训和学习； (2) 严格执行安全交底的有关工作
3	场地布置	(1) 工具摆放凌乱； (2) 场地选择不当，如场地条件（照明等）不足	(1) 人身伤害； (2) 影响人员通行	3	1	3	9	1	(1) 严格执行定置管理要求； (2) 进场前进行确认检查； (3) 正确使用工器具

续表

编号	作业步骤	危害因素	可能导致的后果	风险评价					控制措施
				L	*E*	*C*	*D*	风险程度	
4	手动工具准备	(1) 手动工具如敲击工具锤头松脱、破损等； (2) 使用不合适工具，小工具准备不全或遗漏等	(1) 人身伤害； (2) 设备损坏	3	1	3	9	1	(1) 使用前确认工具型号和标示； (2) 使用前确认工具完好合格
5	电动工具准备	(1) 电动工具不符合要求如电线破损、绝缘和接地不良； (2) 电源无触电保护或和工具设备无接地保护； (3) 使用时如砂轮片、切割片等断裂飞出	(1) 触电； (2) 机械伤害； (3) 人身伤害	3	0.5	15	22.5	2	(1) 使用前检查电源线、接地和其他部件良好，经检验合格在有效期内； (2) 电源盘等必须使用漏电保护器； (3) 确保易耗品，如砂轮片、切割片的质量； (4) 使用正确劳动防护用品如眼镜、面罩等
6	个人防护用品准备	(1) 未正确佩戴安全帽及工作服； (2) 使用不合格的安全带	(1) 人身伤害； (2) 高处坠落	3	0.5	15	22.5	2	(1) 正确佩戴安全帽及工作服； (2) 使用在安全使用期内的安全带，并正确挂好安全带
二	检修								
1	脚手架搭设	(1) 安全带、差速器未使用或使用不当； (2) 设备或材料未做好防坠落措施及未正确使用安全帽等劳保用品；	(1) 高处坠落； (2) 物体打击； (3) 高温烫伤	3	0.5	15	22.5	2	(1) 正确佩戴安全帽、安全带、差速器； (2) 一律使用工具袋； (3) 安全带高挂低用，且挂在牢固可靠的物体上；

续表

编号	作业步骤	危害因素	可能导致的后果	风险评价					控制措施
				L	E	C	D	风险程度	
1	脚手架搭设	（3）未正确使用劳保用品及穿棉质连体服	（1）高处坠落； （2）物体打击； （3）高温烫伤	3	0.5	15	22.5	2	（4）做好脚手架管、卡件及毛竹片的防坠落措施，施工区域正下方设安全围栏、挂警示牌； （5）正确使用劳保用品，穿棉质连体服
2	启动循环泵滤网拆卸	（1）劳保用品佩戴不当； （2）使用工具不当； （3）设备未做标记； （4）拆下的设备零件丢失； （5）设备破损	（1）人身伤害； （2）设备损坏	3	0.5	15	22.5	2	（1）设备拆装严格的进行有效的标记，并做好记录； （2）使用前仔细的检查工具； （3）加强相互之间的监督，严格遵守公司关于劳保用品正确使用的规定； （4）详细的了解设备的结构，对工作人员进行安全交底
		环境温度过高、未正确使用劳保用品及穿棉质连体服、管道压力未泄尽	烫伤、灼伤	3	0.5	15	22.5	2	（1）设备温度在60℃以上时不准进行工作； （2）确认设备、管道内无压力后方可施工； （3）穿棉质连体服
		设备或材料未做好防坠落措施及未正确使用安全帽等劳保用品	物体打击	3	0.5	15	22.5	2	（1）做好设备及材料的防坠落措施； （2）在炉外工具放置点必须满铺橡皮垫，工具放在橡皮垫上面

续表

编号	作业步骤	危害因素	可能导致的后果	风险评价					控制措施
				L	*E*	*C*	*D*	风险程度	
3	启动循环泵滤网清洗、检查	(1) 锋利设备伤手； (2) 设备滑脱； (3) 使用工具不当； (4) 接触有毒清洗剂	(1) 人身伤害； (2) 设备损坏； (3) 中毒	3	0.5	15	22.5	2	(1) 使用前仔细的检查工具； (2) 加强相互之间的监督，严格遵守公司关于劳保用品正确使用的规定； (3) 详细的了解设备的结构，对工作人员进行安全交底
		使用工具不当	物体打击	3	2	3	18	1	(1) 使用前应作仔细检查； (2) 打锤时，握锤的手不得戴手套； (3) 打锤挥动方向不得对人； (4) 禁止使用没手柄的工具
		(1) 电动工具不符合要求如电线破损、绝缘和接地不良； (2) 电源无触电保护或和工具设备无接地保护； (3) 使用时如砂轮片、切割片等断裂飞出	触电、机械伤害	3	0.5	15	22.5	2	(1) 使用前检查工具的接地情况； (2) 引入电源线必须经过二级以上漏电保安器； (3) 准确使用电动工具，必须在切断电源待其在停止状态下方可进行检修或调整； (4) 使用的磨光机必须装有防护罩，佩戴好防护眼镜
4	设备回装	按照检修拆除工序逆向回装；	综合以上伤害	3	0.5	15	22.5	2	综合以上控制措施

续表

编号	作业步骤	危害因素	可能导致的后果	风险评价					控制措施
				L	*E*	*C*	*D*	风险程度	
5	脚手架拆除	(1) 安全带、差速器未使用或使用不当； (2) 设备或材料未做好防坠落措施及未正确使用安全帽等劳保用品； (3) 环境温度过高、未正确使用劳保用品及穿棉质连体服	(1) 高处坠落； (2) 物体打击； (3) 高温烫伤	3	0.5	15	22.5	2	(1) 正确佩戴安全帽、安全带、差速器； (2) 一律使用工具袋； (3) 安全带高挂低用，且挂在牢固可靠的物体上； (4) 做好脚手架管、卡件及毛竹片的防坠落措施，施工区域正下方设安全围栏、挂警示牌； (5) 正确使用劳保用品，穿棉质连体服
三	完工恢复								
1	检查、恢复设备各系统	(1) 走错间隔； (2) 误操作； (3) 操作不到位	(1) 人身伤害； (2) 设备损坏； (3) 系统无法投运，影响工作进度	3	1	7	21	2	(1) 回押工作票； (2) 确认恢复安全措施
2	整体试运	(1) 安全措施未恢复； (2) 触碰电机及机械转动部位； (3) 误操作； (4) 工作票未回压； (5) 电源线盒位盖未扣严密	(1) 触电； (2) 人身伤害； (3) 设备事故	3	1	15	45	2	(1) 确认工作票已经回押； (2) 确认恢复安全措施； (3) 试运时专人现场监护

续表

编号	作业步骤	危害因素	可能导致的后果	风险评价					控制措施
				L	E	C	D	风险程度	
3	结束工作（现场文明施工）	（1）遗漏工器具； （2）现场遗留检修杂物； （3）不拆除临时用电； （4）不结束工作票，终结工作票继续进行工作	（1）设备损坏； （2）人身伤害； （3）设备故障	6	3	1	18	1	（1）收齐检查工器具； （2）清扫检修现场； （3）拆除临时用电； （4）结束工作票
四	作业环境								
1	在高温、高压环境中作业	环境温度过高、未正确使用劳保用品及穿棉质连体服、管道压力未泄尽	烫伤、灼伤	3	3	3	27	2	（1）管道温度在60℃以上时不准进行工作； （2）确认管道内无压力后方可施工； （3）备好饮用水； （4）穿棉质连体服

27 燃烧器检修

<table>
<tr><td colspan="4">**主要作业风险：**
（1）高处坠落；
（2）物体打击；
（3）尘肺病；
（4）高温烫伤；
（5）起重伤害；
（6）触电；
（7）机械伤害；
（8）火灾、爆炸；
（9）中暑</td><td colspan="6">**控制措施：**
（1）正确使用合格的安全带、差速器；
（2）戴好安全帽并系紧帽带，避免交叉作业；
（3）正确使用个人防护用品；
（4）严格执行《起重安全控制程序》，培训有证者操作；加强个人防护意识，防止挤伤、碰伤；戴手套等个人防护用品；
（5）正确使用合格的电动工具、电源；
（6）按要求办理二级动火票，并做好防火措施；
（7）工作环境温度在 60℃以下时方可进行工作，加强通风，备好饮用水</td></tr>
<tr><td rowspan="2">编号</td><td rowspan="2">作业步骤</td><td rowspan="2">危害因素</td><td rowspan="2">可能导致的后果</td><td colspan="5">风险评价</td><td rowspan="2">控制措施</td></tr>
<tr><td>*L*</td><td>*E*</td><td>*C*</td><td>*D*</td><td>风险程度</td></tr>
<tr><td>一</td><td colspan="3">检修前准备</td><td></td><td></td><td></td><td></td><td></td><td></td></tr>
<tr><td>1</td><td>安全措施确认</td><td>（1）走错间隔；
（2）设备未隔离；
（3）系统未泄压</td><td>（1）设备损坏；
（2）人身伤害</td><td>3</td><td>0.5</td><td>15</td><td>22.5</td><td>2</td><td>（1）检修前确认设备名称和位置；
（2）确认停电开关，确认安全措施执行情况；
（3）工作前确认系统是否泄压</td></tr>
<tr><td>2</td><td>安全交底</td><td>（1）安全交底不清楚；
（2）交底的内容存在缺陷；
（3）交底没有落实到每一位人员</td><td>（1）人身伤害；
（2）设备损坏</td><td>3</td><td>1</td><td>3</td><td>9</td><td>1</td><td>（1）加强对人员的安全培训和学习；
（2）严格执行安全交底的有关工作</td></tr>
</table>

续表

编号	作业步骤	危害因素	可能导致的后果	风险评价					控制措施
				L	E	C	D	风险程度	
3	场地布置	(1) 工具摆放凌乱； (2) 场地选择不当，如场地条件（照明等）不足	(1) 人身伤害； (2) 影响人员通行	3	1	3	9	1	(1) 严格执行定置管理要求； (2) 进场前进行确认检查； (3) 正确使用工器具
4	手动工具准备	(1) 手动工具如敲击工具锤头松脱、破损等； (2) 使用不合适工具，小工具准备不全或遗漏等	(1) 人身伤害； (2) 设备损坏	3	1	3	9	1	(1) 使用前确认工具型号和标示； (2) 使用前确认工具完好合格
5	电动工具准备	(1) 电动工具不符合要求，如电线破损、绝缘和接地不良； (2) 电源无触电保护或和工具设备无接地保护； (3) 使用时如砂轮片、切割片等断裂飞出	(1) 触电； (2) 机械伤害； (3) 人身伤害	3	0.5	15	22.5	2	(1) 使用前检查电源线、接地和其他部件良好，经检验合格在有效期内； (2) 电源盘等必须使用漏电保护器； (3) 确保易耗品，如砂轮片、切割片的质量； (4) 使用正确劳动防护用品，如眼镜、面罩等
6	个人防护用品准备	(1) 未正确佩戴安全帽及工作服； (2) 使用不合格的安全带	(1) 人身伤害； (2) 高处坠落	3	0.5	15	22.5	2	(1) 正确佩戴安全帽及工作服； (2) 使用在安全使用期内的安全带，并正确挂好安全带

续表

编号	作业步骤	危害因素	可能导致的后果	风险评价					控制措施
				L	*E*	*C*	*D*	风险程度	
二	检修								
1	打开二次风箱孔门	安全带、差速器未使用或使用不当	高处坠落	3	0.5	15	22.5	2	（1）工作人员不应有妨碍安全带、差速器未使用或使用不当的病症，遇有精神异常等禁止作业； （2）使用合格的安全带，且要将安全带挂在腰部以上牢固的物体上； （3）在高处改变作业位置时，安全带不能解除或采用双绳安全带
		未正确使用防尘口罩等劳保用品及穿棉质连体服	烫伤、中暑、尘肺病	3	1	1	3	1	（1）备好饮用水； （2）戴防尘口罩、正确使用个人防护用品（口罩、披肩帽、防护镜、工作服等）
		设备或材料未做好防坠落措施及未正确使用安全帽等劳保用品	物体打击	3	0.5	15	22.5	2	（1）戴好安全帽并系紧帽带； （2）检查作业现场上部有无落物的可能
2	脚手架搭设	（1）安全带、差速器未使用或使用不当； （2）设备或材料未做好防坠落措施及未正确使用安全帽等劳保用品；	（1）高处坠落； （2）物体打击； （3）高温烫伤	3	0.5	15	22.5	2	（1）正确佩戴安全帽、安全带、差速器； （2）一律使用工具袋； （3）安全带高挂低用，且挂在牢固可靠的物体上；

续表

编号	作业步骤	危害因素	可能导致的后果	风险评价					控制措施
				L	*E*	*C*	*D*	风险程度	
2	脚手架搭设	(3) 未正确使用劳保用品及穿棉质连体服	(1) 高处坠落； (2) 物体打击； (3) 高温烫伤	3	0.5	15	22.5	2	(4) 做好脚手架管、卡件及毛竹片的防坠落措施，施工区域正下方设安全围栏、挂警示牌； (5) 正确使用劳保用品，穿棉质连体服
3	炉外保温拆除	(1) 安全带、差速器未使用或使用不当； (2) 设备或材料未做好防坠落措施及未正确使用安全帽等劳保用品； (3) 未正确使用劳保用品及穿棉质连体服	(1) 高处坠落； (2) 物体打击； (3) 高温烫伤	3	0.5	15	22.5	2	(1) 正确佩戴安全帽、安全带、差速器； (2) 一律使用工具袋； (3) 安全带高挂低用，且挂在牢固可靠的物体上； (4) 做好拆卸下来的保温材料的防坠落措施； (5) 正确使用劳保用品，穿棉质连体服
4	燃烧器各喷嘴处积灰、结焦、二次风箱内杂物、积灰清理	环境温度过高、未正确使用防尘口罩等劳保用品及穿棉质连体服	烫伤、中暑、尘肺病	3	1	1	3	1	(1) 温度在60℃以上时不准入内进行工作； (2) 打开人孔门，加强通风；备好饮用水； (3) 戴防尘口罩、正确使用个人防护用品（口罩、披肩帽、防护镜、工作服等）

续表

编号	作业步骤	危害因素	可能导致的后果	风险评价					控制措施
				L	*E*	*C*	*D*	风险程度	
4	燃烧器各喷嘴处积灰、结焦、二次风箱内杂物、积灰清理	安全带、差速器未使用或使用不当	高处坠落	3	0.5	15	22.5	2	(1) 正确佩戴安全帽、安全带、差速器； (2) 一律使用工具袋； (3) 安全带高挂低用，且挂在牢固可靠的物体上
		设备或材料未做好防坠落措施及未正确使用安全帽等劳保用品	物体打击、设备损坏	3	0.5	15	22.5	2	(1) 应检查耐火砖、大块焦渣有无塌落的危险，遇有可能塌落的，应先用长棒从人孔门或看火孔等处打落； (2) 在炉外工具放置点必须满铺橡皮垫，工具放在橡皮垫上面
		打焦时工具未系安全绳	落物、设备损坏	6	1	1	6	1	打焦工具系好安全绳，并正确使用
5	浓、淡相煤粉喷嘴、各二次风、AA风喷口检查、拆除	安全带、差速器未使用或使用不当	高处坠落	3	0.5	15	22.5	2	(1) 正确佩戴安全帽、安全带、差速器； (2) 一律使用工具袋； (3) 安全带高挂低用，且挂在牢固可靠的物体上
		环境温度过高、未正确使用防尘口罩等劳保用品及穿棉质连体服	烫伤、中暑、尘肺病	3	1	1	3	1	(1) 温度在60℃以上时不准入内进行工作； (2) 打开人孔门，加强通风；备好饮用水； (3) 戴防尘口罩、正确使用个人防护用品（口罩、披肩帽、防护镜、工作服等）

续表

编号	作业步骤	危害因素	可能导致的后果	风险评价					控制措施
				L	E	C	D	风险程度	
5	浓、淡相煤粉喷嘴、各二次风、AA风喷口检查、拆除	气割作业未开动火票或未做好防火措施	火灾、爆炸、人身伤害	3	0.5	15	22.5	2	(1) 按要求办理二级动火票； (2) 脚手板处铺好石棉毯； (3) 动火工作间断、终结时清理并检查现场无残留火种； (4) 氧气瓶和乙炔瓶的距离不得小于8m，必须直立放置在炉外； (5) 氧气管和乙炔管在工作中防止沾上油脂； (6) 焊枪点火时先开氧气门，再开乙炔气门，熄火时与此操作相反
		使用的手拉葫芦不合格或使用不规范	起重伤害、其他人身伤害	3	0.5	15	22.5	2	(1) 使用前检查手拉葫芦、钢丝绳吊扣等； (2) 戴防护手套、戴安全帽； (3) 吊物必须捆绑牢固，保持重心稳定； (4) 设专人指挥起吊，避免吊物下站人； (5) 设置隔离措施
		使用工具不当	物体打击	3	1	1	3	1	(1) 使用前应作仔细检查； (2) 打锤时，握锤的手不得戴手套； (3) 打锤挥动方向不得对人； (4) 禁止使用没手柄的工具

续表

编号	作业步骤	危害因素	可能导致的后果	风险评价					控制措施
				L	*E*	*C*	*D*	风险程度	
5	浓、淡相煤粉喷嘴、各二次风、AA风喷口检查、拆除	(1) 电动工具不符合要求如电线破损、绝缘和接地不良； (2) 电源无触电保护或和工具设备无接地保护； (3) 使用时如砂轮片、切割片等断裂飞出	触电 、机械伤害	3	1	3	9	1	(1) 使用前检查工具的接地情况； (2) 引入电源线必须经过二级以上漏电保安器； (3) 准确使用电动工具，必须在切断电源待其在停止状态下方可进行检修或调整； (4) 使用的磨光机必须装有防护罩，佩戴好防护眼镜
		使用检修平台不规范	高处坠落、坍塌	3	0.5	40	60	2	(1) 检修平台严禁超载使用； (2) 作业人员必须系好安全带，并把安全带挂在安全绳上； (3) 检修平台的自锁装置完好
6	浓、淡相煤粉喷嘴安装，各二次风、AA风喷口安装	焊接工作时工作人员未正确使用个人防护用品、未做好防触电措施、未做好防火措施	烫伤、灼伤、触电、火灾、有害气体、粉尘、烟雾伤害	3	0.5	15	22.5	2	(1) 焊接人员进行作业时，应穿戴好工作服、绝缘鞋、面罩、耐火防护手套等符合专业防护要求的劳动防护用品，衣着不得敞领卷袖； (2) 焊工在施工时应采取防止电焊电压触电的措施； (3) 电焊作业下方铺设好防火毯，工作结束必须切断焊机电源并确认作业点周围无遗留火种后方可离开； (4) 焊接工作场所应加强通风

续表

编号	作业步骤	危害因素	可能导致的后果	风险评价					控制措施
				L	E	C	D	风险程度	
7	浓、淡相煤粉喷嘴体检查、拆除	使用检修平台不规范	高处坠落、坍塌	3	0.5	40	60	2	(1) 检修平台严禁超载使用； (2) 作业人员必须系好安全带，并把安全带挂在安全绳上； (3) 检修平台的自锁装置完好
		设备或材料未做好防坠落措施及未正确使用安全帽等劳保用品	物体打击	3	0.5	15	22.5	2	(1) 应检查耐火砖、大块焦渣有无塌落的危险，遇有可能塌落的，应先用长棒从人孔门或看火孔等处打落； (2) 在炉外工具放置点必须满铺橡皮垫，工具放在橡皮垫上面
		未配备或不正确使用防尘口罩等劳保用品	尘肺病	3	3	1	9	1	戴防尘口罩、正确使用个人防护用品（口罩、披肩帽、防护镜、工作服等）
		架子使用不规范	高处坠落、坍塌	3	0.5	40	60	2	(1) 严禁脚手架超载使用； (2) 炉内铁丝匝的架子一般只允许两人在同一架子平台工作
		使用手动工具不当	物体打击	3	1	1	3	1	(1) 使用前应作仔细检查； (2) 打锤时，握锤的手不得戴手套； (3) 打锤挥动方向不得对人； (4) 禁止使用没手柄的工具

续表

编号	作业步骤	危害因素	可能导致的后果	风险评价					控制措施
				L	E	C	D	风险程度	
7	浓、淡相煤粉喷嘴体检查、拆除	(1) 电动工具不符合要求如电线破损、绝缘和接地不良； (2) 电源无触电保护或和工具设备无接地保护； (3) 使用电动工具时如砂轮片、切割片等断裂飞出	触电、机械伤害	3	1	3	9	1	(1) 使用前检查工具的接地情况； (2) 引入电源线必须经过二级以上漏电保安器； (3) 准确使用电动工具，必须在切断电源待其在停止状态下方可进行检修或调整； (4) 使用的磨光机必须装有防护罩，佩戴好防护眼镜
		使用的手拉葫芦不合格或使用不规范	起重伤害、其他人身伤害	3	0.5	15	22.5	2	(1) 使用前检查手拉葫芦、钢丝绳吊扣等； (2) 戴防护手套、戴安全帽； (3) 吊物必须捆绑牢固，保持重心稳定； (4) 设专人指挥起吊，避免吊物下站人； (5) 设置隔离措施
		气割作业未开动火票或未做好防火措施	火灾、爆炸、人身伤害	3	0.5	15	22.5	2	(1) 按要求办理二级动火票； (2) 脚手板处铺好石棉毯； (3) 动火工作间断、终结时清理并检查现场无残留火种； (4) 氧气瓶和乙炔瓶的距离不得小于8m，必须直立放置在炉外；

续表

编号	作业步骤	危害因素	可能导致的后果	风险评价					控制措施
				L	*E*	*C*	*D*	风险程度	
7	浓、淡相煤粉喷嘴体检查、拆除	气割作业未开动火票或未做好防火措施	火灾、爆炸、人身伤害	3	0.5	15	22.5	2	（5）氧气管和乙炔管在工作中防止沾上油脂； （6）焊枪点火时先开氧气门，再开乙炔气门，熄火时与此操作相反
8	浓、淡相煤粉喷嘴体安装	焊接工作时工作人员未正确使用个人防护用品、未做好防触电措施、未做好防火措施	烫伤、灼伤、触电、火灾、有害气体、粉尘、烟雾伤害	3	0.5	15	22.5	2	（1）焊接人员进行作业时，应穿戴好工作服、绝缘鞋、面罩、耐火防护手套等符合专业防护要求的劳动防护用品，衣着不得敞领卷袖； （2）焊工在施工时应采取防止电焊电压触电的措施； （3）电焊作业下方铺设好防火毯，工作结束必须切断焊机电源并确认作业点周围无遗留火种后方可离开； （4）焊接工作场所应加强通风
9	燃烧器执行机构检查、消缺	使用的手拉葫芦不合格或使用不规范	起重伤害、其他人身伤害	3	0.5	15	22.5	2	（1）使用前检查手拉葫芦、钢丝绳吊扣等； （2）戴防护手套、戴安全帽； （3）吊物必须捆绑牢固，保持重心稳定； （4）设专人指挥起吊，避免吊物下站人； （5）设置隔离措施

续表

编号	作业步骤	危害因素	可能导致的后果	风险评价					控制措施
				L	*E*	*C*	*D*	风险程度	
9	燃烧器执行机构检查、消缺	气割作业未开动火票或未做好防火措施	火灾、爆炸、人身伤害	3	0.5	15	22.5	2	(1) 按要求办理二级动火票； (2) 脚手板处铺好石棉毯； (3) 动火工作间断、终结时清理并检查现场无残留火种； (4) 氧气瓶和乙炔瓶的距离不得小于8m，必须直立放置在炉外； (5) 氧气管和乙炔管在工作中防止沾上油脂； (6) 焊枪点火时先开氧气门，再开乙炔气门，熄火时与此操作相反
10	燃烧器支吊架检查、调整	使用的手拉葫芦不合格或使用不规范	起重伤害、其他人身伤害	3	0.5	15	22.5	2	(1) 使用前检查手拉葫芦、钢丝绳吊扣等； (2) 戴防护手套、戴安全帽； (3) 吊物必须捆绑牢固，保持重心稳定； (4) 设专人指挥起吊，避免吊物下站人； (5) 设置隔离措施
11	脚手架拆除	(1) 安全带、差速器未使用或使用不当； (2) 设备或材料未做好防坠落措施及未正确使用安全帽等劳保用品；	(1) 高处坠落； (2) 物体打击； (3) 高温烫伤	3	0.5	15	22.5	2	(1) 正确佩戴安全帽、安全带、差速器； (2) 一律使用工具袋； (3) 安全带高挂低用，且挂在牢固可靠的物体上；

续表

编号	作业步骤	危害因素	可能导致的后果	风险评价					控制措施
				L	*E*	*C*	*D*	风险程度	
11	脚手架拆除	(3) 环境温度过高、未正确使用劳保用品及穿棉质连体服	(1) 高处坠落；(2) 物体打击；(3) 高温烫伤	3	0.5	15	22.5	2	(4) 做好脚手架管、卡件及毛竹片的防坠落措施，施工区域正下方设安全围栏、挂警示牌；(5) 正确使用劳保用品，穿棉质连体服
12	保温恢复	(1) 安全带、差速器未使用或使用不当；(2) 设备或材料未做好防坠落措施及未正确使用安全帽等劳保用品；(3) 环境温度过高、未正确使用劳保用品及穿棉质连体服	(1) 高处坠落；(2) 物体打击；(3) 高温烫伤	3	0.5	15	22.5	2	(1) 正确佩戴安全帽、安全带、差速器；(2) 一律使用工具袋；(3) 安全带高挂低用，且挂在牢固可靠的物体上；(4) 做好拆卸下来的保温材料的防坠落措施；(5) 正确使用劳保用品，穿棉质连体服
13	封人孔门	工具和人员遗留在设备中	(1) 设备损坏；(2) 人身伤害	3	0.5	15	22.5	2	工作负责人应清点人员和工具，检查确实无人或工具留在过热器内，方可关人孔门
三	完工恢复								
1	整体试运	(1) 安全措施未恢复；(2) 触碰电机及机械转动部位；(3) 误操作；	(1) 触电；(2) 人身伤害；(3) 设备事故	3	0.5	15	22.5	2	(1) 确认工作票已经回押；(2) 确认恢复安全措施；(3) 试运时专人现场监护

续表

编号	作业步骤	危害因素	可能导致的后果	风险评价					控制措施
				L	*E*	*C*	*D*	风险程度	
1	整体试运	(4) 工作票未回押； (5) 电源线盒位盖未扣严密	(1) 触电； (2) 人身伤害； (3) 设备事故	3	0.5	15	22.5	2	(1) 确认工作票已经回押； (2) 确认恢复安全措施； (3) 试运时专人现场监护
2	结束工作(现场文明施工)	(1) 遗漏工器具； (2) 现场遗留检修杂物； (3) 不拆除临时用电； (4) 不结束工作票，终结工作票继续进行工作	(1) 设备损坏； (2) 人身伤害； (3) 设备故障	6	3	1	18	1	(1) 收齐检查工器具； (2) 清扫检修现场； (3) 拆除临时用电； (4) 结束工作票
四	作业环境								
1	在高处环境中作业	(1) 安全带、差速器未使用或使用不当； (2) 设备或材料未做好防坠落措施及未正确使用安全帽等劳保用品	(1) 高处坠落； (2) 物体打击	3	0.5	40	60	2	(1) 正确佩戴安全帽、安全带、差速器； (2) 一律使用工具袋； (3) 安全带高挂低用，且挂在牢固可靠的物体上； (4) 做好拆卸下来的保温材料的防坠落措施
2	在高温环境中作业	环境温度过高、未正确使用劳保用品及穿棉质连体服	烫伤、中暑	3	1	1	3	1	(1) 温度在60℃以上时不准入内进行工作； (2) 打开人孔门，加强通风；备好饮用水； (3) 穿棉质连体服

续表

编号	作业步骤	危害因素	可能导致的后果	风险评价					控制措施
				L	E	C	D	风险程度	
3	在粉尘环境中作业	未配备或不正确使用防尘口罩等劳保用品	尘肺病	3	3	1	9	1	戴防尘口罩、正确使用个人防护用品（口罩、披肩帽、防护镜、工作服等）

28 燃油泵检修

<table>
<tr><td colspan="5">主要作业风险：
（1）触电；
（2）火灾；
（3）物体打击</td><td colspan="6">控制措施：
（1）办理工作票、确认检修开关、验电、上锁挂牌；
（2）使用绝缘手套、绝缘鞋、面罩和防电弧服；
（3）吊装前检查吊装器具、禁止站在吊件下；
（4）如动火需开动火工作票、使用阻燃垫布、专人监护</td></tr>
<tr><td rowspan="2">编号</td><td rowspan="2">作业步骤</td><td rowspan="2">危害因素</td><td rowspan="2">可能导致的后果</td><td colspan="5">风险评价</td><td rowspan="2">控制措施</td></tr>
<tr><td>L</td><td>E</td><td>C</td><td>D</td><td>风险程度</td></tr>
<tr><td>一</td><td colspan="2">检修前准备</td><td></td><td></td><td></td><td></td><td></td><td></td><td></td></tr>
<tr><td>1</td><td>切断电源</td><td>（1）拉错开关、走错间隔或误送电导致设备带电或误动；
（2）误碰其他有电部位产生电弧</td><td>（1）触电、电弧灼伤；
（2）火灾；
（3）设备事故</td><td>1</td><td>6</td><td>15</td><td>90</td><td>3</td><td>（1）办理工作票，确认执行安全措施；
（2）双人共同确认检修开关、上锁、验电和挂警示牌；
（3）使用个人防护用品，如绝缘手套、绝缘鞋、面罩和防电弧服</td></tr>
<tr><td>2</td><td>临时用电</td><td>（1）电源、电压等级和接线方式不符要求；
（2）负荷过载</td><td>（1）触电；
（2）火灾</td><td>1</td><td>6</td><td>7</td><td>42</td><td>2</td><td>（1）检查电源；
（2）验电</td></tr>
<tr><td>3</td><td>场地布置</td><td>工具、设备落地</td><td>设备事故</td><td>1</td><td>6</td><td>7</td><td>42</td><td>2</td><td>工作现场铺设好橡胶垫</td></tr>
<tr><td>4</td><td>个人劳保用品</td><td>（1）手指碰伤、割伤；
（2）蒸汽烫伤</td><td>人身伤害</td><td>1</td><td>6</td><td>7</td><td>42</td><td>2</td><td>（1）工作中带好工作手套；
（2）口罩、防护眼镜等劳保用品能正确使用；
（3）进行高温蒸汽检修工作时，穿戴防烫服</td></tr>
</table>

续表

编号	作业步骤	危害因素	可能导致的后果	风险评价					控制措施
				L	*E*	*C*	*D*	风险程度	
5	安全交底	（1）工作前未识别安全隐患； （2）现场吸烟、酒后工作等	（1）火灾； （2）高处坠落； （3）人身伤害	1	6	7	42	2	工作前由工作负责人对工作人员进行安全交底
6	工器具准备	（1）电动工具未经检验合格； （2）起重工具未检验合格； （3）机工具存在设备缺陷	（1）设备事故； （2）人身伤害	1	6	7	42	2	（1）电动、起重工具使用前，检查检验合格标签； （2）机工具使用前检查是否存在裂纹
7	搭设脚手架	（1）检修脚手架无搭设委托单，搭设要求如载重、搭设环境不明，在高压电附近搭设等； （2）搭设人员无资质、不戴安全帽、不系安全带和穿防滑鞋等； （3）搭拆脚手架中误碰设备； （4）搭拆脚手架时工具、材料掉下砸伤人；	（1）高处坠落； （2）触电	1	6	7	42	2	（1）填写搭设委托单，明确搭设要求如载重、搭设环境等； （2）检查搭设人员有无资质； （3）搭设时戴安全帽、系安全带和穿防滑鞋等； （4）经验收合格和挂牌后使用

续表

编号	作业步骤	危害因素	可能导致的后果	风险评价					控制措施
				L	*E*	*C*	*D*	风险程度	
7	搭设脚手架	（5）脚手架不符合要求，如立杆、大横杆和小横杆间距太大，不符合要求； （6）未经验收合格和挂牌后使用	（1）高处坠落； （2）触电	1	6	7	42	2	（1）填写搭设委托单，明确搭设要求如载重、搭设环境等； （2）检查搭设人员有无资质； （3）搭设时戴安全帽、系安全带和穿防滑鞋等； （4）经验收合格和挂牌后使用
二	检修过程								
1	靠背轮拆卸	（1）拆卸靠背轮时，使用工具不当，碰伤人员； （2）靠背轮滑脱	人身伤害	1	3	7	21	2	工作前做好预防措施，佩戴好劳保用品
2	连接小管路拆卸（油管、冷却水管）	（1）拆卸过程中，使用工具不当，碰伤工作人员； （2）拆卸油管路时，未做好预防措施，造成油污染	人身伤害	1	6	7	42	2	工作前做好预防措施，佩戴好劳保用品
3	地脚螺栓拆除	拆卸螺栓时，使用工具不当	人身伤害	1	6	7	42	2	工作前做好预防措施，佩戴好劳保用品
4	轴承箱前后轴瓦端盖拆卸	（1）拆卸时碰伤人员； （2）端盖脱落； （3）拆卸前，未进行放油，造成油污染	人身伤害	1	6	7	42	2	（1）工作前做好预防措施，佩戴好劳保用品； （2）在油管路接头处放置油盆

续表

编号	作业步骤	危害因素	可能导致的后果	风险评价					控制措施
				L	E	C	D	风险程度	
5	高、低压端机械密封拆卸	（1）使用工具不当，损坏机械密封； （2）未做好保护措施，机械密封损坏	人身伤害	1	6	7	42	2	工作前做好技术交底
6	轴瓦检修	（1）翻瓦时碰坏瓦面； （2）轴瓦吊装中掉落，砸坏； （3）轴瓦回装时，有异物进入	（1）人身伤害； （2）设备损坏	1	6	7	42	2	（1）工作前做好技术交底； （2）工作中做好预防措施
7	叶轮检修	（1）叶轮取出时滑落； （2）检查叶片时碰坏	（1）人身伤害； （2）设备损坏	1	6	7	42	2	工作前做好预防措施，佩戴好劳保用品
8	设备回装	（1）各部件回装过程中，掉落砸坏； （2）叶轮、轴承等设备位置方向错误； （3）紧固螺栓时，工具使用不当造成人员碰伤	（1）人身伤害； （2）设备损坏	1	6	7	42	2	（1）工作前做好预防措施，佩戴好劳保用品； （2）设备解体时做好标记
三	恢复检验								
1	申请试运	（1）工作票未回押； （2）现场工作人员仍在施工	人身伤害	1	3	15	45	2	（1）回押工作票； （2）试运前确认现场无工作

续表

编号	作业步骤	危害因素	可能导致的后果	风险评价					控制措施
				L	*E*	*C*	*D*	风险程度	
2	结束工作	（1）遗漏工器具； （2）现场遗留检修杂物； （3）不拆除临时用电； （4）不结束工作票	（1）触电； （2）人身伤害	1	3	15	45	2	（1）收齐检查工器具； （2）清扫检修现场； （3）拆除临时用电； （4）结束工作票
四	作业环境								
1	照明不足	（1）照明不足； （2）漏电	（1）人身伤害； （2）触电	1	3	15	45	2	（1）在工作现场合理布置若干盏冷光灯，保证照明充足； （2）在磨煤机内使用12V以下行灯照明； （3）合理布置照明线路
2	油库区域	火灾	人身伤害	1	6	15	90	3	油库区域内工作，做好防火措施

29 燃油罐及附属管道检修

<table>
<tr><td colspan="4">**主要作业风险：**
（1）触电；
（2）人身伤害；
（3）设备损坏；
（4）机械伤害；
（5）环境污染；
（6）其他伤害；
（7）窒息；
（8）火险</td><td colspan="6">**控制措施：**
（1）确认设备名称及检修的工艺要求；
（2）加强设备起重人员的管理；
（3）严格执行设备验收制度以及工作票制度；
（4）制定严格的动火工作票制度，执行安全措施，监护人到位；
（5）加强劳动防护用品的使用和规范；
（6）检修前进行细致的技术交底和安全交底；
（7）加强通风；
（8）严禁明火，使用防爆管具</td></tr>
<tr><th rowspan="2">编号</th><th rowspan="2">作业步骤</th><th rowspan="2">危害因素</th><th rowspan="2">可能导致的后果</th><th colspan="5">风险评价</th><th rowspan="2">控制措施</th></tr>
<tr><th>L</th><th>E</th><th>C</th><th>D</th><th>风险程度</th></tr>
<tr><td>一</td><td colspan="9">检修前准备</td></tr>
<tr><td>1</td><td>安全措施确认</td><td>（1）走错间隔；
（2）设备未隔离；
（3）系统未泄压</td><td>（1）设备损坏；
（2）人身伤害</td><td>3</td><td>0.5</td><td>15</td><td>22.5</td><td>2</td><td>（1）检修前确认设备名称和位置；
（2）确认停电开关，确认安全措施执行情况；
（3）工作前确认系统是否泄压</td></tr>
<tr><td>2</td><td>安全交底</td><td>（1）安全交底不清楚；
（2）交底的内容存在缺陷；
（3）交底没有落实到每一位人员</td><td>（1）人身伤害；
（2）设备损坏</td><td>3</td><td>1</td><td>3</td><td>9</td><td>1</td><td>（1）加强对人员的安全培训和学习；
（2）严格执行安全交底的有关工作</td></tr>
<tr><td>3</td><td>场地布置</td><td>（1）工具摆放凌乱；
（2）场地选择不当如场地条件（照明等）不足</td><td>（1）人身伤害；
（2）影响人员通行</td><td>3</td><td>1</td><td>3</td><td>9</td><td>1</td><td>（1）严格执行定置管理要求；
（2）进场前进行确认检查；
（3）正确使用工器具</td></tr>
</table>

续表

编号	作业步骤	危害因素	可能导致的后果	风险评价					控制措施
				L	*E*	*C*	*D*	风险程度	
4	手动工具准备	(1) 手动工具如敲击工具锤头松脱、破损等； (2) 使用不合适工具，小工具准备不全或遗漏等	(1) 人身伤害； (2) 设备损坏	3	1	3	9	1	(1) 使用前确认工具型号和标示； (2) 使用前确认工具完好合格
5	电动工具准备	(1) 电动工具不符合要求如电线破损、绝缘和接地不良； (2) 电源无触电保护或和工具设备无接地保护； (3) 使用时如砂轮片、切割片等断裂飞出	(1) 触电； (2) 机械伤害； (3) 人身伤害	3	0.5	15	22.5	2	(1) 使用前检查电源线、接地和其他部件良好，经检验合格在有效期内； (2) 电源盘等必须使用漏电保护器； (3) 确保易耗品，如砂轮片、切割片的质量； (4) 使用正确劳动防护用品，如眼镜、面罩等
6	个人防护用品准备	(1) 未正确佩戴安全帽及工作服； (2) 使用不合格的安全带	(1) 人身伤害； (2) 高处坠落	3	0.5	15	22.5	2	(1) 正确佩戴安全帽及工作服； (2) 使用在安全使用期内的安全带，并正确挂好安全带
二	检修过程								
1	打开人孔门	(1) 劳保用品佩戴不当； (2) 使用工具不当； (3) 设备未做标记；	(1) 人身伤害； (2) 设备损坏	3	0.5	15	22.5	2	(1) 使用防爆管具； (2) 设备拆装严格地进行有效的标记，并做好记录；

续表

编号	作业步骤	危害因素	可能导致的后果	风险评价					控制措施
				L	E	C	D	风险程度	
1	打开人孔门	（4）残余压力	（1）人身伤害； （2）设备损坏	3	0.5	15	22.5	2	（3）加强相互之间的监督，严格遵守公司关于劳保用品正确使用的规定； （4）设备拆除前要进要确认安全措施完全执行； （5）禁止戴手套或单手抡大锤，敲击扳手应做好防脱落措施；禁止使用没手柄的工具
2	燃油罐内部清理检查	（1）劳保用品佩戴不当； （2）使用工具不当； （3）通风不良； （4）监护不力； （5）残留压力； （6）照明漏电或使用不合格电气工具	（1）其他伤害； （2）物体打击； （3）中毒和窒息； （4）触电； （5）高处坠落	3	0.5	15	22.5	2	（1）加强相互之间的监督，严格遵守公司关于劳保用品正确使用的规定； （2）先加强通风（但严禁向内部输送氧气），再进行有害气体、含氧量的测量； （3）容器内不能吸烟；使用正压式呼吸器； （4）专人应站在能看到或听到容器内工作人员的地方监护； （5）使用前检查工具的接地情况：引入电源线必须经过二级以上漏电保安器；线盘应放在外面，开关设在监护人伸手可及的地方；容器内接照明，只能用12V行灯、15mA触电保安器，行灯变压器应放在容器外面，并设专人监护

续表

编号	作业步骤	危害因素	可能导致的后果	风险评价					控制措施
				L	*E*	*C*	*D*	风险程度	
3	关闭人孔门	(1) 关闭人孔门前没有清点机工具； (2) 关闭人孔门前没有清点人员	(1) 人身伤害； (2) 设备事故	3	0.5	15	22.5	2	在关闭容器、槽箱的人孔门以前，工作负责人必须清点人员和工具，检查确实没有人员或工具、材料等遗留物在内，方可关闭
三	完工恢复								
1	检查、恢复设备各系统	(1) 走错间隔； (2) 误操作； (3) 操作不到位	(1) 人身伤害； (2) 设备损坏； (3) 系统无法投运，影响工作进度	3	1	7	21	2	(1) 回押工作票； (2) 确认恢复安全措施
2	结束工作（现场文明施工）	(1) 遗漏工器具； (2) 现场遗留检修杂物； (3) 不拆除临时用电； (4) 不结束工作票，终结工作票继续进行工作	(1) 设备损坏； (2) 人身伤害； (3) 设备故障	6	3	1	18	1	(1) 收齐检查工器具； (2) 清扫检修现场； (3) 拆除临时用电； (4) 结束工作票
四	作业环境								
1	容器内作业	(1) 劳保用品佩戴不当； (2) 使用工具不当； (3) 通风不良； (4) 监护不力； (5) 残留压力； (6) 照明漏电或使用不合格电气工具	(1) 其他伤害； (2) 物体打击； (3) 中毒和窒息； (4) 触电； (5) 高处坠落	3	1	7	21	2	(1) 加强相互之间的监督，严格遵守公司关于劳保用品正确使用的规定； (2) 先加强通风（但严禁向内部输送氧气），再进行有害气体、含氧量的测量； (3) 容器内不能吸烟；使用正压式呼吸器；

续表

编号	作业步骤	危害因素	可能导致的后果	风险评价					控制措施
				L	*E*	*C*	*D*	风险程度	
1	容器内作业	（1）劳保用品佩戴不当； （2）使用工具不当； （3）通风不良； （4）监护不力； （5）残留压力； （6）照明漏电或使用不合格电气工具	（1）其他伤害； （2）物体打击； （3）中毒和窒息； （4）触电； （5）高处坠落	3	1	7	21	2	（4）专人应站在能看到或听到容器内工作人员的地方监护； （5）使用前检查工具的接地情况：引入电源线必须经过二级以上漏电保安器；线盘应放在外面，开关设在监护人伸手可及的地方；容器内接照明，只能用12V行灯、15mA触电保安器，行灯变压器应放在容器外面，并设专人监护
2	在受限空间中作业	（1）未正确佩戴安全帽； （2）临时照明电线破损、绝缘不良、未固定好； （3）窒息	物体打击（碰头）、触电	3	0.5	15	22.5	2	（1）人孔门外设置警告牌、正确佩戴好安全帽； （2）炉内使用220V临时性固定电灯时，必须绝缘良好，并固定在人碰不到的地方； （3）人孔门外设专人监护； （4）作业场所加强通风

30 声波吹灰器入口滤网更换

主要作业风险： （1）高处坠落； （2）物体打击； （3）设备损坏	控制措施： （1）正确使用合格的安全带； （2）做好设备及材料的防坠落措施，戴好安全帽并系紧帽带，避免交叉作业； （3）正确使用小型机工具

编号	作业步骤	危害因素	可能导致的后果	风险评价					控制措施
				L	*E*	*C*	*D*	风险程度	
一	检修前准备								
1	安全措施确认	（1）走错间隔； （2）设备未隔离； （3）系统未泄压	（1）设备损坏； （2）人身伤害	3	0.5	15	22.5	2	（1）检修前确认设备名称和位置； （2）确认停电开关，确认安全措施执行情况； （3）工作前确认系统是否泄压
2	安全交底	（1）安全交底不清楚； （2）交底的内容存在缺陷； （3）交底没有落实到每一位人员	（1）人身伤害； （2）设备损坏	3	1	3	9	1	（1）加强对人员的安全培训和学习； （2）严格执行安全交底的有关工作
3	场地布置	（1）工具摆放凌乱； （2）场地选择不当，如场地条件（照明等）不足	（1）人身伤害； （2）影响人员通行	3	1	3	9	1	（1）严格执行定置管理要求； （2）进场前进行确认检查； （3）正确使用工器具

续表

编号	作业步骤	危害因素	可能导致的后果	风险评价					控制措施
				L	*E*	*C*	*D*	风险程度	
4	手动工具准备	(1) 手动工具如敲击工具锤头松脱、破损等； (2) 使用不合适工具，小工具准备不全或遗漏等	(1) 人身伤害； (2) 设备损坏	3	1	3	9	1	(1) 使用前确认工具型号和标示； (2) 使用前确认工具完好合格
5	个人防护用品准备	(1) 未正确穿戴安全帽及工作服； (2) 使用不合格的安全带	(1) 人身伤害； (2) 高处坠落	3	0.5	15	22.5	2	(1) 正确穿戴安全帽及工作服； (2) 使用在安全使用期内的安全带，并正确挂好安全带
二	检修								
1	滤网更换	(1) 安全带、差速器未使用或使用不当； (2) 设备或材料未做好防坠落措施及未正确使用安全帽等劳保用品； (3) 小型工具未系安全绳	(1) 高处坠落； (2) 物体打击； (3) 落物、设备损坏	3	0.5	15	22.5	2	(1) 正确佩戴安全帽、安全带； (2) 做好设备及材料的防坠落措施，一律使用工具袋； (3) 小型工具系好安全绳，并正确使用
三	完工恢复								
1	结束工作（现场文明施工）	(1) 遗漏工器具； (2) 现场遗留检修杂物； (3) 不拆除临时用电； (4) 不结束工作票，终结工作票继续进行工作	(1) 设备损坏； (2) 人身伤害； (3) 设备故障	6	3	1	18	1	(1) 收齐检查工器具； (2) 清扫检修现场； (3) 拆除临时用电； (4) 结束工作票

续表

编号	作业步骤	危害因素	可能导致的后果	风险评价					控制措施
				L	*E*	*C*	*D*	风险程度	
四	作业环境								
1	在高处环境中作业	（1）安全带、差速器未使用或使用不当； （2）设备或材料未做好防坠落措施及未正确使用安全帽等劳保用品	（1）高处坠落； （2）物体打击	3	0.5	40	60	2	（1）正确佩戴安全帽、安全带、差速器； （2）一律使用工具袋； （3）安全带高挂低用，且挂在牢固可靠的物体上； （4）做好拆卸下来的保温材料的防坠落措施

31 声波吹灰器系统平台、挡脚板安装

<table>
<tr><td colspan="5">主要作业风险：
（1）高处坠落；
（2）高温烫伤；
（3）触电；
（4）火灾</td><td colspan="6">控制措施：
（1）正确使用合格的安全带；
（2）正确使用个人防护用品；
（3）使用绝缘手套、绝缘鞋、面罩和防电弧服；
（4）做好防火措施</td></tr>
<tr><th rowspan="2">编号</th><th rowspan="2">作业步骤</th><th rowspan="2">危害因素</th><th rowspan="2">可能导致的后果</th><th colspan="5">风险评价</th><th rowspan="2">控制措施</th></tr>
<tr><th>L</th><th>E</th><th>C</th><th>D</th><th>风险程度</th></tr>
<tr><td>一</td><td colspan="3">检修前准备</td><td></td><td></td><td></td><td></td><td></td><td></td></tr>
<tr><td>1</td><td>安全措施确认</td><td>（1）走错间隔；
（2）设备未隔离；
（3）系统未泄压</td><td>（1）设备损坏；
（2）人身伤害</td><td>3</td><td>0.5</td><td>15</td><td>22.5</td><td>2</td><td>（1）检修前确认设备名称和位置；
（2）确认停电开关，确认安全措施执行情况；
（3）工作前确认系统是否泄压</td></tr>
<tr><td>2</td><td>安全交底</td><td>（1）安全交底不清楚；
（2）交底的内容存在缺陷；
（3）交底没有落实到每一位人员</td><td>（1）人身伤害；
（2）设备损坏</td><td>3</td><td>1</td><td>3</td><td>9</td><td>1</td><td>（1）加强对人员的安全培训和学习；
（2）严格执行安全交底的有关工作</td></tr>
<tr><td>3</td><td>场地布置</td><td>（1）工具摆放凌乱；
（2）场地选择不当，如场地条件（照明等）不足</td><td>（1）人身伤害；
（2）影响人员通行</td><td>3</td><td>1</td><td>3</td><td>9</td><td>1</td><td>（1）严格执行定置管理要求；
（2）进场前进行确认检查；
（3）正确使用工器具</td></tr>
</table>

续表

编号	作业步骤	危害因素	可能导致的后果	风险评价					控制措施
				L	*E*	*C*	*D*	风险程度	
4	手动工具准备	(1)手动工具如敲击工具锤头松脱、破损等； (2)使用不合适工具，小工具准备不全或遗漏等	(1)人身伤害； (2)设备损坏	3	1	3	9	1	(1)使用前确认工具型号和标示； (2)使用前确认工具完好合格
5	个人防护用品准备	(1)未正确穿戴安全帽及工作服； (2)使用不合格的安全带	(1)人身伤害； (2)高处坠落	3	0.5	15	22.5	2	(1)正确佩戴安全帽及工作服； (2)使用在安全使用期内的安全带，并正确挂好安全带
二	检修								
1	声波吹灰器系统平台、挡脚板下料、安装	气割作业未开动火票或未做好防火措施	火灾、爆炸、人身伤害	3	0.5	15	22.5	2	(1)按要求办理二级动火票； (2)脚手板处铺好石棉毯； (3)动火工作间断、终结时清理并检查现场无残留火种； (4)氧气瓶和乙炔瓶的距离不得小于8m，必须直立放置在炉外； (5)氧气管和乙炔管在工作中防止沾上油脂； (6)焊枪点火时先开氧气门，再开乙炔气门，熄火时与此操作相反；
		安全带未使用或使用不当	高处坠落	3	0.5	15	22.5	2	正确佩戴安全帽、安全带，安全带高挂低用，且挂在牢固可靠的物体上

续表

编号	作业步骤	危害因素	可能导致的后果	风险评价					控制措施
				L	E	C	D	风险程度	
2	声波吹灰器系统平台、挡脚板焊接	焊接工作时工作人员未正确使用个人防护用品、未做好防触电措施、未做好防火措施	烫伤、灼伤、触电、火灾、有害气体、粉尘、烟雾伤害	3	0.5	15	22.5	2	(1) 焊接人员进行作业时，应穿戴好工作服、绝缘鞋、面罩、耐火防护手套等符合专业防护要求的劳动防护用品，衣着不得敞领卷袖； (2) 焊工在施工时应采取防止电焊电压触电的措施； (3) 电焊作业下方铺设好防火毯，工作结束必须切断焊机电源并确认作业点周围无遗留火种后方可离开； (4) 焊接工作场所应加强通风
三	完工恢复								
1	结束工作（现场文明施工）	(1) 遗漏工器具； (2) 现场遗留检修杂物； (3) 不拆除临时用电； (4) 不结束工作票，终结工作票继续进行工作	(1) 设备损坏； (2) 人身伤害； (3) 设备故障	6	3	1	18	1	(1) 收齐检查工器具； (2) 清扫检修现场； (3) 拆除临时用电； (4) 结束工作票
四	作业环境								
1	在高处环境中作业	(1) 安全带未使用或使用不当； (2) 设备或材料未做好防坠落措施及未正确使用安全帽等劳保用品	(1) 高处坠落； (2) 物体打击	3	0.5	40	60	2	(1) 正确佩戴安全帽、安全带； (2) 一律使用工具袋； (3) 安全带高挂低用，且挂在牢固可靠的物体上； (4) 做好拆卸下来的保温材料的防坠落措施

续表

编号	作业步骤	危害因素	可能导致的后果	风险评价					控制措施
				L	E	C	D	风险程度	
2	在高温环境中作业	环境温度过高、未正确使用劳保用品及穿棉质连体服	烫伤	3	1	1	3	1	穿棉质连体服

32 疏水金属软管更换

<table>
<tr><td colspan="4">主要作业风险：
（1）高处坠落；
（2）高温烫伤；
（3）机械伤害；
（4）触电；
（5）火灾</td><td colspan="6">控制措施：
（1）正确使用合格的安全带；
（2）正确使用个人防护用品；
（3）正确使用机工具；
（4）使用绝缘手套、绝缘鞋、面罩和防电弧服；
（5）按要求办理二级动火票，并做好防火措施</td></tr>
<tr><td rowspan="2">编号</td><td rowspan="2">作业步骤</td><td rowspan="2">危害因素</td><td rowspan="2">可能导致的后果</td><td colspan="5">风险评价</td><td rowspan="2">控制措施</td></tr>
<tr><td>L</td><td>E</td><td>C</td><td>D</td><td>风险程度</td></tr>
<tr><td>一</td><td colspan="3">检修前准备</td><td></td><td></td><td></td><td></td><td></td><td></td></tr>
<tr><td>1</td><td>安全措施确认</td><td>（1）走错间隔；
（2）设备未隔离；
（3）系统未泄压</td><td>（1）设备损坏；
（2）人身伤害</td><td>3</td><td>0.5</td><td>15</td><td>22.5</td><td>2</td><td>（1）检修前确认设备名称和位置；
（2）确认停电开关，确认安全措施执行情况；
（3）工作前确认系统是否泄压</td></tr>
<tr><td>2</td><td>安全交底</td><td>（1）安全交底不清楚；
（2）交底的内容存在缺陷；
（3）交底没有落实到每一位人员</td><td>（1）人身伤害；
（2）设备损坏</td><td>3</td><td>1</td><td>3</td><td>9</td><td>1</td><td>（1）加强对人员的安全培训和学习；
（2）严格执行安全交底的有关工作</td></tr>
<tr><td>3</td><td>场地布置</td><td>（1）工具摆放凌乱；
（2）场地选择不当如场地条件不足（照明等）</td><td>（1）人身伤害；
（2）影响人员通行</td><td>3</td><td>1</td><td>3</td><td>9</td><td>1</td><td>（1）严格执行定置管理要求；
（2）进场前进行确认检查；
（3）正确使用工器具</td></tr>
</table>

续表

编号	作业步骤	危害因素	可能导致的后果	风险评价					控制措施
				L	E	C	D	风险程度	
4	手动工具准备	(1) 手动工具如敲击工具锤头松脱、破损等； (2) 使用不合适工具，小工具准备不全或遗漏等	(1) 人身伤害； (2) 设备损坏	3	1	3	9	1	(1) 使用前确认工具型号和标示； (2) 使用前确认工具完好合格
5	个人防护用品准备	(1) 未正确穿戴安全帽及工作服； (2) 使用不合格的安全带	(1) 人身伤害； (2) 高处坠落	3	0.5	15	22.5	2	(1) 正确佩戴安全帽及工作服； (2) 使用在安全使用期内的安全带，并正确挂好安全带
二	检修								
1	疏水软管更换	气割作业未开动火票或未做好防火措施	火灾、爆炸、人身伤害	3	0.5	15	22.5	2	(1) 按要求办理二级动火票； (2) 脚手板处铺好石棉毯； (3) 动火工作间断、终结时清理并检查现场无残留火种； (4) 氧气瓶和乙炔瓶的距离不得小于8m，必须直立放置在炉外； (5) 氧气管和乙炔管在工作中防止沾上油脂； (6) 焊枪点火时先开氧气门，再开乙炔气门，熄火时与此操作相反
		系统未泄压	高温烫伤	3	0.5	15	22.5	2	确认系统泄压后方可工作
		安全带未使用或使用不当	高处坠落	3	0.5	15	22.5	2	正确佩戴安全帽、安全带；安全带高挂低用，且挂在牢固可靠的物体上

续表

编号	作业步骤	危害因素	可能导致的后果	风险评价					控制措施
				L	E	C	D	风险程度	
2	疏水软管法兰焊接恢复	焊接工作时工作人员未正确使用个人防护用品、未做好防触电措施、未做好防火措施	烫伤、灼伤、触电、火灾、有害气体、粉尘、烟雾伤害	3	0.5	15	22.5	2	(1) 焊接人员进行作业时，应穿戴好工作服、绝缘鞋、面罩、耐火防护手套等符合专业防护要求的劳动防护用品，衣着不得敞领卷袖； (2) 焊工在施工时应采取防止电焊电压触电的措施； (3) 电焊作业下方铺设好防火毯，工作结束必须切断焊机电源并确认作业点周围无遗留火种后方可离开； (4) 焊接工作场所应加强通风
三	完工恢复								
1	结束工作（现场文明施工）	(1) 遗漏工器具； (2) 现场遗留检修杂物； (3) 不拆除临时用电； (4) 不结束工作票，终结工作票继续进行工作	(1) 设备损坏； (2) 人身伤害； (3) 设备故障	6	3	1	18	1	(1) 收齐检查工器具； (2) 清扫检修现场； (3) 拆除临时用电； (4) 结束工作票
四	作业环境								
1	在高处环境中作业	(1) 安全带未使用或使用不当； (2) 设备或材料未做好防坠落措施及未正确使用安全帽等劳保用品	(1) 高处坠落； (2) 物体打击	3	0.5	40	60	2	(1) 正确佩戴安全帽、安全带； (2) 一律使用工具袋； (3) 安全带高挂低用，且挂在牢固可靠的物体上； (4) 做好拆卸下来的保温材料的防坠落措施

续表

编号	作业步骤	危害因素	可能导致的后果	风险评价					控制措施
				L	*E*	*C*	*D*	风险程度	
2	在高温环境中作业	环境温度过高、未正确使用劳保用品及穿棉质连体服	烫伤	3	1	1	3	1	穿棉质连体服

33 疏水扩容器检修

<table>
<tr><td colspan="4">

主要作业风险：
（1）触电；
（2）人身伤害；
（3）设备损坏；
（4）机械伤害；
（5）环境污染；
（6）其他伤害；
（7）窒息；
（8）高处坠落

</td><td colspan="6">

控制措施：
（1）确认设备名称及检修的工艺要求；
（2）加强设备起重人员的管理；
（3）严格执行设备验收制度以及工作票制度；
（4）制定严格的动火工作票制度，执行安全措施，监护人到位；
（5）加强劳动防护用品的使用和规范；
（6）检修前进行细致的技术交底和安全交底；
（7）加强通风；
（8）高处作业系好安全带

</td></tr>
<tr><th rowspan="2">编号</th><th rowspan="2">作业步骤</th><th rowspan="2">危害因素</th><th rowspan="2">可能导致的后果</th><th colspan="5">风险评价</th><th rowspan="2">控制措施</th></tr>
<tr><th>L</th><th>E</th><th>C</th><th>D</th><th>风险程度</th></tr>
<tr><td>一</td><td colspan="3">检修前准备</td><td></td><td></td><td></td><td></td><td></td><td></td></tr>
<tr><td>1</td><td>安全措施确认</td><td>（1）走错间隔；
（2）设备未隔离；
（3）系统未泄压</td><td>（1）设备损坏；
（2）人身伤害</td><td>3</td><td>0.5</td><td>15</td><td>22.5</td><td>2</td><td>（1）检修前确认设备名称和位置；
（2）确认停电开关，确认安全措施执行情况；
（3）工作前确认系统是否泄压</td></tr>
<tr><td>2</td><td>安全交底</td><td>（1）安全交底不清楚；
（2）交底的内容存在缺陷；
（3）交底没有落实到每一位人员</td><td>（1）人身伤害；
（2）设备损坏</td><td>3</td><td>1</td><td>3</td><td>9</td><td>1</td><td>（1）加强对人员的安全培训和学习；
（2）严格执行安全交底的有关工作</td></tr>
<tr><td>3</td><td>场地布置</td><td>（1）工具摆放凌乱；
（2）场地选择不当如场地条件不足（照明等）</td><td>（1）人身伤害；
（2）影响人员通行</td><td>3</td><td>1</td><td>3</td><td>9</td><td>1</td><td>（1）严格执行定置管理要求；
（2）进场前进行确认检查；
（3）正确使用工器具</td></tr>
</table>

续表

编号	作业步骤	危害因素	可能导致的后果	风险评价					控制措施
				L	*E*	*C*	*D*	风险程度	
4	手动工具准备	(1) 手动工具如敲击工具锤头松脱、破损等； (2) 使用不合适工具，小工具准备不全或遗漏等	(1) 人身伤害； (2) 设备损坏	3	1	3	9	1	(1) 使用前确认工具型号和标示； (2) 使用前确认工具完好合格
5	电动工具准备	(1) 电动工具不符合要求，如电线破损、绝缘和接地不良； (2) 电源无触电保护或/和工具设备无接地保护； (3) 使用时如砂轮片、切割片等断裂飞出	(1) 触电； (2) 机械伤害； (3) 人身伤害	3	0.5	15	22.5	2	(1) 使用前检查电源线、接地和其他部件良好，经检验合格在有效期内； (2) 电源盘等必须使用漏电保护器； (3) 确保易耗品（如砂轮片、切割片）的质量； (4) 使用正确劳动防护用品，如眼镜、面罩等
6	个人防护用品准备	(1) 未正确穿戴安全帽及工作服； (2) 使用不合格的安全带	(1) 人身伤害； (2) 高处坠落	3	0.5	15	22.5	2	(1) 正确穿戴安全帽及工作服； (2) 使用在安全使用期内的安全带，并正确挂好安全带
二	检修过程								
1	脚手架搭设及验收	(1) 脚手架不稳或倾斜，容易导致脚手架坍塌； (2) 脚手架没进行验收，脚手架无合格牌； (3) 大型脚手架没有进行设计和审核； (4) 搭设脚手架中误碰设备	(1) 人身伤害； (2) 设备损坏； (3) 高处坠落	3	0.5	15	22.5	2	(1) 填写搭设委托单，明确搭设要求； (2) 检查搭设人员有无资质，搭设时戴安全帽、系安全带和防滑鞋等； (3) 在设备附近搭设必须进行必要的交底； (4) 经验收和挂牌后使用

续表

编号	作业步骤	危害因素	可能导致的后果	风险评价					控制措施
				L	E	C	D	风险程度	
2	打开人孔门	(1) 劳保用品佩戴不当; (2) 使用工具不当; (3) 设备未做标记; (4) 残余压力未泄尽	(1) 人身伤害; (2) 设备损坏	3	1	1	3	1	(1) 设备拆装严格的进行有效的标记,并做好记录; (2) 加强相互之间的监督,严格遵守公司关于劳保用品正确使用的规定; (3) 设备拆除前要确认安全措施完全执行; (4) 禁止戴手套或单手抡大锤,敲击扳手应做好防脱落措施;禁止使用没手柄的工具
3	疏水扩容器内部检查、清理	(1) 劳保用品佩戴不当; (2) 使用工具不当; (3) 通风不良; (4) 监护不力; (5) 残留压力未泄尽; (6) 照明漏电或使用不合格电气工具;	(1) 其他伤害; (2) 物体打击; (3) 中毒和窒息; (4) 触电;	3	0.5	15	22.5	2	(1) 加强相互之间的监督,严格遵守公司关于劳保用品正确使用的规定; (2) 先加强通风,(但严禁向内部输送氧气)再进行有害气体、含氧量的测量,容器内不能吸烟;使用正压式呼吸器; (3) 专人应站在能看到或听到容器内工作人员的地方监护; (4) 使用前检查工具的接地情况;引入电源线必须经过二级以上漏电保安器;线盘应放在外面,开关设在监护人伸手可及的地方;容器内接照明,只能用12V行灯、15mA触电保安器,行灯变压器应放在容器外面;

续表

编号	作业步骤	危害因素	可能导致的后果	风险评价					控制措施
				L	E	C	D	风险程度	
3	疏水扩容器内部检查、清理	(7) 未搭脚手架或使用不合格脚手架	(5) 高处坠落	3	0.5	15	22.5	2	(5) 安全带、差速器未使用或使用不当均须先搭建脚手架或采取防止坠落措施，方可进行
4	疏水扩容器内部需要补焊或重新固定(动火作业电焊)	(1) 附近有带电设备； (2) 没有使用防火垫； (3) 交叉作业，没有进行有效的分工和确认； (4) 动火设备不符合要求，如电焊机接线破损、接头接线不符合要求、接地不良等； (5) 没有正确地穿戴工作服、防护鞋、防护眼镜和面罩等； (6) 密闭容器进行焊接工作没有实行规定的轮换和监护制度	(1) 触电，电弧灼伤； (2) 火灾； (3) 化学爆炸； (4) 高处坠落； (5) 工具和设备； (6) 中毒和窒息	3	0.5	15	22.5	2	(1) 办理动火工作票，执行安全措施，监护人到位； (2) 做好防火隔离措施，如使用防火垫和警示标识、准备灭火器等； (3) 检查电焊机是不时符合要求，正确接线和接地； (4) 作业人员必须接受受限空间作业培训； (5) 切断所有进入受限空间的能源，如高压蒸汽、高压空气、易燃易爆气体等； (6) 作业前要对容器的含氧量进行测量并对容器内部用压缩空气进行吹扫； (7) 设置受限空间警示牌，严禁无关人员进入； (8) 呼吸系统保护盒使用呼吸设施； (9) 提供通风和系安全绳； (10) 每隔一段时间，轮换容器内工作人员

续表

编号	作业步骤	危害因素	可能导致的后果	风险评价					控制措施
				L	*E*	*C*	*D*	风险程度	
5	关闭人孔门	(1) 关闭人孔门前没有清点机工具； (2) 关闭人孔门前没有清点人员	(1) 人身伤害； (2) 设备事故	3	0.5	15	22.5	2	在关闭容器、槽箱的人孔门以前，工作负责人必须清点人员和工具，检查确实没有人员或工具、材料等遗留物在内，方可关闭
6	脚手架拆除	(1) 安全带、差速器未使用或使用不当； (2) 设备或材料未做好防坠落措施及未正确使用安全帽等劳保用品； (3) 环境温度过高、未正确使用劳保用品及穿棉质连体服	(1) 高处坠落； (2) 物体打击； (3) 高温烫伤	3	0.5	15	22.5	2	(1) 正确佩戴安全帽、安全带、差速器； (2) 一律使用工具袋； (3) 安全带高挂低用，且挂在牢固可靠的物体上； (4) 做好脚手架管、卡件及毛竹片的防坠落措施，施工区域正下方设安全围栏、挂警示牌； (5) 正确使用劳保用品，穿棉质连体服
三	完工恢复								
1	检查、恢复设备各系统	(1) 走错间隔； (2) 误操作； (3) 操作不到位	(1) 人身伤害； (2) 设备损坏； (3) 系统无法投运，影响工作进度	3	1	7	21	2	(1) 回押工作票； (2) 确认恢复安全措施
2	结束工作（现场文明施工）	(1) 遗漏工器具； (2) 现场遗留检修杂物； (3) 不拆除临时用电； (4) 不结束工作票，终结工作票继续进行工作	(1) 设备损坏； (2) 人身伤害； (3) 设备故障	6	3	1	18	1	(1) 收齐检查工器具； (2) 清扫检修现场； (3) 拆除临时用电； (4) 结束工作票

续表

编号	作业步骤	危害因素	可能导致的后果	风险评价					控制措施
				L	*E*	*C*	*D*	风险程度	
四	作业环境								
1	容器内作业	(1) 容器打磨产生的粉尘环境; (2) 灰尘清理不当; (3) 呼吸系统保护不当	职业危害，导致呼吸系统疾病或眼睛伤害、如尘肺、咽喉炎、皮炎等	6	1	1	6	1	(1) 佩戴防尘口罩; (2) 及时清扫; (3) 佩戴粉尘眼镜
2	在受限空间中作业	(1) 未正确佩戴安全帽; (2) 临时照明电线破损、绝缘不良、未固定好; (3) 窒息	物体打击（碰头)、触电、	3	0.5	15	22.5	2	(1) 人孔门外设置警告牌、正确佩戴好安全帽; (2) 炉内使用 220V 临时性固定电灯时，必须绝缘良好，并固定在人碰不到的地方; (3) 人孔门外设专人监护; (4) 作业场所加强通风

34 水冷壁检修

<table>
<tr><td colspan="4">

主要作业风险：

(1) 高处坠落；
(2) 物体打击；
(3) 尘肺病；
(4) 高温烫伤；
(5) 起重伤害；
(6) 触电；
(7) 机械伤害；
(8) 火灾、爆炸；
(9) 中暑

</td><td colspan="6">

控制措施：

(1) 正确使用合格的安全带、差速器。
(2) 戴好安全帽并系紧帽带，避免交叉作业。
(3) 正确使用个人防护用品。
(4) 严格执行《起重安全控制程序》培训，有证者操作；加强个人防护意识，防止挤伤、碰伤；戴手套等个人防护用品。
(5) 正确使用合格的电动工具、电源。
(6) 按要求办理二级动火票，并做好防火措施。
(7) 工作环境温度在60℃以下时方可进行工作，加强通风，备好饮用水

</td></tr>
<tr><th rowspan="2">编号</th><th rowspan="2">作业步骤</th><th rowspan="2">危害因素</th><th rowspan="2">可能导致的后果</th><th colspan="5">风险评价</th><th rowspan="2">控制措施</th></tr>
<tr><th>L</th><th>E</th><th>C</th><th>D</th><th>风险程度</th></tr>
<tr><td>一</td><td colspan="3">检修前准备</td><td></td><td></td><td></td><td></td><td></td><td></td></tr>
<tr><td>1</td><td>安全措施确认</td><td>(1) 走错间隔；
(2) 设备未隔离；
(3) 系统未泄压</td><td>(1) 设备损坏；
(2) 人身伤害</td><td>3</td><td>0.5</td><td>15</td><td>22.5</td><td>2</td><td>(1) 检修前确认设备名称和位置；
(2) 确认停电开关，确认安全措施执行情况；
(3) 工作前确认系统是否泄压</td></tr>
<tr><td>2</td><td>安全交底</td><td>(1) 安全交底不清楚；
(2) 交底的内容存在缺陷；
(3) 交底没有落实到每一位人员</td><td>(1) 人身伤害；
(2) 设备损坏</td><td>3</td><td>1</td><td>3</td><td>9</td><td>1</td><td>(1) 加强对人员的安全培训和学习；
(2) 严格执行安全交底的有关工作</td></tr>
</table>

续表

编号	作业步骤	危害因素	可能导致的后果	风险评价					控制措施
				L	*E*	*C*	*D*	风险程度	
3	场地布置	(1) 工具摆放凌乱； (2) 场地选择不当，如场地条件（照明等）不足	(1) 人身伤害； (2) 影响人员通行	3	1	3	9	1	(1) 严格执行定置管理要求； (2) 进场前进行确认检查； (3) 正确使用工器具
4	手动工具准备	(1) 手动工具如敲击工具锤头松脱、破损等； (2) 使用不合适工具，小工具准备不全或遗漏等	(1) 人身伤害； (2) 设备损坏	3	1	3	9	1	(1) 使用前确认工具型号和标示； (2) 使用前确认工具完好合格
5	电动工具准备	(1) 电动工具不符合要求，如电线破损、绝缘和接地不良； (2) 电源无触电保护或和工具设备无接地保护； (3) 使用时如砂轮片、切割片等断裂飞出	(1) 触电； (2) 机械伤害； (3) 人身伤害	3	0.5	15	22.5	2	(1) 使用前检查电源线、接地和其他部件良好，经检验合格在有效期内； (2) 电源盘等必须使用漏电保护器； (3) 确保易耗品，如砂轮片、切割片的质量； (4) 使用正确劳动防护用品如眼镜、面罩等
6	个人防护用品准备	(1) 未正确穿戴安全帽及工作服； (2) 使用不合格的安全带	(1) 人身伤害； (2) 高处坠落	3	0.5	15	22.5	2	(1) 正确穿戴安全帽及工作服； (2) 使用在安全使用期内的安全带，并正确挂好安全带

续表

编号	作业步骤	危害因素	可能导致的后果	风险评价					控制措施
				L	*E*	*C*	*D*	风险程度	
二	检修								
1	打开水冷壁人孔门	安全带、差速器未使用或使用不当	高处坠落	3	0.5	15	22.5	2	（1）工作人员不应有妨碍安全带、差速器未使用或使用不当的病症，遇有精神异常等禁止作业； （2）使用合格的安全带，且要将安全带挂在腰部以上牢固的物体上； （3）在高处改变作业位置时，安全带不能解除或采用双绳安全带
		未正确使用防尘口罩等劳保用品及穿棉质连体服	烫伤、中暑、尘肺病	3	1	1	3	1	（1）备好饮用水； （2）戴防尘口罩、正确使用个人防护用品（口罩、披肩帽、防护镜、工作服等）
		设备或材料未做好防坠落措施及未正确使用安全帽等劳保用品	物体打击	3	0.5	15	22.5	2	（1）戴好安全帽并系紧帽带； （2）检查作业现场上部有无落物的可能
2	脚手架搭设	（1）安全带、差速器未使用或使用不当； （2）设备或材料未做好防坠落措施及未正确使用安全帽等劳保用品；	（1）高处坠落； （2）物体打击； （3）高温烫伤	3	0.5	15	22.5	2	（1）正确佩戴安全帽、安全带、差速器； （2）一律使用工具袋； （3）安全带高挂低用，且挂在牢固可靠的物体上；

续表

编号	作业步骤	危害因素	可能导致的后果	风险评价					控制措施
				L	*E*	*C*	*D*	风险程度	
2	脚手架搭设	(3) 未正确使用劳保用品及穿棉质连体服	(1) 高处坠落； (2) 物体打击； (3) 高温烫伤	3	0.5	15	22.5	2	(4) 做好脚手架管、卡件及毛竹片的防坠落措施，施工区域正下方设安全围栏、挂警示牌； (5) 正确使用劳保用品，穿棉质连体服
3	炉外保温拆除	(1) 安全带、差速器未使用或使用不当； (2) 设备或材料未做好防坠落措施及未正确使用安全帽等劳保用品； (3) 未正确使用劳保用品及穿棉质连体服	(1) 高处坠落； (2) 物体打击； (3) 高温烫伤	3	0.5	15	22.5	2	(1) 正确佩戴安全帽、安全带、差速器； (2) 一律使用工具袋； (3) 安全带高挂低用，且挂在牢固可靠的物体上； (4) 做好拆卸下来的保温材料的防坠落措施； (5) 正确使用劳保用品，穿棉质连体服
4	前炉膛冲灰、清焦	环境温度过高、未正确使用防尘口罩等劳保用品及穿棉质连体服	烫伤、中暑、尘肺病	3	1	1	3	1	(1) 温度在60℃以上时不准入内进行工作； (2) 打开人孔门，加强通风； (3) 备好饮用水； (4) 戴防尘口罩、正确使用个人防护用品（口罩、披肩帽、防护镜、工作服等）

续表

编号	作业步骤	危害因素	可能导致的后果	风险评价					控制措施
				L	E	C	D	风险程度	
4	前炉膛冲灰、清焦	安全带、差速器未使用或使用不当	高处坠落	3	0.5	15	22.5	2	（1）正确佩戴安全帽、安全带、差速器； （2）一律使用工具袋； （3）安全带高挂低用，且挂在牢固可靠的物体上
		设备或材料未做好防坠落措施及未正确使用安全帽等劳保用品	物体打击、设备损坏	3	0.5	15	22.5	2	（1）应检查耐火砖、大块焦渣有无塌落的危险，遇有可能塌落的，应先用长棒从人孔门或看火孔等处打落； （2）在炉外工具放置点必须满铺橡皮垫，工具放在橡皮垫上面
		使用冲洗水时未站好位置	跌倒	6	1	1	6	1	用水冲灰、清焦时站在牢固、可借力的位置上
		打焦时工具未系安全绳	落物、设备损坏	6	1	1	6	1	打焦工具系好安全绳，并正确使用
5	架子、检修平台搭设	安全带、差速器未使用或使用不当	高处坠落	3	0.5	15	22.5	2	（1）正确佩戴安全帽、安全带、差速器； （2）一律使用工具袋； （3）安全带高挂低用，且挂在牢固可靠的物体上
		架子使用、搭设不规范	高处坠落、坍塌	3	0.5	40	60	2	（1）脚手架验收合格挂牌后方可使用； （2）严禁脚手架超载使用； （3）炉内铁丝匝的架子一般只允许两人在同一架子平台工作

续表

编号	作业步骤	危害因素	可能导致的后果	风险评价					控制措施
				L	*E*	*C*	*D*	风险程度	
5	架子、检修平台搭设	搭设、使用检修平台不规范	高处坠落、坍塌	3	0.5	40	60	2	（1）铝合金检修平台的各吊点及连接点，达到牢固可靠，提升100mm左右，各吊点受力应均匀，整个工作面应平整，主、副梁没有明显弯曲永久变形情况； （2）铝合金检修平台各紧固件牢固可靠； （3）吊绳与吊点连接采用U型线夹头（绳索卡），按绳的直径规定装线夹头为4个，最上部一个线夹头应留有安全弯，线夹头拧紧程度以将钢丝绳的直径压扁1/3左右为准； （4）平台四周的围栏必须牢固可靠，立杆中间穿两道 $\phi 9$ 钢丝绳，其绳头拉紧后用Y10钢丝绳扎头扎牢，围栏邻空侧下部设安全网； （5）平台上升、下降3～4次，全面检查无刮卡现象、松动和其他异常情况，确认一切无误后方可进行正式使用； （6）在检修平台上（或锅炉人孔门处）悬挂承重载荷警示牌； （7）炉内检修平台严禁超载使用； （8）作业人员必须系好安全带，并把安全带挂在安全绳上； （9）炉内检修平台的自锁装置完好

续表

编号	作业步骤	危害因素	可能导致的后果	风险评价					控制措施
				L	E	C	D	风险程度	
5	架子、检修平台搭设	环境温度过高、未正确使用防尘口罩等劳保用品及穿棉质连体服	烫伤、中暑、尘肺病	3	1	1	3	1	（1）温度在60℃以上时不准入内进行工作； （2）打开人孔门，加强通风； （3）备好饮用水； （4）戴防尘口罩、正确使用个人防护用品（口罩、披肩帽、防护镜、工作服等）
		焦块未清理彻底、设备或材料未做好防坠落措施及未正确使用安全帽等劳保用品	物体打击	3	0.5	15	22.5	2	（1）应检查耐火砖、大块焦渣有无塌落的危险，遇有可能塌落的，应先用长棒从人孔门或看火孔等处打落； （2）在炉外工具放置点必须满铺橡皮垫，工具放在橡皮垫上面
		使用工具不当	物体打击	3	1	1	3	1	（1）使用前应作仔细检查； （2）打锤时，握锤的手不得戴手套； （3）打锤挥动方向不得对人； （4）禁止使用没手柄的工具
		（1）电动工具不符合要求如电线破损、绝缘和接地不良； （2）电源无触电保护或和工具设备无接地保护； （3）使用时如砂轮片、切割片等断裂飞出	触电、机械伤害	3	1	3	9	1	（1）使用前检查工具的接地情况； （2）引入电源线必须经过二级以上漏电保安器； （3）准确使用电动工具，必须在切断电源待其在停止状态下方可进行检修或调整； （4）使用的磨光机必须装有防护罩，佩戴好防护眼镜

续表

编号	作业步骤	危害因素	可能导致的后果	风险评价					控制措施
				L	*E*	*C*	*D*	风险程度	
6	前炉膛受热面检查	使用检修平台不规范	高处坠落、坍塌	3	0.5	40	60	2	（1）检修平台严禁超载使用； （2）作业人员必须系好安全带，并把安全带挂在安全绳上； （3）检修平台的自锁装置完好
		设备或材料未做好防坠落措施及未正确使用安全帽等劳保用品	物体打击	3	1	40	120	3	（1）应检查耐火砖、大块焦渣有无塌落的危险，遇有可能塌落的，应先用长棒从人孔门或看火孔等处打落； （2）在炉外工具放置点必须满铺橡皮垫，工具放在橡皮垫上面
		未配备或不正确使用防尘口罩等劳保用品	尘肺病	3	3	1	9	1	戴防尘口罩、正确使用个人防护用品（口罩、披肩帽、防护镜、工作服等）
7	水冷壁及其附件割除	使用检修平台不规范	高处坠落、坍塌	3	0.5	40	60	2	（1）检修平台严禁超载使用； （2）作业人员必须系好安全带，并把安全带挂在安全绳上； （3）检修平台的自锁装置完好
		设备或材料未做好防坠落措施及未正确使用安全帽等劳保用品	物体打击	3	0.5	15	22.5	2	（1）应检查耐火砖、大块焦渣有无塌落的危险，遇有可能塌落的，应先用长棒从人孔门或看火孔等处打落； （2）在炉外工具放置点必须满铺橡皮垫，工具放在橡皮垫上面

续表

编号	作业步骤	危害因素	可能导致的后果	风险评价					控制措施
				L	E	C	D	风险程度	
7	水冷壁及其附件割除	未配备或不正确使用防尘口罩等劳保用品	尘肺病	3	3	1	9	1	戴防尘口罩、正确使用个人防护用品（口罩、披肩帽、防护镜、工作服等）
		架子使用不规范	高处坠落、坍塌	3	0.5	40	60	2	（1）严禁脚手架超载使用； （2）炉内铁丝匝的架子一般只允许两人在同一架子平台工作
		使用手动工具不当	物体打击	3	1	1	3	1	（1）使用前应作仔细检查； （2）打锤时，握锤的手不得戴手套； （3）打锤挥动方向不得对人； （4）禁止使用没手柄的工具
		（1）电动工具不符合要求如电线破损、绝缘和接地不良； （2）电源无触电保护或和工具设备无接地保护； （3）使用电动工具时如砂轮片、切割片等断裂飞出	触电 、机械伤害	3	1	3	9	1	（1）使用前检查工具的接地情况； （2）引入电源线必须经过二级以上漏电保安器； （3）准确使用电动工具，必须在切断电源待其在停止状态下方可进行检修或调整； （4）使用的磨光机必须装有防护罩，佩戴好防护眼镜

续表

编号	作业步骤	危害因素	可能导致的后果	风险评价					控制措施
				L	E	C	D	风险程度	
7	水冷壁及其附件割除	气割作业未开动火票或未做好防火措施	火灾、爆炸、人身伤害	3	0.5	15	22.5	2	（1）按要求办理二级动火票； （2）脚手板处铺好石棉毯； （3）动火工作间断、终结时清理并检查现场无残留火种； （4）氧气瓶和乙炔瓶的距离不得小于8m，必须直立放置在炉外； （5）氧气管和乙炔管在工作中防止沾上油脂； （6）焊枪点火时先开氧气门，再开乙炔气门，熄火时与此操作相反
8	水冷壁及其附件恢复	焊接工作时工作人员未正确使用个人防护用品、未做好防触电措施、未做好防火措施	烫伤、灼伤、触电、火灾、有害气体、粉尘、烟雾伤害	3	0.5	15	22.5	2	（1）焊接人员进行作业时，应穿戴好工作服、绝缘鞋、面罩、耐火防护手套等符合专业防护要求的劳动防护用品，衣着不得敞领卷袖； （2）焊工在施工时应采取防止电焊电压触电的措施； （3）电焊作业下方铺设好防火毯，工作结束必须切断焊机电源并确认作业点周围无遗留火种后方可离开； （4）焊接工作场所应加强通风
9	水冷壁射线探伤	在射线探伤时未做好隔离、工作人员未穿戴好个人防护用品或未保持有效安全距离	辐射伤害	3	0.5	15	22.5	2	射线探伤现场做好隔离措施并挂警示牌，工作人员穿戴好防辐射防护用品，并保持有效安全距离

续表

编号	作业步骤	危害因素	可能导致的后果	风险评价					控制措施
				L	E	C	D	风险程度	
10	脚手架拆除	（1）安全带、差速器未使用或使用不当； （2）设备或材料未做好防坠落措施及未正确使用安全帽等劳保用品； （3）环境温度过高、未正确使用劳保用品及穿棉质连体服	（1）高处坠落； （2）物体打击； （3）高温烫伤	3	0.5	15	22.5	2	（1）正确佩戴安全帽、安全带、差速器； （2）一律使用工具袋； （3）安全带高挂低用，且挂在牢固可靠的物体上； （4）做好脚手架管、卡件及毛竹片的防坠落措施，施工区域正下方设安全围栏、挂警示牌； （5）正确使用劳保用品，穿棉质连体服
11	保温恢复	（1）安全带、差速器未使用或使用不当； （2）设备或材料未做好防坠落措施及未正确使用安全帽等劳保用品； （3）环境温度过高、未正确使用劳保用品及穿棉质连体服	（1）高处坠落； （2）物体打击； （3）高温烫伤	3	0.5	15	22.5	2	（1）正确佩戴安全帽、安全带、差速器； （2）一律使用工具袋； （3）安全带高挂低用，且挂在牢固可靠的物体上； （4）做好拆卸下来的保温材料的防坠落措施； （5）正确使用劳保用品，穿棉质连体服
12	封人孔门	工具和人员遗留在设备中	（1）设备损坏； （2）人身伤害	3	0.5	15	22.5	2	工作负责人应清点人员和工具，检查确实无人或工具留在过热器内，方可关人孔门

续表

编号	作业步骤	危害因素	可能导致的后果	风险评价					控制措施
				L	*E*	*C*	*D*	风险程度	
三	完工恢复								
1	整体试运	(1) 安全措施未恢复; (2) 触碰电机及机械转动部位; (3) 误操作; (4) 工作票未回押; (5) 电源线盒位盖未扣严密	(1) 触电; (2) 人身伤害; (3) 设备事故	3	0.5	15	22.5	2	(1) 确认工作票已经回押; (2) 确认恢复安全措施; (3) 试运时专人现场监护
2	结束工作(现场文明施工)	(1) 遗漏工器具; (2) 现场遗留检修杂物; (3) 不拆除临时用电; (4) 不结束工作票，终结工作票继续进行工作	(1) 设备损坏; (2) 人身伤害; (3) 设备故障	6	3	1	18	1	(1) 收齐检查工器具; (2) 清扫检修现场; (3) 拆除临时用电; (4) 结束工作票
四	作业环境								
1	在高处环境中作业	(1) 安全带、差速器未使用或使用不当; (2) 设备或材料未做好防坠落措施及未正确使用安全帽等劳保用品	(1) 高处坠落; (2) 物体打击	3	0.5	40	60	2	(1) 正确佩戴安全帽、安全带、差速器; (2) 一律使用工具袋; (3) 安全带高挂低用，且挂在牢固可靠的物体上; (4) 做好拆卸下来的保温材料的防坠落措施

续表

编号	作业步骤	危害因素	可能导致的后果	风险评价					控制措施
				L	*E*	*C*	*D*	风险程度	
2	在高温环境中作业	环境温度过高、未正确使用劳保用品及穿棉质连体服	烫伤、中暑	3	1	1	3	1	(1) 温度在60℃以上时不准入内进行工作； (2) 打开人孔门，加强通风； (3) 备好饮用水； (4) 穿棉质连体服
3	在粉尘环境中作业	未配备或不正确使用防尘口罩等劳保用品	尘肺病	3	3	1	9	1	戴防尘口罩、正确使用个人防护用品（口罩、披肩帽、防护镜、工作服等）

35 烟道吹飞器

<table>
<tr><td colspan="4">主要作业风险：
（1）高处坠落；
（2）高温烫伤；
（3）触电</td><td colspan="6">控制措施：
（1）正确使用合格的安全带；
（2）正确使用个人防护用品；
（3）使用绝缘手套、绝缘鞋、面罩和防电弧服</td></tr>
<tr><td rowspan="2">编号</td><td rowspan="2">作业步骤</td><td rowspan="2">危害因素</td><td rowspan="2">可能导致的后果</td><td colspan="5">风险评价</td><td rowspan="2">控制措施</td></tr>
<tr><td>L</td><td>E</td><td>C</td><td>D</td><td>风险程度</td></tr>
<tr><td>一</td><td colspan="3">检修前准备</td><td></td><td></td><td></td><td></td><td></td><td></td></tr>
<tr><td>1</td><td>安全措施确认</td><td>（1）走错间隔；
（2）设备未隔离；
（3）系统未泄压</td><td>（1）设备损坏；
（2）人身伤害</td><td>3</td><td>0.5</td><td>15</td><td>22.5</td><td>2</td><td>（1）检修前确认设备名称和位置；
（2）确认停电开关，确认安全措施执行情况；
（3）工作前确认系统是否泄压</td></tr>
<tr><td>2</td><td>安全交底</td><td>（1）安全交底不清楚；
（2）交底的内容存在缺陷；
（3）交底没有落实到每一位人员</td><td>（1）人身伤害；
（2）设备损坏</td><td>3</td><td>1</td><td>3</td><td>9</td><td>1</td><td>（1）加强对人员的安全培训和学习；
（2）严格执行安全交底的有关工作</td></tr>
<tr><td>3</td><td>场地布置</td><td>（1）工具摆放凌乱；
（2）场地选择不当如场地条件不足（照明等）</td><td>（1）人身伤害；
（2）影响人员通行</td><td>3</td><td>1</td><td>3</td><td>9</td><td>1</td><td>（1）严格执行定置管理要求；
（2）进场前进行确认检查；
（3）正确使用工器具</td></tr>
<tr><td>4</td><td>手动工具准备</td><td>（1）手动工具如敲击工具锤头松脱、破损等；
（2）使用不合适工具，小工具准备不全或遗漏等</td><td>（1）人身伤害；
（2）设备损坏</td><td>3</td><td>1</td><td>3</td><td>9</td><td>1</td><td>（1）使用前确认工具型号和标示；
（2）使用前确认工具完好合格</td></tr>
</table>

续表

<table>
<tr><th rowspan="2">编号</th><th rowspan="2">作业步骤</th><th rowspan="2">危害因素</th><th rowspan="2">可能导致的后果</th><th colspan="5">风险评价</th><th rowspan="2">控制措施</th></tr>
<tr><th>L</th><th>E</th><th>C</th><th>D</th><th>风险程度</th></tr>
<tr><td>5</td><td>个人防护用品准备</td><td>(1) 未正确佩戴安全帽及工作服；
(2) 使用不合格的安全带</td><td>(1) 人身伤害；
(2) 高处坠落</td><td>3</td><td>0.5</td><td>15</td><td>22.5</td><td>2</td><td>(1) 正确佩戴安全帽及工作服；
(2) 使用在安全使用期内的安全带，并正确挂好安全带</td></tr>
<tr><td>二</td><td colspan="9">检修</td></tr>
<tr><td>1</td><td>拆除吹灰器罩壳</td><td>工作人员未正确使用个人防护用品、设备未断电并未做好防触电措施</td><td>烫伤、触电</td><td>3</td><td>0.5</td><td>15</td><td>22.5</td><td>2</td><td>(1) 工作人员进行作业时，应穿戴好工作服、绝缘鞋、手套等符合专业防护要求的劳动防护用品，衣着不得敞领卷袖；
(2) 工作人员在施工前确认设备电源断开，并应采取防止触电的措施</td></tr>
<tr><td rowspan="3">2</td><td rowspan="3">长吹检修</td><td>(1) 手动工具如敲击工具锤头松脱、破损等；
(2) 使用不合适工具，小工具准备不全或遗漏等</td><td>(1) 人身伤害；
(2) 设备损坏</td><td>3</td><td>1</td><td>3</td><td>9</td><td>1</td><td>(1) 使用前确认工具型号和标示；
(2) 使用前确认工具完好合格</td></tr>
<tr><td>安全带未使用或使用不当</td><td>高处坠落</td><td>3</td><td>0.5</td><td>15</td><td>22.5</td><td>2</td><td>正确佩戴安全帽、安全带，安全带高挂低用，且挂在牢固可靠的物体上</td></tr>
<tr><td>(1) 工作人员未正确使用防烫服等个人防护用品；
(2) 未切断汽源</td><td>烫伤</td><td>3</td><td>0.5</td><td>15</td><td>22.5</td><td>2</td><td>(1) 工作人员进行作业时，应穿戴好防烫服、手套等符合专业防护要求的劳动防护用品，衣着不得敞领卷袖；
(2) 确认汽源切断，并且系统泄压后方可施工</td></tr>
</table>

续表

编号	作业步骤	危害因素	可能导致的后果	风险评价					控制措施
				L	*E*	*C*	*D*	风险程度	
三	完工恢复								
1	结束工作（现场文明施工）	（1）遗漏工器具； （2）现场遗留检修杂物； （3）不拆除临时用电； （4）不结束工作票，终结工作票继续进行工作	（1）设备损坏； （2）人身伤害； （3）设备故障	6	3	1	18	1	（1）收齐检查工器具； （2）清扫检修现场； （3）拆除临时用电； （4）结束工作票
四	作业环境								
1	在高处环境中作业	（1）安全带未使用或使用不当； （2）设备或材料未做好防坠落措施及未正确使用安全帽等劳保用品	（1）高处坠落； （2）物体打击	3	0.5	40	60	2	（1）正确佩戴安全帽、安全带； （2）一律使用工具袋； （3）安全带高挂低用，且挂在牢固可靠的物体上； （4）做好设备的防坠落措施
2	在高温环境中作业	环境温度过高、未正确使用劳保用品及穿棉质连体服	烫伤	3	1	1	3	1	穿棉质连体服

36 烟道检修

<table>
<tr><td colspan="4">

主要作业风险：
（1）高处坠落；
（2）物体打击；
（3）高温烫伤；
（4）触电；
（5）机械伤害；
（6）火灾、爆炸；
（7）起重伤害

</td><td colspan="6">

控制措施：
（1）正确使用合格的安全带、差速器；
（2）戴好安全帽并系紧帽带，避免交叉作业；
（3）正确使用个人防护用品；
（4）正确使用合格的电动工具、电源；
（5）按要求办理二级动火票，并做好防火措施；
（6）严格执行《起重安全控制程序》培训有证者操作，加强个人防护意识，防止挤伤、碰伤，戴手套等个人防护用品

</td></tr>
<tr><th rowspan="2">编号</th><th rowspan="2">作业步骤</th><th rowspan="2">危害因素</th><th rowspan="2">可能导致的后果</th><th colspan="5">风险评价</th><th rowspan="2">控制措施</th></tr>
<tr><th>L</th><th>E</th><th>C</th><th>D</th><th>风险程度</th></tr>
<tr><td>一</td><td colspan="2">检修前准备</td><td></td><td></td><td></td><td></td><td></td><td></td><td></td></tr>
<tr><td>1</td><td>准备手动工具</td><td>（1）手动工具如敲击工具锤头松脱、破损等；
（2）使用不合适工具，小工具准备不全或遗漏等</td><td>（1）人身伤害；
（2）设备损坏</td><td>6</td><td>3</td><td>3</td><td>54</td><td>2</td><td>（1）使用前确认工具型号和标示；
（2）使用前确认工具完好合格</td></tr>
<tr><td>2</td><td>准备电动工具</td><td>（1）电动工具不符合要求如电线破损、绝缘和接地不良；
（2）电源无触电保护或和工具设备无接地保护；
（3）使用时如砂轮片、切割片等断裂飞出</td><td>（1）触电；
（2）机械伤害；
（3）人身伤害</td><td>3</td><td>2</td><td>15</td><td>90</td><td>3</td><td>（1）使用前检查电源线、接地和其他部件良好，经检验合格在有效期内；
（2）电源盘等必须使用漏电保护器；
（3）确保易耗品，如砂轮片、切割片的质量；
（4）使用正确劳动防护用品如眼镜、面罩等</td></tr>
</table>

续表

编号	作业步骤	危害因素	可能导致的后果	风险评价					控制措施
				L	E	C	D	风险程度	
3	准备劳动防护用品	劳保用品佩戴不当	其他伤害	3	2	3	18	1	（1）加强相互之间的监督； （2）严格遵守公司关于劳保用品正确使用的规定
4	布置场地	（1）工具摆放凌乱； （2）场地选择不当如场地条件不足（照明等）	（1）人身伤害； （2）影响人员通行	3	3	3	27	2	（1）严格执行定置管理要求； （2）进场前进行确认检查； （3）正确使用工器具
5	进行作业前的安全交底	（1）安全交底不清楚； （2）交底的内容存在缺陷； （3）交底没有落实到每一位人员	（1）人身伤害； （2）设备损坏	3	3	3	27	2	（1）加强对人员的安全培训和学习； （2）严格执行安全交底的有关工作
6	脚手架搭设	（1）高处作业； （2）高处落物； （3）高温	（1）高处坠落； （2）物体打击； （3）高温烫伤	3	1	40	120	3	（1）正确佩戴安全帽、安全带、差速器； （2）一律使用工具袋； （3）安全带高挂低用，且挂在牢固可靠的物体上； （4）做好脚手架管、卡件及毛竹片的防坠落措施，施工区域正下方设安全围栏、挂警示牌； （5）正确使用劳保用品，穿棉质连体服

续表

编号	作业步骤	危害因素	可能导致的后果	风险评价					控制措施
				L	E	C	D	风险程度	
二	检修								
1	烟道检修	高处作业	高处坠落	3	1	40	120	3	(1) 正确佩戴安全帽、安全带、差速器； (2) 一律使用工具袋； (3) 安全带高挂低用，且挂在牢固可靠的物体上
		架子使用、搭设不规范	高处坠落、坍塌	3	1	40	120	3	(1) 严禁脚手架超载使用； (2) 炉内铁丝匝的架子一般只允许上两人在同一架子平台工作
		高温	烫伤	3	3	3	27	2	(1) 备好饮用水； (2) 穿棉质连体服，正确使用劳保用品
		高处落物	物体打击	3	1	40	120	3	(1) 做好设备及材料的防坠落措施； (2) 在炉外工具放置点必须满铺橡皮垫，工具放在橡皮垫上面
		安全装置失灵、误操作	设备损坏	3	3	3	27	2	严格执行《起重安全控制程序》培训有证者操作
			起重伤害	3	3	3	27	2	加强个人防护意识，防止挤伤、碰伤，戴手套、戴口罩等个人防护用品

续表

编号	作业步骤	危害因素	可能导致的后果	风险评价					控制措施
				L	*E*	*C*	*D*	风险程度	
1	烟道检修	使用工具不当	物体打击	3	2	3	18	1	(1) 使用前应作仔细检查； (2) 打锤时，握锤的手不得戴手套； (3) 打锤挥动方向不得对人； (4) 禁止使用没手柄的工具
		电动工具、临时电源	触电、机械伤害	3	2	3	18	1	(1) 使用前检查工具的接地情况； (2) 引入电源线必须经过二级以上漏电保安器；准确使用电动工具，必须在切断电源待其在停止状态下方可进行检修或调整； (3) 使用的磨光机必须装有防护罩，佩戴好防护眼镜
		动火作业	火灾、爆炸	3	1	40	120	3	(1) 按要求办理二级动火票； (2) 脚手板处铺好石棉毯； (3) 动火工作间断、终结时清理并检查现场无残留火种； (4) 氧气瓶和乙炔瓶的距离不得小于8m，必须直立放置在炉外； (5) 氧气管和乙炔管在工作中防止沾上油脂； (6) 焊枪点火时先开氧气门，再开乙炔气门，熄火时与此操作相反

续表

编号	作业步骤	危害因素	可能导致的后果	风险评价					控制措施
				L	E	C	D	风险程度	
三	完工恢复								
1	脚手架拆除	(1) 高处作业； (2) 高处落物； (3) 高温	(1) 高处坠落； (2) 物体打击； (3) 高温烫伤	3	1	40	120	3	(1) 正确佩戴安全帽、安全带、差速器； (2) 一律使用工具袋； (3) 安全带高挂低用，且挂在牢固可靠的物体上； (4) 做好脚手架管、卡件及毛竹片的防坠落措施，施工区域正下方设安全围栏、挂警示牌； (5) 正确使用劳保用品，穿棉质连体服
四	作业环境								
1	在高处环境中作业	高处落物	物体打击	3	1	40	120	3	(1) 做好设备及材料的防坠落措施； (2) 工具放置点必须满铺橡皮垫，工具放在橡皮垫上面
		高处作业	高处坠落	3	1	40	120	3	(1) 正确佩戴安全帽、安全带、差速器； (2) 一律使用工具袋； (3) 安全带高挂低用，且挂在牢固可靠的物体上
2	在高温环境中作业	高温	烫伤	3	3	3	27	2	(1) 备好饮用水； (2) 穿棉质连体服，正确使用劳保用品

37 一次风机、送风机解体检修

<table>
<tr><td colspan="4">主要作业风险：
(1) 触电；
(2) 火灾；
(3) 物体打击；
(4) 高处坠落</td><td colspan="6">控制措施：
(1) 办理工作票、确认检修开关、验电、上锁挂牌；
(2) 吊装前检查吊装器具、禁止站在吊件下；
(3) 如动火需开动火工作票、使用阻燃垫布、专人监护</td></tr>
<tr><td rowspan="2">编号</td><td rowspan="2">作业步骤</td><td rowspan="2">危害因素</td><td rowspan="2">可能导致的后果</td><td colspan="5">风险评价</td><td rowspan="2">控制措施</td></tr>
<tr><td>L</td><td>E</td><td>C</td><td>D</td><td>风险程度</td></tr>
<tr><td>一</td><td colspan="9">检修前准备</td></tr>
<tr><td>1</td><td>切断电源</td><td>(1) 拉错开关、走错间隔或误送电导致设备带电或误动；
(2) 误碰其他有电部位产生电弧</td><td>(1) 触电、电弧灼伤；
(2) 火灾；
(3) 设备事故</td><td>1</td><td>6</td><td>15</td><td>90</td><td>3</td><td>(1) 办理工作票，确认执行安全措施；
(2) 双人共同确认检修开关、上锁、验电和挂警示牌；
(3) 使用个人防护用品，如绝缘手套、绝缘鞋、面罩和防电弧服</td></tr>
<tr><td>2</td><td>临时用电</td><td>(1) 电源、电压等级和接线方式不符要求；
(2) 负荷过载</td><td>(1) 触电；
(2) 火灾</td><td>1</td><td>6</td><td>7</td><td>42</td><td>2</td><td>(1) 检查电源；
(2) 验电</td></tr>
<tr><td>3</td><td>场地布置</td><td>工具、设备落地</td><td>设备事故</td><td>1</td><td>6</td><td>7</td><td>42</td><td>2</td><td>工作现场铺设好橡胶垫</td></tr>
<tr><td>4</td><td>个人劳保用品</td><td>(1) 手指碰伤、割伤；
(2) 蒸汽烫伤</td><td>人身伤害</td><td>1</td><td>6</td><td>7</td><td>42</td><td>2</td><td>(1) 工作中带好工作手套；
(2) 口罩、防护眼镜等劳保用品能正确使用；
(3) 进行高温蒸汽检修工作时，穿戴防烫服</td></tr>
</table>

续表

编号	作业步骤	危害因素	可能导致的后果	风险评价					控制措施
				L	*E*	*C*	*D*	风险程度	
5	安全交底	（1）工作前未识别安全隐患； （2）现场吸烟、酒后工作等	（1）火灾； （2）高处坠落； （3）人身伤害	1	6	7	42	2	工作前由工作负责人对工作人员进行安全交底
6	工器具准备	（1）电动工具未经检验合格； （2）起重工具未检验合格； （3）机工具存在设备缺陷	（1）设备事故； （2）人身伤害	1	6	7	42	2	（1）电动、起重工具使用前检查检验合格标签； （2）机工具使用前检查是否存在裂纹
7	搭设脚手架	（1）检修脚手架无搭设委托单，搭设要求如载重、搭设环境不明、在高压电附近搭设等； （2）搭设人员无资质、不戴安全帽、不系安全带和穿防滑鞋等； （3）搭拆脚手架中误碰设备； （4）搭拆脚手架时工具、材料掉下砸伤人； （5）脚手架不符合要求如立杆、大横杆和小横杆间距太大，不符合要求；	（1）高处坠落； （2）触电	1	6	7	42	2	（1）填写搭设委托单，明确搭设要求，如载重、搭设环境等； （2）检查搭设人员有无资质； （3）搭设时戴安全帽、系安全带和穿防滑鞋等；

续表

编号	作业步骤	危害因素	可能导致的后果	风险评价					控制措施
				L	*E*	*C*	*D*	风险程度	
7	搭设脚手架	(6) 未经验收合格和挂牌后使用	(1) 高处坠落； (2) 触电	1	6	7	42	2	(4) 经验收合格和挂牌后使用
二	检修过程								
1	风机端盖吊装	(1) 吊装过程中，电机出现故障，起吊物悬在空中； (2) 吊装中，钢丝绳断裂； (3) 吊钩卡块和卡块损坏脱扣伤人； (4) 吊装中心点不稳，大盖晃动	(1) 设备事故； (2) 人身伤害	3	3	7	63	2	(1) 吊机使用前，对过轨吊的电动部位进行检查； (2) 吊装物件前，对钢丝绳进行检查，如有钢丝绳打结或扭曲，吊钩、卡块损坏，应进行更换，并在吊装过程中防止钢丝绳打结、扭曲
2	转子动叶片拆卸、探伤	(1) 测量动叶片端隙及动叶片拆卸中，夹伤手指； (2) 动叶片搬运中滑落损坏，砸伤人； (3) 探伤中接触清洗剂、显像剂等化学物品	(1) 设备事故； (2) 人身伤害	1	3	15	45	2	(1) 转动转子时注意手指位置； (2) 工作中穿工作服、防护鞋，带好劳保手套等

续表

编号	作业步骤	危害因素	可能导致的后果	风险评价					控制措施
				L	*E*	*C*	*D*	风险程度	
3	转子吊装	(1) 吊装过程中，电机出现故障，起吊物悬在空中； (2) 吊装中，钢丝绳断裂； (3) 吊钩卡块和卡块损坏脱扣伤人； (4) 转子装车中，汽车撞伤人	人身伤害	1	3	15	45	2	(1) 吊机使用前，对过轨吊的电动部位进行检查； (2) 吊装物件前，对钢丝绳进行检查，如有钢丝绳打结或扭曲，吊钩、卡块损坏应进行更换，并在吊装过程中防止钢丝绳打结、扭曲； (3) 装车时，不要站汽车前后位置
4	风机进口消音器检修	(1) 高处作业落物砸人； (2) 动火作业（割除）； (3) 粉尘伤害	(1) 火灾； (2) 人身伤害	1	3	15	45	2	(1) 高处作业准备好工具包； (2) 动火作业前开好动火作业安全措施票； (3) 佩戴劳动保护用品
5	润滑油站检修	(1) 润滑油站内进行动火作业； (2) 润滑油流出造成地面污染； (3) 工作中击伤、碰伤	(1) 火灾； (2) 人身伤害	1	3	15	45	2	(1) 动火作业前开好动火作业安全措施票； (2) 清理油站时准备废油桶； (3) 工作中穿工作服、防护鞋，带好劳保手套等
6	转子回装	(1) 吊装过程中，钢丝绳断裂； (2) 移动过程中碰伤人	人身伤害	1	3	15	45	2	吊装物件前，对钢丝绳进行检查，如有钢丝绳打结或扭曲，吊钩、卡块损坏应进行更换，并在吊装过程中防止钢丝绳打结、扭曲

续表

编号	作业步骤	危害因素	可能导致的后果	风险评价					控制措施
				L	*E*	*C*	*D*	风险程度	
7	叶片回装	（1）回装叶片中，动叶片碰撞损伤； （2）转动转子，夹伤手指	人身伤害	2	3	7	42	2	（1）转动转子时注意手指位置； （2）动叶片搬运时注意脱手损伤
8	端盖回装	（1）吊装过程中，钢丝绳断裂； （2）移动过程中碰伤人	人身伤害	2	3	7	42	2	吊装前检查钢丝绳情况
三	恢复检验								
1	申请试运	（1）工作票未回押； （2）现场工作人员仍在施工	人身伤害	1	3	15	45	2	（1）回押工作票； （2）试运前确认现场无工作
2	结束工作	（1）遗漏工器具； （2）现场遗留检修杂物； （3）不拆除临时用电； （4）不结束工作票	（1）触电； （2）人身伤害	1	3	15	45	2	（1）收齐检查工器具； （2）清扫检修现场； （3）拆除临时用电； （4）结束工作票
四	作业环境								
1	照明不足	（1）照明不足； （2）漏电	（1）人身伤害； （2）触电	1	3	15	45	2	（1）在工作现场合理布置若干盏冷光灯，保证照明充足； （2）在磨煤机内使用12V以下行灯照明； （3）合理布置照明线路

38 引风机解体检修

主要作业风险： （1）触电； （2）火灾； （3）物体打击； （4）高处坠落	控制措施： （1）办理工作票、确认检修开关、验电、上锁挂牌； （2）吊装前检查吊装器具、禁止站在吊件下； （3）如动火需开动火工作票、使用阻燃垫布、专人监护

编号	作业步骤	危害因素	可能导致的后果	风险评价					控制措施
				L	*E*	*C*	*D*	风险程度	
一	检修前准备								
1	切断电源	（1）拉错开关、走错间隔或误送电导致设备带电或误动； （2）误碰其他有电部位产生电弧	（1）触电、电弧灼伤； （2）火灾； （3）设备事故	1	6	15	90	3	（1）办理工作票，确认执行安全措施； （2）双人共同确认检修开关、上锁、验电和挂警示牌； （3）使用个人防护用品，如绝缘手套、绝缘鞋、面罩和防电弧服
2	临时用电	（1）电源、电压等级和接线方式不符要求； （2）负荷过载	（1）触电； （2）火灾	1	6	7	42	2	（1）检查电源； （2）验电
3	场地布置	工具、设备落地	设备事故	1	6	7	42	2	工作现场铺设好橡胶垫
4	个人劳保用品	（1）手指碰伤、割伤； （2）蒸汽烫伤	人身伤害	1	6	7	42	2	（1）工作中带好工作手套； （2）口罩、防护眼镜等劳保用品能正确使用； （3）进行高温蒸汽检修工作时，穿戴防烫服

续表

编号	作业步骤	危害因素	可能导致的后果	风险评价					控制措施
				L	*E*	*C*	*D*	风险程度	
5	安全交底	(1) 工作前未识别安全隐患; (2) 现场吸烟、酒后工作等	(1) 火灾; (2) 高处坠落; (3) 人身伤害	1	6	7	42	2	工作前由工作负责人对工作人员进行安全交底
6	工器具准备	(1) 电动工具未经检验合格; (2) 起重工具未检验合格; (3) 机工具存在设备缺陷	(1) 设备事故; (2) 人身伤害	1	6	7	42	2	(1) 电动、起重工具使用前,检查检验合格标签; (2) 机工具使用前检查是否存在裂纹
7	搭设脚手架	(1) 检修脚手架无搭设委托单,搭设要求如载重、搭设环境不明、在高压电附近搭设等; (2) 搭设人员无资质、不戴安全帽、不系安全带和穿防滑鞋等; (3) 搭拆脚手架中误碰设备; (4) 搭拆脚手架时工具、材料掉下砸伤人;	(1) 高处坠落; (2) 触电	1	6	7	42	2	(1) 填写搭设委托单,明确搭设要求如载重、搭设环境等; (2) 检查搭设人员有无资质; (3) 搭设时戴安全帽、系安全带和穿防滑鞋等; (4) 经验收合格和挂牌后使用

续表

编号	作业步骤	危害因素	可能导致的后果	风险评价					控制措施
				L	*E*	*C*	*D*	风险程度	
7	搭设脚手架	(5) 脚手架不符合要求如立杆、大横杆和小横杆间距太大，不符合要求； (6) 未经验收合格和挂牌后使用	(1) 高处坠落； (2) 触电	1	6	7	42	2	(1) 填写搭设委托单，明确搭设要求如载重、搭设环境等； (2) 检查搭设人员有无资质； (3) 搭设时戴安全帽、系安全带和穿防滑鞋等； (4) 经验收合格和挂牌后使用
二	检修过程								
1	靠背轮拆除	(1) 靠背轮护罩滑落； (2) 拆卸螺栓中砸伤人员	人身伤害	3	3	7	63	2	工作前做好预防措施
2	风机端盖吊装	(1) 吊装过程中，电机出现故障，起吊物悬在空中； (2) 吊装中，钢丝绳断裂； (3) 吊钩卡块和卡块损坏脱扣伤人； (4) 吊装中心点不稳，大盖晃动	(1) 设备事故； (2) 人身伤害	3	3	7	63	2	(1) 吊机使用前，对过轨吊的电动部位进行检查； (2) 吊装物件前，对钢丝绳进行检查，如有钢丝绳打结或扭曲，吊钩、卡块损坏应进行更换，并在吊装过程中防止钢丝绳打结、扭曲
3	叶轮拆卸	(1) 拆卸过程中砸伤、碰伤； (2) 吊装叶轮中，落物砸人	人身伤害	3	3	7	63	2	(1) 检查起重机械，电动葫芦是否正常，上下限位保护是否有效； (2) 起重人员应持证上岗，无关人员不得在吊装区逗留； (3) 所有人员应在物件移动轴线外

续表

编号	作业步骤	危害因素	可能导致的后果	风险评价					控制措施
				L	*E*	*C*	*D*	风险程度	
4	轴承箱检修	（1）端盖吊装中脱落、砸伤； （2）原始数据未记录； （3）轴承箱体未进行固定，拆除连接螺栓后砸伤、损坏仪控元件	（1）人身伤害； （2）设备事故	3	3	7	63	2	（1）吊机使用前，对过轨吊的电动部位进行检查； （2）吊装物件前，对钢丝绳进行检查，如有钢丝绳打结或扭曲，吊钩、卡块损坏应进行更换，并在吊装过程中防止钢丝绳打结、扭曲
5	入口静叶调节挡板检修、更换	（1）动火作业； （2）高处作业； （3）吊装挡板总成时，吊机钢丝绳断裂、卡块脱扣等砸伤人	（1）火灾； （2）高处坠落； （3）人身伤害	3	3	7	63	2	（1）动火作业现场铺设好防火毯； （2）动火场地周围准备应急消防灭火器； （3）高处作业系好安全带； （4）起重设备应全面检查合格后进行检修工作
6	内部支撑加固	动火作业	火灾	3	3	7	63	2	（1）动火作业现场铺设好防火毯； （2）动火场地周围准备应急消防灭火器
7	轴承冷却风机检修	（1）滤网、风机机壳拆除脱落砸人； （2）拆卸叶轮中拉马弹开砸人	人身伤害	3	3	7	63	2	（1）工作前做好事故预想； （2）检修中注意人员，防止碰伤
8	叶片回装	（1）回装叶片中动叶片碰撞损伤； （2）转动转子夹伤手指	人身伤害	3	3	7	63	2	（1）转动转子时注意手指位置； （2）动叶片搬运时注意脱手损伤

续表

编号	作业步骤	危害因素	可能导致的后果	风险评价					控制措施
				L	*E*	*C*	*D*	风险程度	
9	端盖回装	(1) 吊装过程中，钢丝绳断裂； (2) 移动过程中碰伤人	人身伤害	3	3	7	63	2	吊装前检查钢丝绳情况
三	恢复检验								
1	申请试运	(1) 工作票未回押； (2) 现场工作人员仍在施工	人身伤害	1	3	15	45	2	(1) 回押工作票； (2) 试运前确认现场无工作
2	结束工作	(1) 遗漏工器具； (2) 现场遗留检修杂物； (3) 不拆除临时用电； (4) 不结束工作票	(1) 触电； (2) 人身伤害	1	3	15	45	2	(1) 收齐检查工器具； (2) 清扫检修现场； (3) 拆除临时用电； (4) 结束工作票
四	作业环境								
1	照明不足	(1) 照明不足； (2) 漏电	(1) 人身伤害； (2) 触电	1	3	15	45	2	(1) 在工作现场合理布置若干盏冷光灯，保证照明充足； (2) 在磨煤机内使用12V以下行灯照明； (3) 合理布置照明线路

39 引风机静叶执行机构更换

主要作业风险： （1）火灾； （2）物体打击； （3）高处坠落	控制措施： （1）如动火需开动火工作票、使用阻燃垫布、专人监护； （2）工作中正确佩戴劳保用品； （3）工作区域内，禁止站在吊件下

编号	作业步骤	危害因素	可能导致的后果	风险评价					控制措施
				L	*E*	*C*	*D*	风险程度	
一	检修前准备								
1	临时用电	（1）电源、电压等级和接线方式不符要求； （2）负荷过载	（1）触电； （2）火灾	1	6	7	42	2	（1）检查电源； （2）验电
2	场地布置	工具、设备落地	设备事故	1	6	7	42	2	工作现场铺设好橡胶垫
3	个人劳保用品	手指碰伤、割伤	人身伤害	1	6	7	42	2	（1）工作中带好工作手套； （2）口罩、防护眼镜等劳保用品能正确使用
4	安全交底	（1）工作前未识别安全隐患； （2）现场吸烟、酒后工作等	（1）火灾； （2）高处坠落； （3）人身伤害	1	6	7	42	2	工作前由工作负责人对工作人员进行安全交底
5	工器具准备	（1）电动工具未经检验合格； （2）起重工具未检验合格； （3）机工具存在设备缺陷	（1）设备事故； （2）人身伤害	1	6	7	42	2	（1）电动、起重工具使用前，检查检验合格标签； （2）机工具使用前检查是否存在裂纹

续表

编号	作业步骤	危害因素	可能导致的后果	风险评价					控制措施
				L	*E*	*C*	*D*	风险程度	
6	搭设脚手架	（1）检修脚手架无搭设委托单，搭设要求如载重、搭设环境不明，在高压电附近搭设等； （2）搭设人员无资质、不戴安全帽、不系安全带和穿防滑鞋等； （3）搭拆脚手架中误碰设备； （4）搭拆脚手架时工具、材料掉下砸伤人； （5）脚手架不符合要求如立杆、大横杆和小横杆间距太大，不符合要求； （6）未经验收合格和挂牌后使用	（1）高处坠落； （2）触电	1	6	7	42	2	（1）填写搭设委托单，明确搭设要求如载重、搭设环境等； （2）检查搭设人员有无资质； （3）搭设时戴安全帽、系安全带和穿防滑鞋等； （4）经验收合格和挂牌后使用
二	检修过程								
1	引风机静叶执行机构更换	（1）动火作业； （2）高处作业	（1）火灾； （2）高处坠落； （3）人身伤害	3	3	7	42	2	（1）动火作业现场铺设好防火毯； （2）动火场地周围准备应急消防灭火器； （3）高处作业系好安全带

续表

编号	作业步骤	危害因素	可能导致的后果	风险评价					控制措施
				L	*E*	*C*	*D*	风险程度	
三	恢复检验								
1	结束工作	(1) 遗漏工器具； (2) 现场遗留检修杂物； (3) 不拆除临时用电； (4) 不结束工作票	(1) 触电； (2) 人身伤害	1	3	15	45	2	(1) 收齐检查工器具； (2) 清扫检修现场； (3) 拆除临时用电； (4) 结束工作票
四	作业环境								
1	照明不足	(1) 照明不足； (2) 漏电	(1) 人身伤害； (2) 触电	1	3	15	45	2	(1) 在工作现场合理布置若干盏冷光灯，保证照明充足； (2) 使用12V以下行灯照明； (3) 合理布置照明线路

40 引风机性能试验

<table>
<tr><td colspan="4">**主要作业风险：**
(1) 脚手架坍塌、高处坠落；
(2) 设备损坏；
(3) 物体打击；
(4) 粉尘伤害</td><td colspan="6">**控制措施：**
(1) 上脚手架前检查脚手架是否牢固、可靠，工作中正确地系好安全带；
(2) 工作中注重成品保护；
(3) 正确穿戴劳动保护用品防止物体打击；
(4) 正确的佩戴口罩及其他防止粉尘伤害的防护用品</td></tr>
<tr><td rowspan="2">编号</td><td rowspan="2">作业步骤</td><td rowspan="2">危害因素</td><td rowspan="2">可能导致的后果</td><td colspan="5">风险评价</td><td rowspan="2">控制措施</td></tr>
<tr><td>*L*</td><td>*E*</td><td>*C*</td><td>*D*</td><td>风险程度</td></tr>
<tr><td>一</td><td colspan="3">检修前准备</td><td></td><td></td><td></td><td></td><td></td><td></td></tr>
<tr><td>1</td><td>切断电源</td><td>(1) 拉错开关、走错间隔或误送电导致设备带电或误动；
(2) 误碰其他有电部位产生电弧</td><td>(1) 触电、电弧灼伤；
(2) 火灾；
(3) 设备事故</td><td>1</td><td>6</td><td>15</td><td>90</td><td>3</td><td>(1) 办理工作票，确认执行安全措施；
(2) 双人共同确认检修开关、上锁、验电和挂警示牌；
(3) 使用个人防护用品，如绝缘手套、绝缘鞋、面罩和防电弧服</td></tr>
<tr><td>2</td><td>临时用电</td><td>(1) 电源、电压等级和接线方式不符要求；
(2) 负荷过载</td><td>(1) 触电；
(2) 火灾</td><td>1</td><td>6</td><td>7</td><td>42</td><td>2</td><td>(1) 检查电源；
(2) 验电</td></tr>
<tr><td>3</td><td>场地布置</td><td>工具、设备落地</td><td>设备事故</td><td>1</td><td>6</td><td>7</td><td>42</td><td>2</td><td>工作现场铺设好橡胶垫</td></tr>
<tr><td>4</td><td>个人劳保用品</td><td>(1) 手指碰伤、割伤；
(2) 蒸汽烫伤</td><td>人身伤害</td><td>1</td><td>6</td><td>7</td><td>42</td><td>2</td><td>(1) 工作中带好工作手套；
(2) 口罩、防护眼镜等劳保用品能正确使用；
(3) 进行高温蒸汽检修工作时，穿戴防烫服</td></tr>
</table>

续表

编号	作业步骤	危害因素	可能导致的后果	风险评价					控制措施
				L	*E*	*C*	*D*	风险程度	
5	安全交底	（1）工作前未识别安全隐患； （2）现场吸烟、酒后工作等	（1）火灾； （2）高处坠落； （3）人身伤害	1	6	7	42	2	工作前由工作负责人对工作人员进行安全交底
6	搭设脚手架	（1）检修脚手架无搭设委托单，搭设要求如载重、搭设环境不明，在高压电附近搭设等； （2）搭设人员无资质、不戴安全帽、不系安全带和穿防滑鞋等； （3）搭拆脚手架中误碰设备； （4）搭拆脚手架时工具、材料掉下砸伤人； （5）未经验收合格和挂牌后使用	（1）高处坠落； （2）触电	1	6	7	42	2	（1）填写搭设委托单，明确搭设要求如载重、搭设环境等； （2）检查搭设人员有无资质； （3）搭设时戴安全帽、系安全带和穿防滑鞋等； （4）经验收合格和挂牌后使用
二	检修过程								
1	拆除测点闷头，插入检测探头	（1）工作中碰伤、砸伤； （2）高处作业未系安全带； （3）工作中粉尘伤害，未佩戴口罩等防尘器具	（1）人身伤害； （2）高处坠落； （3）粉尘伤害	1	6	15	90	3	（1）工作中穿工作服、防护鞋，带好劳保手套等； （2）登高作业前检查脚手架是否坚实牢固，高处施工中系好安全带； （3）进行粉尘工作佩戴防尘口罩等

续表

编号	作业步骤	危害因素	可能导致的后果	风险评价					控制措施
				L	E	C	D	风险程度	
三	恢复检验								
1	结束工作	(1) 遗漏工器具； (2) 现场遗留检修杂物； (3) 不拆除临时用电； (4) 不结束工作票	(1) 触电； (2) 人身伤害	1	6	7	42	2	(1) 收齐检查工器具； (2) 清扫检修现场； (3) 拆除临时用电； (4) 结束工作票
四	作业环境								
1	粉尘环境	(1) 灰尘清理不当； (2) 呼吸系统保护不当	职业危害，导致呼吸系统疾病或眼睛伤害，如肺脏功能减低、鼻/喉发炎、皮炎	1	6	7	42	2	(1) 采取控制粉尘措施，加强日常维护； (2) 佩戴防尘口罩、呼吸器等； (3) 定期进行粉尘监测； (4) 定期体检； (5) 及时清扫地面，清理积灰

41 油泵房旁消防栓更换

<table>
<tr><td colspan="4">主要作业风险：
（1）走错间隔；
（2）环境污染</td><td colspan="6">控制措施：
（1）准确确认设备名称和地点；
（2）消防栓更换工作结束后清理现场遗留物及积水</td></tr>
<tr><td rowspan="2">编号</td><td rowspan="2">作业步骤</td><td rowspan="2">危害因素</td><td rowspan="2">可能导致的后果</td><td colspan="5">风险评价</td><td rowspan="2">控制措施</td></tr>
<tr><td>L</td><td>E</td><td>C</td><td>D</td><td>风险程度</td></tr>
<tr><td>一</td><td colspan="3">检修前准备</td><td></td><td></td><td></td><td></td><td></td><td></td></tr>
<tr><td>1</td><td>确认安全措施执行完毕</td><td>（1）系统未完全隔离；
（2）确认等离子冷却水管内无水压</td><td>（1）设备事故；
（2）人身伤害</td><td>3</td><td>0.5</td><td>15</td><td>22.5</td><td>2</td><td>（1）办理检修工作票；
（2）双人共同确认安全措施执行情况</td></tr>
<tr><td>2</td><td>准备手动工具</td><td>（1）手动工具（如敲击扳手、榔头）松脱、破损等；
（2）使用不合适工具，小型工具准备不全或遗漏等</td><td>（1）人身伤害；
（2）设备损坏</td><td>3</td><td>1</td><td>1</td><td>3</td><td>1</td><td>（1）使用前确认工具型号和标示；
（2）使用前确认工具完好、合格</td></tr>
<tr><td>3</td><td>布置场地</td><td>（1）工具摆放凌乱；
（2）场地选择不当（照明不足）等</td><td>（1）人身伤害；
（2）影响人员通行</td><td>6</td><td>3</td><td>3</td><td>54</td><td>2</td><td>（1）严格执行定置管理要求；
（2）进场前进行确认、检查；
（3）正确使用工器具</td></tr>
<tr><td>4</td><td>安全交底</td><td>工作前未对施工人员进行安全技术交底</td><td>（1）人身伤害；
（2）设备损坏</td><td>1</td><td>6</td><td>15</td><td>90</td><td>3</td><td>（1）工作前做好危险源分析；
（2）工作前对施工人员做好安全技术交底</td></tr>
</table>

续表

编号	作业步骤	危害因素	可能导致的后果	风险评价					控制措施
				L	E	C	D	风险程度	
5	个人防护用品准备	(1) 未正确穿戴安全帽及工作服； (2) 使用不合格的劳保防护用品	(1) 人身伤害； (2) 噪声伤害	3	0.5	15	22.5	2	(1) 正确穿戴安全帽及工作服； (2) 使用防噪声防护用品（如防噪声耳塞）
二	检修过程								
1	油泵房旁消防栓更换	(1) 使用工具不当； (2) 工作中工具滑脱； (3) 零部件遗失、错位	(1) 人身伤害； (2) 设备损坏； (3) 影响工作进度	3	3	7	63	2	(1) 手动工具系好安全绳； (2) 阀门解体前做好标记； (3) 拆卸下的部件进行定置管理
三	恢复检验								
1	检查、恢复阀门各系统	(1) 走错间隔； (2) 误操作	(1) 设备事故； (2) 人身伤害	1	3	7	21	2	(1) 终结检修工作票； (2) 确认恢复安全措施

42 油罐喷淋装置疏通

主要作业风险： （1）高处坠落； （2）火灾	控制措施： （1）工作中正确地系好安全带； （2）严禁携带火种及通信设备

编号	作业步骤	危害因素	可能导致的后果	风险评价					控制措施
				L	*E*	*C*	*D*	风险程度	
一	检修前准备								
1	安全交底	工作前未对施工人员进行安全技术交底	（1）人身伤害； （2）设备损坏	1	6	15	90	3	（1）工作前做好危险源分析； （2）工作前对施工人员做好安全技术交底
2	个人防护用品准备	（1）未正确佩戴安全帽及工作服； （2）使用不合格的安全带	（1）人身伤害； （2）高处坠落	3	0.5	15	22.5	2	（1）正确佩戴安全帽及工作服； （2）使用在安全使用期内的安全带，并正确挂好安全带
二	检修过程								
1	油库区A、B油罐喷淋装置疏通	（1）使用工具不当； （2）工作中工具滑脱； （3）高处坠落	（1）人身伤害； （2）设备损坏； （3）影响工作进度	3	3	7	63	2	（1）手动工具系好安全绳； （2）系好安全带
三	作业环境								
1	高处作业	油罐喷淋装置疏通工作中易发生高处坠落	高处坠落	1	3	15	45	2	工作中正确地系好安全带（安全带必须挂在牢固的地方，做到高挂低用）

43 油库泡沫消防设备检修

主要作业风险： (1) 起重伤害； (2) 触电伤害； (3) 高温烫伤； (4) 地面积水，人员滑倒	控制措施： (1) 起重前确认设备重量，重物下禁止站人； (2) 阀门解体前确认已断电； (3) 工作中正确的佩戴好劳保防护用品； (4) 注意地面积水，小心人员滑倒

编号	作业步骤	危害因素	可能导致的后果	风险评价					控制措施
				L	*E*	*C*	*D*	风险程度	
一	检修前准备								
1	确认安全措施执行完毕，切断电源	(1) 系统未完全隔离； (2) 泡沫灭火母管未泄压到零	(1) 设备事故； (2) 人身伤害	3	0.5	15	22.5	2	(1) 办理检修工作票； (2) 双人共同确认安全措施执行情况
2	准备手动工具	(1) 手动工具（如敲击扳手、榔头松脱、破损等）； (2) 使用不合适工具，小型工具准备不全或遗漏等	(1) 人身伤害； (2) 设备损坏	3	1	1	3	1	(1) 使用前确认工具型号和标示； (2) 使用前确认工具完好、合格
3	准备电（气）动工具	(1) 不熟悉使用电动、气动工具；	(1) 触电伤害； (2) 机械伤害； (3) 其他人身伤害	3	3	15	135	3	(1) 仔细阅读工具说明书，学会正确使用方法； (2) 使用前检查电源线、接地和其他部件良好，经检验合格在有效期内；

续表

编号	作业步骤	危害因素	可能导致的后果	风险评价					控制措施
				L	E	C	D	风险程度	
3	准备电（气）动工具	（2）电动、气动工具不符合要求（如电动工具的电源线破损、绝缘和接地不良，气动工具气管破损、接口松动或磨损）； （3）工具或工具易损件质量不良； （4）电源无触电保护或工具、设备无接地保护； （5）使用时砂轮片、切割片断裂飞出；不正确地使用劳保用品	（1）触电伤害； （2）机械伤害； （3）其他人身伤害	3	3	15	135	3	（3）电源盘等必须使用漏电保护器； （4）确认消耗品（如砂轮片、切割片的质量）； （5）正确的使用劳保防护用品（如防护眼镜、面罩等）
4	布置场地	（1）工具摆放凌乱； （2）场地选择不当（照明不足）等	（1）人身伤害； （2）影响人员通行	6	3	3	54	2	（1）严格执行定置管理要求； （2）进场前进行确认、检查； （3）正确使用工器具
5	安全交底	工作前未对施工人员进行安全技术交底	（1）人身伤害； （2）设备损坏	1	6	15	90	3	（1）工作前做好危险源分析； （2）工作前对施工人员做好安全技术交底
6	个人防护用品准备	（1）未正确佩戴安全帽及工作服； （2）使用不合格的安全带	（1）人身伤害； （2）高处坠落	3	0.5	15	22.5	2	（1）正确佩戴安全帽及工作服； （2）使用在安全使用期内的安全带，并正确挂好安全带

续表

编号	作业步骤	危害因素	可能导致的后果	风险评价					控制措施
				L	E	C	D	风险程度	
二	检修过程								
1	A、B轻油罐泡沫电动闸板门研磨检修	(1) 使用工具不当； (2) 工作中工具滑脱； (3) 零部件遗失、错位	(1) 人身伤害； (2) 设备损坏； (3) 影响工作进度	3	3	7	63	2	(1) 手动工具系好安全绳； (2) 阀门解体前做好标记； (3) 拆卸下的部件进行定置管理
2	A、B轻油罐消防栓电动隔离门研磨检修	(1) 使用工具不当； (2) 工作中工具滑脱； (3) 零部件遗失、错位	(1) 人身伤害； (2) 设备损坏； (3) 影响工作进度	3	3	7	63	2	(1) 手动工具系好安全绳； (2) 阀门解体前做好标记； (3) 拆卸下的部件进行定置管理
3	泡沫消防罐出口球阀检查、检修	(1) 操作不当，造成螺纹卡坏； (2) 零部件遗失、错位； (3) 工作中工具滑脱	(1) 设备损坏； (2) 人身伤害； (3) 影响工作进度	3	3	7	63	2	(1) 严格执行操作技能培训； (2) 阀门解体前做好标记； (3) 拆卸下的部件进行定置管理
4	泡沫消防罐出口压力表检查、检修	(1) 使用工具不当； (2) 工作中工具滑脱； (3) 零部件遗失、错位	(1) 人身伤害； (2) 设备损坏； (3) 影响工作进度	3	3	7	63	2	(1) 手动工具系好安全绳； (2) 阀门解体前做好标记； (3) 拆卸下的部件进行定置管理
5	设备部件清洗及各阀门密封面研磨	(1) 重物伤人； (2) 设备锋利棱角割伤； (3) 化学清洗剂伤害	(1) 人身伤害； (2) 设备损坏	1	3	3	9	1	(1) 正确使用劳保防护用品（手套、防护镜等）； (2) 合理的安排工作流程； (3) 对工作人员进行详细的安全技术交底

续表

编号	作业步骤	危害因素	可能导致的后果	风险评价					控制措施
				L	E	C	D	风险程度	
6	阀门回装（阀门解体的逆过程）	见前面阀门的解体	见前面阀门的解体	1	3	15	45	2	见前面阀门的解体
三	恢复检验								
1	检查、恢复阀门各系统	（1）走错间隔；（2）误操作	（1）设备事故；（2）人身伤害	1	3	7	21	2	（1）终结检修工作票；（2）确认恢复安全措施
四	作业环境								
1	阀门阀芯、阀座密封面研磨	润滑油、研磨膏污染环境	环境污染	1	3	3	9	1	（1）阀芯、阀座清洗过的煤油必须倒入废油桶，不得随意倾倒；（2）研磨过的研磨膏及擦拭的抹布倒入垃圾桶，不得随意乱扔
2	高处作业	阀门解体检修工作中易发生高处坠落	高处坠落	1	3	15	45	2	工作中正确的系好安全带（安全带必须挂在牢固的地方，做到高挂低用）

44 油库污油池清理

主要作业风险：	控制措施：
(1) 火灾； (2) 坠落； (3) 高处落物	(1) 严禁佩带火种进入燃油泵房； (2) 打开燃油泵房污油池盖板需及时设置明显的安全警示牌； (3) 工作中使用工具包、小型机工具及零配件放工具包内，防止机工具落入污油池内

编号	作业步骤	危害因素	可能导致的后果	风险评价					控制措施
				L	*E*	*C*	*D*	风险程度	
一	检修前准备								
1	确认安全措施执行完毕	(1) 系统未完全隔离； (2) 阀门管道内未泄压到零	(1) 设备事故； (2) 人身伤害	3	0.5	15	22.5	2	(1) 办理检修工作票； (2) 双人共同确认安全措施执行情况
2	准备手动工具	(1) 手动工具（如敲击扳手、榔头松脱、破损等）； (2) 使用不合适工具，小型工具准备不全或遗漏等	(1) 人身伤害； (2) 设备损坏	3	1	1	3	1	(1) 使用前确认工具型号和标示； (2) 使用前确认工具完好、合格
3	准备电（气）动工具	(1) 不熟悉使用电动、气动工具；	(1) 触电伤害； (2) 机械伤害； (3) 其他人身伤害	3	3	15	135	3	(1) 仔细阅读工具说明书，学会正确使用方法； (2) 使用前检查电源线、接地和其他部件良好，经检验合格在有效期内；

续表

编号	作业步骤	危害因素	可能导致的后果	风险评价					控制措施
				L	*E*	*C*	*D*	风险程度	
3	准备电（气）动工具	（2）电动、气动工具不符合要求（如电动工具的电源线破损、绝缘和接地不良，气动工具气管破损、接口松动或磨损）； （3）工具或工具易损件质量不良； （4）电源无触电保护或工具、设备无接地保护	（1）触电伤害； （2）机械伤害； （3）其他人身伤害	3	3	15	135	3	（3）电源盘等必须使用漏电保护器
4	布置场地	（1）工具摆放凌乱； （2）场地选择不当（照明不足）等	（1）人身伤害； （2）影响人员通行	6	3	3	54	2	（1）严格执行定置管理要求； （2）进场前进行确认、检查； （3）正确使用工器具
5	安全交底	工作前未对施工人员进行安全技术交底或交底不清楚	（1）人身伤害； （2）设备损坏； （3）走错间隔	1	6	15	90	3	（1）工作前做好危险源分析； （2）工作前对施工人员做好详细的安全技术交底
6	个人防护用品准备	（1）未正确穿戴安全帽及工作服； （2）使用不合格的安全带	（1）人身伤害； （2）高处坠落	3	0.5	15	22.5	2	（1）正确佩戴安全帽及工作服； （2）使用在安全使用期内的安全带，并正确挂好安全带

续表

编号	作业步骤	危害因素	可能导致的后果	风险评价					控制措施
				L	E	C	D	风险程度	
二	检修过程								
1	污油池油位检查、确认	(1) 火灾； (2) 工作中工具滑脱； (3) 人员坠落	(1) 人身伤害； (2) 设备损坏	1	3	15	90	3	(1) 手动工具系好安全绳； (2) 严禁佩带火种进入燃油泵房； (3) 打开燃油泵房污油池盖板需及时设置明显的安全警示牌
2	污油循环过滤	(1) 滤油泵接头松动、漏油； (2) 滤油泵电机接地不良； (3) 滤油泵缺油、造成轴承温度高	(1) 设备损坏； (2) 人身伤害； (3) 影响工作进度	3	3	7	63	2	(1) 启动滤油泵前检查进、出口接头紧固情况； (2) 滤油泵启动、滤油前检查接地情况，防止触电伤害
三	恢复检验								
1	检查、恢复各系统	(1) 走错间隔； (2) 误操作	(1) 设备事故； (2) 人身伤害	3	3	7	63	2	(1) 终结检修工作票； (2) 确认恢复安全措施
四	作业环境								
1	防火区	油库区属重点防火区，工作中易发生火灾	火灾	1	3	15	90	3	(1) 严禁携带火种进入燃油泵房； (2) 禁止在污油池附近动火，确实需要动火时，需采取可靠的隔离防护措施
2	坠落	检修中易发生人员坠落污油池	人员坠落	1	3	7	21	2	(1) 打开燃油泵房污油池盖板需及时设置明显的安全警示牌； (2) 与检修无关人员不得进入检修区

45 油枪供油软管更换

<table>
<tr><td colspan="4">主要作业风险：
(1) 高处坠落；
(2) 物体打击；
(3) 环境污染、火险</td><td colspan="6">控制措施：
(1) 正确使用合格的安全带；
(2) 戴好安全帽并系紧帽带，避免交叉作业；
(3) 拆卸接头或放油时使用油盆接好管道内剩余燃油</td></tr>
<tr><td rowspan="2">编号</td><td rowspan="2">作业步骤</td><td rowspan="2">危害因素</td><td rowspan="2">可能导致的后果</td><td colspan="5">风险评价</td><td rowspan="2">控制措施</td></tr>
<tr><td>L</td><td>E</td><td>C</td><td>D</td><td>风险程度</td></tr>
<tr><td>一</td><td colspan="2">检修前准备</td><td></td><td></td><td></td><td></td><td></td><td></td><td></td></tr>
<tr><td>1</td><td>安全措施确认</td><td>(1) 走错间隔；
(2) 设备未隔离；
(3) 系统未泄压</td><td>(1) 设备损坏；
(2) 人身伤害</td><td>3</td><td>0.5</td><td>15</td><td>22.5</td><td>2</td><td>(1) 检修前确认设备名称和位置；
(2) 确认停电开关，确认安全措施执行情况；
(3) 工作前确认系统是否泄压</td></tr>
<tr><td>2</td><td>安全交底</td><td>(1) 安全交底不清楚；
(2) 交底的内容存在缺陷；
(3) 交底没有落实到每一位人员</td><td>(1) 人身伤害；
(2) 设备损坏</td><td>3</td><td>1</td><td>3</td><td>9</td><td>1</td><td>(1) 加强对人员的安全培训和学习；
(2) 严格执行安全交底的有关工作</td></tr>
<tr><td>3</td><td>场地布置</td><td>(1) 工具摆放凌乱；
(2) 场地选择不当，如场地条件不足（照明等）</td><td>(1) 人身伤害；
(2) 影响人员通行</td><td>3</td><td>1</td><td>3</td><td>9</td><td>1</td><td>(1) 严格执行定置管理要求；
(2) 进场前进行确认检查；
(3) 正确使用工器具</td></tr>
<tr><td>4</td><td>手动工具准备</td><td>(1) 手动工具如敲击工具锤头松脱、破损等；</td><td>(1) 人身伤害；
(2) 设备损坏</td><td>3</td><td>1</td><td>3</td><td>9</td><td>1</td><td>(1) 使用前确认工具型号和标示；
(2) 使用前确认工具完好合格</td></tr>
</table>

续表

编号	作业步骤	危害因素	可能导致的后果	风险评价					控制措施
				L	E	C	D	风险程度	
4	手动工具准备	（2）使用不合适工具，小工具准备不全或遗漏等	（1）人身伤害； （2）设备损坏	3	1	3	9	1	（1）使用前确认工具型号和标示； （2）使用前确认工具完好合格
5	个人防护用品准备	（1）未正确佩戴安全帽及工作服； （2）使用不合格的安全带	（1）人身伤害； （2）高处坠落	3	0.5	15	22.5	2	（1）正确佩戴安全帽及工作服； （2）使用在安全使用期内的安全带，并正确挂好安全带
二	检修								
1	油枪软管更换	小型工具未系安全绳	落物、设备损坏	6	1	1	6	1	小型工具系好安全绳，并正确使用
		安全带未使用或使用不当	高处坠落	3	0.5	15	22.5	2	（1）正确佩戴安全帽、安全带； （2）一律使用工具袋； （3）安全带高挂低用，且挂在牢固可靠的物体上
		设备或材料未做好防坠落措施及未正确使用安全帽等劳保用品	物体打击、设备损坏	3	0.5	15	22.5	2	（1）做好设备及材料的防坠落措施； （2）工具放置点必须满铺橡皮垫，工具放在橡皮垫上面
		拆卸接头或放油时未用油盆接好管道内剩余燃油	环境污染、火险	3	1	3	9	1	拆卸接头或放油时使用油盆接好管道内剩余燃油

续表

编号	作业步骤	危害因素	可能导致的后果	风险评价					控制措施
				L	*E*	*C*	*D*	风险程度	
三	完工恢复								
1	整体试运	(1) 安全措施未恢复； (2) 触碰电机及机械转动部位； (3) 误操作； (4) 工作票未回押； (5) 电源线盒位盖未扣严密	(1) 触电； (2) 人身伤害； (3) 设备事故	3	0.5	15	22.5	2	(1) 确认工作票已经回押； (2) 确认恢复安全措施； (3) 试运时专人现场监护
2	结束工作（现场文明施工）	(1) 遗漏工器具； (2) 现场遗留检修杂物； (3) 不拆除临时用电； (4) 不结束工作票，终结工作票继续进行工作	(1) 设备损坏； (2) 人身伤害； (3) 设备故障	6	3	1	18	1	(1) 收齐检查工器具； (2) 清扫检修现场； (3) 拆除临时用电； (4) 结束工作票
四	作业环境								
1	在高处环境中作业	(1) 安全带、差速器未使用或使用不当； (2) 设备或材料未做好防坠落措施及未正确使用安全帽等劳保用品	(1) 高处坠落； (2) 物体打击	3	0.5	40	60	2	(1) 正确佩戴安全帽、安全带、差速器； (2) 一律使用工具袋； (3) 安全带高挂低用，且挂在牢固可靠的物体上； (4) 做好拆卸下来的保温材料的防坠落措施

46 油水分离器解体检修

<table>
<tr><td colspan="4">主要作业风险：
（1）人身伤害；
（2）火灾；
（3）高处坠落</td><td colspan="6">控制措施：
（1）办理工作票、确认检修开关、验电、上锁挂牌；
（2）使用绝缘手套、绝缘鞋、面罩和防电弧服；
（3）吊装前检查吊装器具、禁止站在吊件下；
（4）如动火需开动火工作票、使用阻燃垫布、专人监护</td></tr>
<tr><td rowspan="2">编号</td><td rowspan="2">作业步骤</td><td rowspan="2">危害因素</td><td rowspan="2">可能导致的后果</td><td colspan="5">风险评价</td><td rowspan="2">控制措施</td></tr>
<tr><td>L</td><td>E</td><td>C</td><td>D</td><td>风险程度</td></tr>
<tr><td>一</td><td colspan="3">检修前准备</td><td></td><td></td><td></td><td></td><td></td><td></td></tr>
<tr><td>1</td><td>切断电源</td><td>（1）拉错开关、走错间隔或误送电导致设备带电或误动；
（2）误碰其他有电部位产生电弧</td><td>（1）触电、电弧灼伤；
（2）火灾；
（3）设备事故</td><td>1</td><td>6</td><td>15</td><td>90</td><td>3</td><td>（1）办理工作票，确认执行安全措施；
（2）双人共同确认检修开关、上锁、验电和挂警示牌；
（3）使用个人防护用品，如绝缘手套、绝缘鞋、面罩和防电弧服</td></tr>
<tr><td>2</td><td>临时用电</td><td>（1）电源、电压等级和接线方式不符要求；
（2）负荷过载</td><td>（1）触电；
（2）火灾</td><td>1</td><td>6</td><td>7</td><td>42</td><td>2</td><td>（1）检查电源；
（2）验电</td></tr>
<tr><td>3</td><td>场地布置</td><td>工具、设备落地</td><td>设备事故</td><td>1</td><td>6</td><td>7</td><td>42</td><td>2</td><td>工作现场铺设好橡胶垫</td></tr>
<tr><td>4</td><td>个人劳保用品</td><td>（1）手指碰伤、割伤；
（2）蒸汽烫伤</td><td>人身伤害</td><td>1</td><td>6</td><td>7</td><td>42</td><td>2</td><td>（1）工作中带好工作手套；
（2）口罩、防护眼镜等劳保用品能正确使用；
（3）进行高温蒸汽检修工作时，穿戴防烫服</td></tr>
</table>

续表

编号	作业步骤	危害因素	可能导致的后果	风险评价					控制措施
				L	*E*	*C*	*D*	风险程度	
5	安全交底	(1) 工作前未识别安全隐患； (2) 现场吸烟、酒后工作等	(1) 火灾； (2) 高处坠落； (3) 人身伤害	1	6	7	42	2	工作前由工作负责人对工作人员进行安全交底
6	工器具准备	(1) 电动工具未经检验合格； (2) 起重工具未检验合格； (3) 机工具存在设备缺陷	(1) 设备事故； (2) 人身伤害	1	6	7	42	2	(1) 电动、起重工具使用前，检查检验合格标签； (2) 机工具使用前检查是否存在裂纹
7	搭设脚手架	(1) 检修脚手架无搭设委托单，搭设要求如载重、搭设环境不明，在高压电附近搭设等； (2) 搭设人员无资质、不戴安全帽、不系安全带和穿防滑鞋等； (3) 搭拆脚手架中误碰设备； (4) 搭拆脚手架时工具、材料掉下砸伤人； (5) 脚手架不符合要求如立杆、大横杆和小横杆间距太大，不符合要求；	(1) 高处坠落； (2) 触电	1	6	7	42	2	(1) 填写搭设委托单，明确搭设要求如载重、搭设环境等； (2) 检查搭设人员有无资质； (3) 搭设时戴安全帽、系安全带和穿防滑鞋等；

续表

编号	作业步骤	危害因素	可能导致的后果	风险评价					控制措施
				L	*E*	*C*	*D*	风险程度	
7	搭设脚手架	（6）未经验收合格和挂牌后使用	（1）高处坠落； （2）触电	1	6	7	42	2	（4）经验收合格和挂牌后使用
二	检修过程								
1	油水分离器内部清洗	（1）拆除油水分离器顶部螺栓时碰伤； （2）高处作业人员坠落； （3）油水分离器滤网吊装时，掉落损坏； （4）分离器内部清理时，未做好保护措施	（1）高处坠落； （2）人身伤害	3	3	7	63	2	（1）做好个人防范保护措施； （2）吊装设备时，注意吊装位置
2	污油泵地脚螺栓拆除	地脚螺栓拆卸时碰伤	人身伤害	3	3	7	63	2	做好个人防范保护措施
3	污油泵靠背轮拆卸	（1）拆卸中靠背轮滑落； （2）挤伤、碰伤人员	（1）人身伤害	3	3	7	63	2	做好个人防范保护措施
4	油泵解体	螺杆拉出过程中碰伤	人身伤害	3	3	7	63	2	做好个人防范保护措施
5	储油罐清理	（1）清理油罐内剩油未做防护措施，油品溢出； （2）动火作业	（1）人身伤害； （2）火灾	3	3	7	63	2	（1）做好个人防范保护措施； （2）动火作业必须开出动火作业安全措施票，消防监护人员到场

续表

编号	作业步骤	危害因素	可能导致的后果	风险评价					控制措施
				L	*E*	*C*	*D*	风险程度	
6	净油泵检修	工作中碰伤、挤伤	人身伤害	2	3	7	42	2	做好个人防范保护措施
三	恢复检验								
1	申请试运	(1) 工作票未回押； (2) 现场工作人员仍在施工	人身伤害	1	3	15	45	2	(1) 回押工作票； (2) 试运前确认现场无工作
2	结束工作	(1) 遗漏工器具； (2) 现场遗留检修杂物； (3) 不拆除临时用电； (4) 不结束工作票	(1) 触电； (2) 人身伤害	1	3	15	45	2	(1) 收齐检查工器具； (2) 清扫检修现场； (3) 拆除临时用电； (4) 结束工作票
四	作业环境								
1	照明不足	(1) 照明不足； (2) 漏电	(1) 人身伤害； (2) 触电	1	3	15	45	2	(1) 在工作现场合理布置若干盏冷光灯，保证照明充足； (2) 在磨煤机内使用 12V 以下行灯照明； (3) 合理布置照明线路
2	高危险区域	油库场地作业	火灾	1	3	15	90	3	油库范围内作业禁止携带火种，手机等其他电子设备

47 油站出口压力调整

主要作业风险： （1）设备损坏； （2）物体打击	控制措施： （1）工作中注重成品保护； （2）正确穿戴劳动保护用品防止物体打击

编号	作业步骤	危害因素	可能导致的后果	风险评价					控制措施
				L	E	C	D	风险程度	
一	检修前准备								
1	场地布置	工具、设备落地	设备事故	1	6	7	42	2	工作现场铺设好橡胶垫
2	个人劳保用品	手指碰伤、割伤	人身伤害	1	6	7	42	2	（1）工作中带好工作手套； （2）口罩、防护眼镜等劳保用品能正确使用
3	安全交底	（1）工作前未识别安全隐患； （2）现场吸烟、酒后工作等	（1）高处坠落； （2）人身伤害	1	6	7	42	2	工作前由工作负责人对工作人员进行安全交底
二	检修过程								
1	油压调节	（1）工作中碰伤、砸伤； （2）调节过程中油压调节不当，造成跳机等现象	（1）人身伤害； （2）设备损坏	1	6	7	42	2	（1）工作中穿工作服、防护鞋，带好劳保手套等； （2）控制油压调节速度，时刻关注轴承温度变化

续表

编号	作业步骤	危害因素	可能导致的后果	风险评价					控制措施
				L	E	C	D	风险程度	
三	恢复检验								
1	结束工作	(1)遗漏工器具; (2)现场遗留检修杂物; (3)联系单未终结	人身伤害	1	6	7	42	2	(1)收齐检查工器具; (2)清扫检修现场; (3)结束工作票

48 油站滤网清洗

主要作业风险： （1）设备损坏； （2）物体打击	控制措施： （1）工作中注重成品保护； （2）正确穿戴劳动保护用品防止物体打击

编号	作业步骤	危害因素	可能导致的后果	风险评价					控制措施
				L	*E*	*C*	*D*	风险程度	
一	检修前准备								
1	场地布置	工具、设备落地	设备事故	1	6	7	42	2	工作现场铺设好橡胶垫
2	个人劳保用品	手指碰伤、割伤	人身伤害	1	6	7	42	2	工作中带好工作手套
3	安全交底	（1）工作前未识别安全隐患； （2）现场吸烟、酒后工作等	（1）高处坠落； （2）人身伤害	1	6	7	42	2	工作前由工作负责人对工作人员进行安全交底
二	检修过程								
1	滤网更换	（1）工作中碰伤、砸伤； （2）滤网更换中油污地面	（1）人身伤害； （2）油污地面； （3）设备损坏	1	6	7	42	2	（1）工作中穿工作服、防护鞋，带好劳保手套等； （2）滤网更换中地面铺设防油污塑料薄膜
三	恢复检验								
1	结束工作	（1）遗漏工器具； （2）现场遗留检修杂物； （3）联系单未终结	人身伤害	1	6	7	42	2	（1）清扫检修现场； （2）结束工作票

49 原煤仓检修

<table>
<tr><td colspan="4">主要作业风险：
(1) 高处坠落；
(2) 粉尘伤害；
(3) 火灾；
(4) 触电</td><td colspan="6">控制措施：
(1) 办理工作票、确认检修开关、验电、上锁挂牌；
(2) 使用绝缘手套、绝缘鞋、面罩和防电弧服；
(3) 吊装前检查吊装器具，禁止站在吊件下；
(4) 如动火需开动火工作票、使用阻燃垫布、专人监护</td></tr>
<tr><td rowspan="2">编号</td><td rowspan="2">作业步骤</td><td rowspan="2">危害因素</td><td rowspan="2">可能导致的后果</td><td colspan="5">风险评价</td><td rowspan="2">控制措施</td></tr>
<tr><td>L</td><td>E</td><td>C</td><td>D</td><td>风险程度</td></tr>
<tr><td>一</td><td colspan="9">检修前准备</td></tr>
<tr><td>1</td><td>切断电源</td><td>(1) 拉错开关、走错间隔或误送电导致设备带电或误动；
(2) 误碰其他有电部位产生电弧</td><td>(1) 触电、电弧灼伤；
(2) 火灾；
(3) 设备事故</td><td>1</td><td>6</td><td>15</td><td>90</td><td>3</td><td>(1) 办理工作票，确认执行安全措施；
(2) 双人共同确认检修开关、上锁、验电和挂警示牌；
(3) 使用个人防护用品，如绝缘手套、绝缘鞋、面罩和防电弧服</td></tr>
<tr><td>2</td><td>临时用电</td><td>(1) 电源、电压等级和接线方式不符要求；
(2) 负荷过载</td><td>(1) 触电；
(2) 火灾</td><td>1</td><td>6</td><td>7</td><td>42</td><td>2</td><td>(1) 检查电源；
(2) 验电</td></tr>
<tr><td>3</td><td>场地布置</td><td>工具、设备落地</td><td>设备事故</td><td>1</td><td>6</td><td>7</td><td>42</td><td>2</td><td>工作现场铺设好橡胶垫</td></tr>
<tr><td>4</td><td>个人劳保用品</td><td>(1) 手指碰伤、割伤；
(2) 蒸汽烫伤</td><td>人身伤害</td><td>1</td><td>6</td><td>7</td><td>42</td><td>2</td><td>(1) 工作中带好工作手套；
(2) 口罩、防护眼镜等劳保用品能正确使用；
(3) 进行高温蒸汽检修工作时，穿戴防烫服</td></tr>
</table>

续表

编号	作业步骤	危害因素	可能导致的后果	风险评价					控制措施
				L	*E*	*C*	*D*	风险程度	
5	安全交底	（1）工作前未识别安全隐患； （2）现场吸烟、酒后工作等	（1）火灾； （2）高处坠落； （3）人身伤害	1	6	7	42	2	工作前由工作负责人对工作人员进行安全交底
6	工器具准备	（1）电动工具未经检验合格； （2）起重工具未检验合格； （3）机工具存在设备缺陷	（1）设备事故； （2）人身伤害	1	6	7	42	2	（1）电动、起重工具使用前，检查检验合格标签； （2）机工具使用前检查是否存在裂纹
7	搭设脚手架	（1）检修脚手架无搭设委托单，搭设要求如载重、搭设环境不明，在高压电附近搭设等； （2）搭设人员无资质、不戴安全帽、不系安全带和未穿防滑鞋等； （3）搭拆脚手架中误碰设备； （4）搭拆脚手架时工具、材料掉下砸伤人； （5）脚手架不符合要求如立杆、大横杆和小横杆间距太大，不符合要求； （6）未经验收合格和挂牌后使用	（1）高处坠落； （2）触电	1	6	7	42	2	（1）填写搭设委托单，明确搭设要求如载重、搭设环境等； （2）检查搭设人员有无资质； （3）搭设时戴安全帽、系安全带和穿防滑鞋等； （4）经验收合格和挂牌后使用

续表

编号	作业步骤	危害因素	可能导致的后果	风险评价					控制措施
				L	*E*	*C*	*D*	风险程度	
二	检修过程								
1	原煤仓内空气、煤粉浓度测量	(1) 原煤仓内空气浓度不够，人员进入造成窒息； (2) 煤粉浓度过高，遇明火易造成着火	(1) 人员窒息； (2) 爆炸	3	3	15	90	3	(1) 测出原煤仓内空气量，进行活鸡试验； (2) 测出煤仓内煤粉浓度
2	落煤管段拆卸	(1) 拆卸固定螺栓时，使用机工具不当碰伤； (2) 高处作业发生人员坠落； (3) 落煤管吊装中，葫芦、钢丝绳等起重工具断裂，砸伤工作人员	(1) 人身伤害； (2) 高处坠落	1	3	15	45	2	(1) 高处作业系好安全带； (2) 使用起重设备前进行检查，合格后使用
3	原煤仓内部检查	(1) 登高检查，发生坠落； (2) 原煤仓内壁大块积煤掉落，砸伤人员； (3) 照明不足，使用电源不规范，造成触电危险	(1) 人身伤害； (2) 高处坠落； (3) 触电	3	3	15	90	3	(1) 高处作业系好安全带； (2) 进入煤仓内工作，首先检查煤仓内壁有无积煤； (3) 密闭空间内，照明使用12V的行灯
4	疏松耙检查	(1) 原煤仓密闭空间，照明不足； (2) 高处作业发生人员坠落；	(1) 人身伤害； (2) 高处坠落；	3	3	15	90	3	(1) 高处作业系好安全带； (2) 密闭空间内，照明使用12V的行灯； (3) 煤仓内动火前检测出煤粉浓度，在规定范围内才能进行动作作业；

续表

编号	作业步骤	危害因素	可能导致的后果	风险评价					控制措施
				L	*E*	*C*	*D*	风险程度	
4	疏松耙检查	（3）动火作业	（3）火灾	3	3	15	90	3	（4）动火现场应铺设好充足的防火毯，消防灭火装置
5	液压缸及油管路检查	（1）拆卸油管路接头时，未做好预防措施，造成油污染； （2）高处作业发生人员坠落	（1）人身伤害； （2）高处坠落	1	3	15	45	2	（1）高处作业系好安全带； （2）油管接头拆开时，放好油盆，做好集油措施
6	疏松机检查	（1）拆卸过程中，使用工具不当碰伤； （2）未做好预防措施，造成油污染	人身伤害	1	3	7	21	2	正确使用劳保用品
三	恢复检验								
1	申请试运	（1）工作票未回押； （2）现场工作人员仍在施工	人身伤害	1	3	15	45	2	（1）回押工作票； （2）试运前确认现场无工作
2	结束工作	（1）遗漏工器具； （2）现场遗留检修杂物； （3）不拆除临时用电； （4）不结束工作票	（1）触电； （2）人身伤害	1	3	15	45	2	（1）收齐检查工器具； （2）清扫检修现场； （3）拆除临时用电； （4）结束工作票

续表

编号	作业步骤	危害因素	可能导致的后果	风险评价					控制措施
				L	E	C	D	风险程度	
四	作业环境								
1	粉尘环境	(1) 煤仓内部积煤； (2) 灰尘清理不当； (3) 呼吸系统保护不当	职业危害，导致呼吸系统疾病或眼睛伤害，如肺脏功能减低、鼻/喉发炎、皮炎	1	6	7	42	2	(1) 采取控制粉尘措施，加强日常维护； (2) 佩戴防尘口罩、呼吸器等； (3) 定期进行粉尘监测； (4) 定期体检； (5) 及时清扫地面，清理积灰
2	照明不足	(1) 照明不足； (2) 漏电	(1) 人身伤害； (2) 触电	1	3	15	45	2	(1) 在工作现场合理布置若干盏冷光灯，保证照明充足； (2) 在磨煤机内使用 12V 以下行灯照明； (3) 合理布置照明线路
3	密闭空间	空气不流通	人身伤害	1	6	15	90	3	煤仓上下做好通风措施

50 再热器管道水压试验堵阀解体检修

<table>
<tr><td colspan="4">**主要作业风险：**
(1) 起重伤害；
(2) 触电伤害；
(3) 高温烫伤；
(4) 脚手架坍塌</td><td colspan="6">**控制措施：**
(1) 起重前确认设备重量，重物下禁止站人；
(2) 阀门解体前确认已断电；
(3) 工作中正确的佩戴好劳保防护用品；
(4) 严格执行脚手架搭设、检查及验收制度</td></tr>
<tr><th rowspan="2">编号</th><th rowspan="2">作业步骤</th><th rowspan="2">危害因素</th><th rowspan="2">可能导致的后果</th><th colspan="5">风险评价</th><th rowspan="2">控制措施</th></tr>
<tr><th>*L*</th><th>*E*</th><th>*C*</th><th>*D*</th><th>风险程度</th></tr>
<tr><td>一</td><td colspan="3">检修前准备</td><td></td><td></td><td></td><td></td><td></td><td></td></tr>
<tr><td>1</td><td>确认安全措施执行完毕，切断电源</td><td>(1) 系统未完全隔离；
(2) 再热器母管未泄压到零</td><td>(1) 设备事故；
(2) 人身伤害</td><td>3</td><td>0.5</td><td>15</td><td>22.5</td><td>2</td><td>(1) 办理检修工作票；
(2) 双人共同确认安全措施执行情况</td></tr>
<tr><td>2</td><td>准备手动工具</td><td>(1) 手动工具（如敲击扳手、榔头松脱、破损等）；
(2) 使用不合适工具，小型工具准备不全或遗漏等</td><td>(1) 人身伤害；
(2) 设备损坏</td><td>3</td><td>1</td><td>1</td><td>3</td><td>1</td><td>(1) 使用前确认工具型号和标示；
(2) 使用前确认工具完好、合格</td></tr>
<tr><td>3</td><td>准备电（气）动工具</td><td>(1) 不熟悉使用电动、气动工具；</td><td>(1) 触电伤害；
(2) 机械伤害；</td><td>3</td><td>3</td><td>15</td><td>135</td><td>3</td><td>(1) 仔细阅读工具说明书，学会正确使用方法；</td></tr>
</table>

续表

编号	作业步骤	危害因素	可能导致的后果	风险评价					控制措施
				L	*E*	*C*	*D*	风险程度	
3	准备电（气）动工具	（2）电动、气动工具不符合要求（如电动工具的电源线破损、绝缘和接地不良，气动工具气管破损、接口松动或磨损）； （3）工具或工具易损件质量不良； （4）电源无触电保护或工具、设备无接地保护； （5）使用时砂轮片、切割片断裂飞出；不正确的使用劳保用品	（3）其他人身伤害	3	3	15	135	3	（2）使用前检查电源线、接地和其他部件良好，经检验合格在有效期内； （3）电源盘等必须使用漏电保护器； （4）确认消耗品（如砂轮片、切割片的质量）； （5）正确的使用劳保防护用品（如防护眼镜、面罩等）
4	布置场地	（1）工具摆放凌乱； （2）场地选择不当（照明不足）等	（1）人身伤害； （2）影响人员通行	6	3	3	54	2	（1）严格执行定置管理要求； （2）进场前进行确认、检查； （3）正确使用工器具
5	安全交底	工作前未对施工人员进行安全技术交底或交底不清楚	（1）人身伤害； （2）设备损坏； （3）走错间隔	1	6	15	90	3	（1）工作前做好危险源分析； （2）工作前对施工人员做好详细的安全技术交底
6	个人防护用品准备	（1）未正确佩戴安全帽及工作服； （2）使用不合格的安全带	（1）人身伤害； （2）高处坠落	3	0.5	15	22.5	2	（1）正确佩戴安全帽及工作服； （2）使用在安全使用期内的安全带，并正确挂好安全带

续表

编号	作业步骤	危害因素	可能导致的后果	风险评价					控制措施
				L	E	C	D	风险程度	
二	检修过程								
1	拆除堵阀大盖所有螺栓连接	(1) 使用工具不当； (2) 工作中工具滑脱； (3) 零部件遗失、错位	(1) 人身伤害； (2) 设备损坏； (3) 影响工作进度	3	3	7	63	2	(1) 手动工具系好安全绳； (2) 阀门解体前做好标记； (3) 拆卸下的部件进行定置管理
2	堵阀大盖吊装	(1) 吊装装置失灵（手拉链条葫芦链条失灵、滑脱）； (2) 误操作； (3) 钢丝绳断裂	(1) 人身伤害； (2) 设备损坏； (3) 物件坠落	1	3	3	9	1	(1) 严格执行《起重安全控制程序》； (2) 工作中指挥、信号正确； (3) 精力集中，设围栏、监护人，与检修无关人员不得入内； (4) 法兰起吊前做好钢丝绳棱角保护
3	拆除堵阀四盒环	(1) 操作不当，造成螺纹卡坏； (2) 榔头甩空，人员坠落	(1) 设备损坏； (2) 人身伤害	3	3	7	63	2	(1) 严格执行操作技能培训； (2) 正确使用工器具，系好安全带； (3) 甩榔头时禁止佩戴手套
4	取出堵阀自密封填料	(1) 起重装置失灵； (2) 误操作	(1) 人身伤害； (2) 设备损坏	1	3	15	90	3	(1) 正确使用安全帽、安全鞋等防护用品； (2) 合理地安排工作流程； (3) 对施工人员进行详细的安全技术交底

续表

编号	作业步骤	危害因素	可能导致的后果	风险评价					控制措施
				L	*E*	*C*	*D*	风险程度	
5	设备部件清洗及阀门密封面研磨	(1) 重物伤人； (2) 设备锋利棱角割伤； (3) 化学清洗剂伤害	(1) 人身伤害； (2) 设备损坏	1	3	3	9	1	(1) 正确使用劳保防护用品（手套、防护镜等）； (2) 合理的安排工作流程； (3) 对工作人员进行详细的安全技术交底
6	阀门回装（堵阀解体的逆过程）	同阀门的解体	同阀门的解体	1	3	15	90	3	同阀门的解体
三	恢复检验								
1	检查、恢复阀门各系统	(1) 走错间隔； (2) 误操作	(1) 设备事故； (2) 人身伤害	1	3	7	21	2	(1) 终结检修工作票； (2) 确认恢复安全措施
四	作业环境								
1	阀门阀芯、阀座密封面研磨	润滑油、研磨膏污染环境	环境污染	1	3	3	9	1	(1) 阀芯、阀座清洗过的煤油必须倒入废油桶，不得随意倾倒； (2) 研磨过的研磨膏及擦拭的抹布倒入垃圾桶，不得随意乱扔
2	高处作业	阀门解体检修工作中易发生高处坠落	高处坠落	1	3	15	45	2	工作中正确的系好安全带（安全带必须挂在牢固的地方，做到高挂低用）

51 蒸汽吹灰器检修

<table>
<tr><td colspan="4">主要作业风险：
(1) 高处坠落；
(2) 物体打击；
(3) 尘肺病；
(4) 高温烫伤；
(5) 触电；
(6) 机械伤害；
(7) 火灾、爆炸；
(8) 起重伤害</td><td colspan="6">控制措施：
(1) 正确使用合格的安全带、差速器；
(2) 戴好安全帽并系紧帽带，避免交叉作业；
(3) 正确使用个人防护用品；
(4) 正确使用合格的电动工具、电源；
(5) 按要求办理二级动火票，并做好防火措施；
(6) 严格执行《起重安全控制程序》培训有证者操作，加强个人防护意识，防止挤伤、碰伤，戴手套等个人防护用品</td></tr>
<tr><td rowspan="2">编号</td><td rowspan="2">作业步骤</td><td rowspan="2">危害因素</td><td rowspan="2">可能导致的后果</td><td colspan="5">风险评价</td><td rowspan="2">控制措施</td></tr>
<tr><td>L</td><td>E</td><td>C</td><td>D</td><td>风险程度</td></tr>
<tr><td>一</td><td colspan="3">检修前准备</td><td></td><td></td><td></td><td></td><td></td><td></td></tr>
<tr><td>1</td><td>安全措施确认</td><td>(1) 走错间隔；
(2) 设备未隔离；
(3) 系统未泄压</td><td>(1) 设备损坏；
(2) 人身伤害</td><td>3</td><td>0.5</td><td>15</td><td>22.5</td><td>2</td><td>(1) 检修前确认设备名称和位置；
(2) 确认停电开关，确认安全措施执行情况；
(3) 工作前确认系统是否泄压</td></tr>
<tr><td>2</td><td>安全交底</td><td>(1) 安全交底不清楚；
(2) 交底的内容存在缺陷；
(3) 交底没有落实到每一位人员</td><td>(1) 人身伤害；
(2) 设备损坏</td><td>3</td><td>1</td><td>3</td><td>9</td><td>1</td><td>(1) 加强对人员的安全培训和学习；
(2) 严格执行安全交底的有关工作</td></tr>
<tr><td>3</td><td>场地布置</td><td>(1) 工具摆放凌乱；
(2) 场地选择不当如场地条件不足（照明等）</td><td>(1) 人身伤害；
(2) 影响人员通行</td><td>3</td><td>1</td><td>3</td><td>9</td><td>1</td><td>(1) 严格执行定置管理要求；
(2) 进场前进行确认检查；
(3) 正确使用工器具</td></tr>
</table>

续表

编号	作业步骤	危害因素	可能导致的后果	风险评价					控制措施
				L	E	C	D	风险程度	
4	手动工具准备	(1) 手动工具如敲击工具锤头松脱、破损等； (2) 使用不合适工具，小工具准备不全或遗漏等	(1) 人身伤害； (2) 设备损坏	3	1	3	9	1	(1) 使用前确认工具型号和标示； (2) 使用前确认工具完好合格
5	电动工具准备	(1) 电动工具不符合要求，如电线破损、绝缘和接地不良； (2) 电源无触电保护或和工具设备无接地保护； (3) 使用时如砂轮片、切割片等断裂飞出	(1) 触电； (2) 机械伤害； (3) 人身伤害	3	0.5	15	22.5	2	(1) 使用前检查电源线、接地和其他部件良好，经检验合格在有效期内； (2) 电源盘等必须使用漏电保护器； (3) 确保易耗品，如砂轮片、切割片的质量； (4) 使用正确劳动防护用品如眼镜、面罩等
6	个人防护用品准备	(1) 未正确佩戴安全帽及工作服； (2) 使用不合格的安全带	(1) 人身伤害； (2) 高处坠落	3	0.5	15	22.5	2	(1) 正确佩戴安全帽及工作服； (2) 使用在安全使用期内的安全带，并正确挂好安全带
二	检修								
1	脚手架搭设	(1) 安全带、差速器未使用或使用不当； (2) 设备或材料未做好防坠落措施及未正确使用安全帽等劳保用品；	(1) 高处坠落； (2) 物体打击； (3) 高温烫伤	3	0.5	15	22.5	2	(1) 正确佩戴安全帽、安全带、差速器； (2) 一律使用工具袋；

续表

编号	作业步骤	危害因素	可能导致的后果	风险评价					控制措施
				L	*E*	*C*	*D*	风险程度	
1	脚手架搭设	（3）未正确使用劳保用品及穿棉质连体服	（1）高处坠落； （2）物体打击； （3）高温烫伤	3	0.5	15	22.5	2	（3）安全带高挂低用，且挂在牢固可靠的物体上； （4）做好脚手架管、卡件及毛竹片的防坠落措施，施工区域正下方设安全围栏、挂警示牌； （5）正确使用劳保用品，穿棉质连体服
2	保温拆除	（1）安全带、差速器未使用或使用不当； （2）设备或材料未做好防坠落措施及未正确使用安全帽等劳保用品； （3）未正确使用劳保用品及穿棉质连体服	（1）高处坠落； （2）物体打击； （3）高温烫伤	3	0.5	15	22.5	2	（1）正确佩戴安全帽、安全带、差速器； （2）一律使用工具袋； （3）安全带高挂低用，且挂在牢固可靠的物体上； （4）做好拆卸下来的保温材料的防坠落措施； （5）正确使用劳保用品，穿棉质连体服
3	炉膛吹灰器拆卸	安全带、差速器未使用或使用不当	高处坠落	3	0.5	15	22.5	2	（1）正确佩戴安全帽、安全带、差速器； （2）一律使用工具袋； （3）安全带高挂低用，且挂在牢固可靠的物体上

续表

编号	作业步骤	危害因素	可能导致的后果	风险评价					控制措施
				L	*E*	*C*	*D*	风险程度	
3	炉膛吹灰器拆卸	设备或材料未做好防坠落措施及未正确使用安全帽等劳保用品	物体打击、设备损坏	3	0.5	15	22.5	2	(1) 做好设备及材料的防坠落措施； (2) 工具放置点必须满铺橡皮垫，工具放在橡皮垫上面
		未配备或不正确使用防尘口罩、个人防护用品	尘肺病、皮肤病、烫伤	3	3	1	9	1	戴防尘口罩、正确使用个人防护用品（口罩、披肩帽、防护镜、工作服等）
		小型工具未系安全绳	落物、设备损坏	6	1	1	6	1	小型工具系好安全绳，并正确使用
4	测量炉膛吹灰器喷嘴中心线到水冷壁表面的距离	安全带未使用或使用不当	高处坠落	3	0.5	15	22.5	2	(1) 正确佩戴安全帽、安全带、差速器； (2) 一律使用工具袋； (3) 安全带高挂低用，且挂在牢固可靠的物体上
5	炉膛吹灰器进气阀解体检修	管道未做好封口工作	设备损坏	6	1	1	6	1	及时做好管道的封口工作
		小型工具未系安全绳	落物、设备损坏	6	1	1	6	1	小型工具系好安全绳，并正确使用
6	清理炉膛吹灰器枪管、运转螺母	未配备或不正确使用防尘口罩、个人防护用品	尘肺病	3	3	1	9	1	戴防尘口罩、正确使用个人防护用品
7	炉膛吹灰器减速箱解体	小型工具未系安全绳	落物、设备损坏	6	1	1	6	1	小型工具系好安全绳，并正确使用

续表

编号	作业步骤	危害因素	可能导致的后果	风险评价 L	E	C	D	风险程度	控制措施
8	炉膛吹灰器减速箱回装	设备或材料未做好防坠落措施及未正确使用安全帽等劳保用品	物体打击、设备损坏	3	0.5	15	22.5	2	(1) 做好设备及材料的防坠落措施； (2) 工具放置点必须满铺橡皮垫，工具放在橡皮垫上面
9	炉膛吹灰器减速箱加油	炉膛吹灰器减速箱加润滑油时未使用漏斗、油盆	环境污染	6	1	1	6	1	炉膛吹灰器减速箱加润滑油时正确使用漏斗、油盆
10	长伸缩式吹灰器减速箱拆卸	安全带、差速器未使用或使用不当	高处坠落	3	0.5	15	22.5	2	(1) 正确佩戴安全帽、安全带、差速器； (2) 一律使用工具袋； (3) 安全带高挂低用，且挂在牢固可靠的物体上
		设备或材料未做好防坠落措施及未正确使用安全帽等劳保用品	物体打击、设备损坏	3	0.5	15	22.5	2	(1) 做好设备及材料的防坠落措施； (2) 工具放置点必须满铺橡皮垫，工具放在橡皮垫上面
		未配备或不正确使用防尘口罩、个人防护用品	尘肺病、皮肤病、烫伤	3	3	1	9	1	戴防尘口罩、正确使用个人防护用品（口罩、披肩帽、防护镜、工作服等）
		小型工具未系安全绳	落物、设备损坏	6	1	1	6	1	小型工具系好安全绳，并正确使用

续表

编号	作业步骤	危害因素	可能导致的后果	风险评价					控制措施
				L	E	C	D	风险程度	
11	长伸缩式吹灰器进气阀解体检修	管道未做好封口工作	设备损坏	6	1	1	6	1	及时做好管道的封口工作
		小型工具未系安全绳	落物、设备损坏	6	1	1	6	1	小型工具系好安全绳，并正确使用
12	长伸缩式吹灰器传动机构检修	设备或材料未做好防坠落措施及未正确使用安全帽等劳保用品	物体打击、设备损坏	3	0.5	15	22.5	2	（1）做好设备及材料的防坠落措施； （2）工具放置点必须满铺橡皮垫，工具放在橡皮垫上面
13	长伸缩式吹灰器托轮、托架更换	小型工具未系安全绳	落物、设备损坏	6	1	1	6	1	小型工具系好安全绳，并正确使用
14	长伸缩式吹灰器减速箱解体	小型工具未系安全绳	落物、设备损坏	6	1	1	6	1	小型工具系好安全绳，并正确使用
15	长伸缩式吹灰器减速箱回装	设备或材料未做好防坠落措施及未正确使用安全帽等劳保用品	物体打击、设备损坏	3	0.5	15	22.5	2	（1）做好设备及材料的防坠落措施； （2）工具放置点必须满铺橡皮垫，工具放在橡皮垫上面
16	长伸缩式吹灰器减速箱加油	长伸缩式吹灰器减速箱加润滑油时未使用漏斗、油盆	环境污染	6	1	1	6	1	炉膛吹灰器减速箱加润滑油时正确使用漏斗、油盆

续表

编号	作业步骤	危害因素	可能导致的后果	风险评价					控制措施
				L	*E*	*C*	*D*	风险程度	
17	汽源母管阀门割除	气割作业未开动火票或未做好防火措施	火灾、爆炸、人身伤害	3	0.5	15	22.5	2	(1) 按要求办理二级动火票； (2) 脚手板处铺好石棉毯； (3) 动火工作间断、终结时清理并检查现场无残留火种； (4) 氧气瓶和乙炔瓶的距离不得小于8m，必须直立放置在炉外； (5) 氧气管和乙炔管在工作中防止沾上油脂； (6) 焊枪点火时先开氧气门，再开乙炔气门，熄火时与此操作相反
18	汽源母管打磨坡口	(1) 电动工具不符合要求，如电线破损、绝缘和接地不良； (2) 电源无触电保护或和工具设备无接地保护； (3) 使用电动工具时如砂轮片、切割片等断裂飞出	触电、机械伤害	3	1	3	9	1	(1) 使用前检查工具的接地情况； (2) 引入电源线必须经过二级以上漏电保安器； (3) 准确使用电动工具，必须在切断电源待其在停止状态下方可进行检修或调整； (4) 使用的磨光机必须装有防护罩，佩戴好防护眼镜
19	汽源母管管道热处理	炉外管道热处理工作时工作人员未正确使用个人防护用品、未做好防触电措施	烫伤、触电	3	0.5	15	22.5	2	(1) 热处理人员进行作业时，应穿戴好工作服、绝缘鞋、耐火防护手套等符合专业防护要求的劳动防护用品，衣着不得敞领卷袖； (2) 热处理人员在施工时应采取防止触电的措施

续表

编号	作业步骤	危害因素	可能导致的后果	风险评价					控制措施
				L	E	C	D	风险程度	
20	汽源母管阀门焊接	焊接工作时工作人员未正确使用个人防护用品、未做好防触电措施、未做好防火措施	烫伤、灼伤、触电、火灾、有害气体、粉尘、烟雾伤害	3	0.5	15	22.5	2	(1) 焊接人员进行作业时，应穿戴好工作服、绝缘鞋、面罩、耐火防护手套等符合专业防护要求的劳动防护用品，衣着不得敞领卷袖； (2) 焊工在施工时应采取防止电焊电压触电的措施； (3) 电焊作业下方铺设好防火毯，工作结束必须切断焊机电源并确认作业点周围无遗留火种后方可离开； (4) 焊接工作场所应加强通风
21	汽源母管阀门焊口射线探伤	在射线探伤时未做好隔离、工作人员未穿戴好个人防护用品或未保持有效安全距离	辐射伤害	3	0.5	15	22.5	2	射线探伤现场做好隔离措施并挂警示牌，工作人员穿戴好防辐射防护用品，并保持有效安全距离
22	汽源管道及其附件、支吊架调整	设备或材料未做好防坠落措施及未正确使用安全帽等劳保用品	物体打击、设备损坏	3	0.5	15	22.5	2	(1) 做好设备及材料的防坠落措施； (2) 工具放置点必须满铺橡皮垫，工具放在橡皮垫上面
23	汽源管道及其附件、支吊架调整	架子使用不规范	高处坠落、坍塌	3	0.5	40	60	2	架子使用前检查是否已合格验收，并挂验收牌，严禁脚手架超载使用
		使用手动工具不当	物体打击	3	1	1	3	1	(1) 使用前应作仔细检查； (2) 打锤时，握锤的手不得戴手套；

续表

编号	作业步骤	危害因素	可能导致的后果	风险评价					控制措施
				L	*E*	*C*	*D*	风险程度	
23	汽源管道及其附件、支吊架调整	使用手动工具不当	物体打击	3	1	1	3	1	(3) 打锤挥动方向不得对人； (4) 禁止使用没手柄的工具
		安全带、差速器未使用或使用不当	高处坠落	3	0.5	15	22.5	2	(1) 正确佩戴安全帽、安全带、差速器； (2) 一律使用工具袋； (3) 安全带高挂低用，且挂在牢固可靠的物体上
		未配备或不正确使用防尘口罩、个人防护用品	尘肺病、皮肤病、烫伤	3	3	1	9	1	戴防尘口罩、正确使用个人防护用品（口罩、披肩帽、防护镜、工作服等）
		小型工具未系安全绳	落物、设备损坏	6	1	1	6	1	小型工具系好安全绳，并正确使用
		(1) 电动工具不符合要求，如电线破损、绝缘和接地不良； (2) 电源无触电保护或和工具设备无接地保护； (3) 使用电动工具时如砂轮片、切割片等断裂飞出	触电、机械伤害	3	1	3	9	1	(1) 使用前检查工具的接地情况； (2) 引入电源线必须经过二级以上漏电保安器；准确使用电动工具，必须在切断电源待其在停止状态下方可进行检修或调整； (3) 使用的磨光机必须装有防护罩，佩戴好防护眼镜

续表

编号	作业步骤	危害因素	可能导致的后果	风险评价					控制措施
				L	E	C	D	风险程度	
24	保温恢复	(1) 安全带、差速器未使用或使用不当； (2) 设备或材料未做好防坠落措施及未正确使用安全帽等劳保用品； (3) 环境温度过高、未正确使用劳保用品及穿棉质连体服	(1) 高处坠落； (2) 物体打击； (3) 高温烫伤	3	0.5	15	22.5	2	(1) 正确佩戴安全帽、安全带、差速器； (2) 一律使用工具袋； (3) 安全带高挂低用，且挂在牢固可靠的物体上； (4) 做好拆卸下来的保温材料的防坠落措施； (5) 正确使用劳保用品，穿棉质连体服
25	脚手架拆除	(1) 安全带、差速器未使用或使用不当； (2) 设备或材料未做好防坠落措施及未正确使用安全帽等劳保用品； (3) 环境温度过高、未正确使用劳保用品及穿棉质连体服	(1) 高处坠落； (2) 物体打击； (3) 高温烫伤	3	0.5	15	22.5	2	(1) 正确佩戴安全帽、安全带、差速器； (2) 一律使用工具袋； (3) 安全带高挂低用，且挂在牢固可靠的物体上； (4) 做好脚手架管、卡件及毛竹片的防坠落措施，施工区域正下方设安全围栏、挂警示牌； (5) 正确使用劳保用品，穿棉质连体服
三	完工恢复								
1	整体试运	(1) 安全措施未恢复； (2) 触碰电机及机械转动部位； (3) 误操作；	(1) 触电； (2) 人身伤害； (3) 设备事故	3	0.5	15	22.5	2	(1) 确认工作票已经回押； (2) 确认恢复安全措施； (3) 试运时专人现场监护

续表

编号	作业步骤	危害因素	可能导致的后果	风险评价					控制措施
				L	E	C	D	风险程度	
1	整体试运	(4) 工作票未回押； (5) 电源线盒位盖未扣严密	(1) 触电； (2) 人身伤害； (3) 设备事故	3	0.5	15	22.5	2	(1) 确认工作票已经回押； (2) 确认恢复安全措施； (3) 试运时专人现场监护
2	结束工作（现场文明施工）	(1) 遗漏工器具； (2) 现场遗留检修杂物； (3) 不拆除临时用电； (4) 不结束工作票，终结工作票继续进行工作	(1) 设备损坏； (2) 人身伤害； (3) 设备故障	6	3	1	18	1	(1) 收齐检查工器具； (2) 清扫检修现场； (3) 拆除临时用电； (4) 结束工作票
四	作业环境								
1	在高处环境中作业	(1) 安全带、差速器未使用或使用不当； (2) 设备或材料未做好防坠落措施及未正确使用安全帽等劳保用品	(1) 高处坠落； (2) 物体打击	3	0.5	40	60	2	(1) 正确佩戴安全帽、安全带、差速器； (2) 一律使用工具袋； (3) 安全带高挂低用，且挂在牢固可靠的物体上； (4) 做好拆卸下来的保温材料的防坠落措施
2	在高温环境中作业	环境温度过高、未正确使用劳保用品及穿棉质连体服	烫伤、中暑	3	1	1	3	1	(1) 备好饮用水； (2) 穿棉质连体服
3	在粉尘、保温棉环境中作业	未配备或不正确使用防尘口罩、个人防护用品	尘肺病、皮肤病	3	3	1	9	1	戴防尘口罩、正确使用个人防护用品（口罩、披肩帽、防护镜、工作服等）

52 支吊架及炉顶吊杆检查调整

<table>
<tr><td colspan="4">主要作业风险：
（1）高处坠落；
（2）物体打击；
（3）高温烫伤；
（4）触电；
（5）机械伤害；
（6）火灾、爆炸；
（7）起重伤害</td><td colspan="6">控制措施：
（1）正确使用合格的安全带、差速器；
（2）戴好安全帽并系紧帽带，避免交叉作业；
（3）正确使用个人防护用品；
（4）正确使用合格的电动工具、电源；
（5）按要求办理二级动火票，并做好防火措施；
（6）严格执行《起重安全控制程序》培训有证者操作，加强个人防护意识，防止挤伤、碰伤，戴手套等个人防护用品</td></tr>
<tr><td rowspan="2">编号</td><td rowspan="2">作业步骤</td><td rowspan="2">危害因素</td><td rowspan="2">可能导致的后果</td><td colspan="5">风险评价</td><td rowspan="2">控制措施</td></tr>
<tr><td>L</td><td>E</td><td>C</td><td>D</td><td>风险程度</td></tr>
<tr><td>一</td><td colspan="3">检修前准备</td><td></td><td></td><td></td><td></td><td></td><td></td></tr>
<tr><td>1</td><td>安全措施确认</td><td>（1）走错间隔；
（2）设备未隔离；
（3）系统未泄压</td><td>（1）设备损坏；
（2）人身伤害</td><td>3</td><td>0.5</td><td>15</td><td>22.5</td><td>2</td><td>（1）检修前确认设备名称和位置；
（2）确认停电开关，确认安全措施执行情况；
（3）工作前确认系统是否泄压</td></tr>
<tr><td>2</td><td>安全交底</td><td>（1）安全交底不清楚；
（2）交底的内容存在缺陷；
（3）交底没有落实到每一位人员</td><td>（1）人身伤害；
（2）设备损坏</td><td>3</td><td>1</td><td>3</td><td>9</td><td>1</td><td>（1）加强对人员的安全培训和学习；
（2）严格执行安全交底的有关工作</td></tr>
<tr><td>3</td><td>场地布置</td><td>（1）工具摆放凌乱；
（2）场地选择不当，如场地条件（照明等）不足</td><td>（1）人身伤害；
（2）影响人员通行</td><td>3</td><td>1</td><td>3</td><td>9</td><td>1</td><td>（1）严格执行定置管理要求；
（2）进场前进行确认检查；
（3）正确使用工器具</td></tr>
</table>

续表

编号	作业步骤	危害因素	可能导致的后果	风险评价					控制措施
				L	E	C	D	风险程度	
4	手动工具准备	(1) 手动工具如敲击工具锤头松脱、破损等； (2) 使用不合适工具，小工具准备不全或遗漏等	(1) 人身伤害； (2) 设备损坏	3	1	3	9	1	(1) 使用前确认工具型号和标示； (2) 使用前确认工具完好合格
5	电动工具准备	(1) 电动工具不符合要求，如电线破损、绝缘和接地不良； (2) 电源无触电保护或和工具设备无接地保护； (3) 使用时如砂轮片、切割片等断裂飞出	(1) 触电； (2) 机械伤害； (3) 人身伤害	3	0.5	15	22.5	2	(1) 使用前检查电源线、接地和其他部件良好，经检验合格在有效期内； (2) 电源盘等必须使用漏电保护器； (3) 确保易耗品，如砂轮片、切割片的质量； (4) 使用正确劳动防护用品，如眼镜、面罩等
6	个人防护用品准备	(1) 未正确佩戴安全帽及工作服； (2) 使用不合格的安全带	(1) 人身伤害； (2) 高处坠落	3	0.5	15	22.5	2	(1) 正确佩戴安全帽及工作服； (2) 使用在安全使用期内的安全带，并正确挂好安全带
二	检修								
1	脚手架搭设	(1) 安全带、差速器未使用或使用不当； (2) 设备或材料未做好防坠落措施及未正确使用安全帽等劳保用品；	(1) 高处坠落； (2) 物体打击； (3) 高温烫伤	3	0.5	15	22.5	2	(1) 正确佩戴安全帽、安全带、差速器； (2) 一律使用工具袋； (3) 安全带高挂低用，且挂在牢固可靠的物体上；

续表

编号	作业步骤	危害因素	可能导致的后果	风险评价					控制措施
				L	E	C	D	风险程度	
1	脚手架搭设	(3) 未正确使用劳保用品及穿棉质连体服	(1) 高处坠落； (2) 物体打击； (3) 高温烫伤	3	0.5	15	22.5	2	(4) 做好脚手架管、卡件及毛竹片的防坠落措施，施工区域正下方设安全围栏、挂警示牌； (5) 正确使用劳保用品，穿棉质连体服
2	保温拆除	(1) 安全带、差速器未使用或使用不当； (2) 设备或材料未做好防坠落措施及未正确使用安全帽等劳保用品； (3) 未正确使用劳保用品及穿棉质连体服	(1) 高处坠落； (2) 物体打击； (3) 高温烫伤	3	0.5	15	22.5	2	(1) 正确佩戴安全帽、安全带、差速器； (2) 一律使用工具袋； (3) 安全带高挂低用，且挂在牢固可靠的物体上； (4) 做好拆卸下来的保温材料的防坠落措施； (5) 正确使用劳保用品，穿棉质连体服
3	需检修的刚性梁、膨胀指示器切割	气割作业未开动火票或未做好防火措施	火灾、爆炸、人身伤害	3	0.5	15	22.5	2	(1) 按要求办理二级动火票； (2) 脚手板处铺好石棉毯； (3) 动火工作间断、终结时清理并检查现场无残留火种； (4) 氧气瓶和乙炔瓶的距离不得小于8m，必须直立放置在炉外； (5) 氧气管和乙炔管在工作中防止沾上油脂； (6) 焊枪点火时先开氧气门，再开乙炔气门，熄火时与此操作相反

续表

<table>
<tr><th rowspan="2">编号</th><th rowspan="2">作业步骤</th><th rowspan="2">危害因素</th><th rowspan="2">可能导致的后果</th><th colspan="5">风险评价</th><th rowspan="2">控制措施</th></tr>
<tr><th>L</th><th>E</th><th>C</th><th>D</th><th>风险程度</th></tr>
<tr><td rowspan="5">3</td><td rowspan="5">需检修的刚性梁、膨胀指示器切割</td><td>使用的手拉葫芦不合格或使用不规范</td><td>起重伤害、其他人身伤害</td><td>3</td><td>0.5</td><td>15</td><td>22.5</td><td>2</td><td>(1) 使用前检查手拉葫芦、钢丝绳吊扣等；
(2) 戴防护手套、戴安全帽；
(3) 吊物必须捆绑牢固，保持重心稳定；
(4) 设专人指挥起吊，避免吊物下站人；
(5) 设置隔离措施</td></tr>
<tr><td>安全带、差速器未使用或使用不当</td><td>高处坠落</td><td>3</td><td>0.5</td><td>15</td><td>22.5</td><td>2</td><td>(1) 正确佩戴安全帽、安全带、差速器；
(2) 一律使用工具袋；
(3) 安全带高挂低用，且挂在牢固可靠的物体上</td></tr>
<tr><td>设备或材料未做好防坠落措施及未正确使用安全帽等劳保用品</td><td>物体打击、设备损坏</td><td>3</td><td>0.5</td><td>15</td><td>22.5</td><td>2</td><td>(1) 做好设备及材料的防坠落措施；
(2) 工具放置点必须满铺橡皮垫，工具放在橡皮垫上面</td></tr>
<tr><td>未配备或不正确使用防尘口罩、个人防护用品</td><td>尘肺病、皮肤病、烫伤</td><td>3</td><td>3</td><td>1</td><td>9</td><td>1</td><td>戴防尘口罩、正确使用个人防护用品（口罩、披肩帽、防护镜、工作服等）</td></tr>
<tr><td>小型工具未系安全绳</td><td>落物、设备损坏</td><td>6</td><td>1</td><td>1</td><td>6</td><td>1</td><td>小型工具系好安全绳，并正确使用</td></tr>
</table>

续表

编号	作业步骤	危害因素	可能导致的后果	风险评价					控制措施
				L	E	C	D	风险程度	
3	需检修的刚性梁、膨胀指示器切割	设备或材料未做好防坠落措施及未正确使用安全帽等劳保用品	物体打击、设备损坏	3	0.5	15	22.5	2	（1）做好设备及材料的防坠落措施； （2）工具放置点必须满铺橡皮垫，工具放在橡皮垫上面
		架子使用不规范	高处坠落、坍塌	3	0.5	40	60	2	架子使用前检查是否已合格验收，并挂验收牌，严禁脚手架超载使用
		使用手动工具不当	物体打击	3	1	1	3	1	（1）使用前应作仔细检查； （2）打锤时，握锤的手不得戴手套； （3）打锤挥动方向不得对人；禁止使用没手柄的工具
		（1）电动工具不符合要求，如电线破损、绝缘和接地不良； （2）电源无触电保护或和工具设备无接地保护； （3）使用电动工具时如砂轮片、切割片等断裂飞出	触电、机械伤害	3	1	3	9	1	（1）使用前检查工具的接地情况； （2）引入电源线必须经过二级以上漏电保安器； （3）准确使用电动工具，必须在切断电源待其在停止状态下方可进行检修或调整； （4）使用的磨光机必须装有防护罩，佩戴好防护眼镜

续表

编号	作业步骤	危害因素	可能导致的后果	风险评价					控制措施
				L	E	C	D	风险程度	
4	膨胀指示器刻度板更换	(1) 电动工具不符合要求，如电线破损、绝缘和接地不良； (2) 电源无触电保护或和工具设备无接地保护； (3) 使用电动工具时如砂轮片、切割片等断裂飞出	触电、机械伤害	3	1	3	9	1	(1) 使用前检查工具的接地情况； (2) 引入电源线必须经过二级以上漏电保安器； (3) 准确使用电动工具，必须在切断电源待其在停止状态下方可进行检修或调整； (4) 使用的磨光机必须装有防护罩，佩戴好防护眼镜
5	刚性梁、膨胀指示器校正、恢复	焊接工作时工作人员未正确使用个人防护用品、未做好防触电措施、未做好防火措施	烫伤、灼伤、触电、火灾、有害气体、粉尘、烟雾伤害	3	0.5	15	22.5	2	(1) 焊接人员进行作业时，应穿戴好工作服、绝缘鞋、面罩、耐火防护手套等符合专业防护要求的劳动防护用品，衣着不得敞领卷袖； (2) 焊工在施工时应采取防止电焊电压触电的措施； (3) 电焊作业下方铺设好防火毯，工作结束必须切断焊机电源并确认作业点周围无遗留火种后方可离开； (4) 焊接工作场所应加强通风
6	保温恢复	(1) 安全带、差速器未使用或使用不当； (2) 设备或材料未做好防坠落措施及未正确使用安全帽等劳保用品；	(1) 高处坠落； (2) 物体打击； (3) 高温烫伤	3	0.5	15	22.5	2	(1) 正确佩戴安全帽、安全带、差速器； (2) 一律使用工具袋； (3) 安全带高挂低用，且挂在牢固可靠的物体上；

续表

编号	作业步骤	危害因素	可能导致的后果	风险评价					控制措施
				L	*E*	*C*	*D*	风险程度	
6	保温恢复	(3) 环境温度过高、未正确使用劳保用品及穿棉质连体服	(1) 高处坠落； (2) 物体打击； (3) 高温烫伤	3	0.5	15	22.5	2	(4) 做好拆卸下来的保温材料的防坠落措施； (5) 正确使用劳保用品，穿棉质连体服
7	脚手架拆除	(1) 安全带、差速器未使用或使用不当； (2) 设备或材料未做好防坠落措施及未正确使用安全帽等劳保用品； (3) 环境温度过高、未正确使用劳保用品及穿棉质连体服	(1) 高处坠落； (2) 物体打击； (3) 高温烫伤	3	0.5	15	22.5	2	(1) 正确佩戴安全帽、安全带、差速器； (2) 一律使用工具袋； (3) 安全带高挂低用，且挂在牢固可靠的物体上； (4) 做好脚手架管、卡件及毛竹片的防坠落措施，施工区域正下方设安全围栏、挂警示牌； (5) 正确使用劳保用品，穿棉质连体服
三	完工恢复								
1	结束工作（现场文明施工）	(1) 遗漏工器具； (2) 现场遗留检修杂物； (3) 不拆除临时用电； (4) 不结束工作票，终结工作票继续进行工作	(1) 设备损坏； (2) 人身伤害； (3) 设备故障	6	3	1	18	1	(1) 收齐检查工器具； (2) 清扫检修现场； (3) 拆除临时用电； (4) 结束工作票

续表

编号	作业步骤	危害因素	可能导致的后果	风险评价					控制措施
				L	E	C	D	风险程度	
四	作业环境								
1	在高处环境中作业	(1) 安全带、差速器未使用或使用不当； (2) 设备或材料未做好防坠落措施及未正确使用安全帽等劳保用品	(1) 高处坠落； (2) 物体打击	3	0.5	40	60	2	(1) 正确佩戴安全帽、安全带、差速器； (2) 一律使用工具袋； (3) 安全带高挂低用，且挂在牢固可靠的物体上； (4) 做好拆卸下来的保温材料的防坠落措施
2	在高温环境中作业	环境温度过高、未正确使用劳保用品及穿棉质连体服	烫伤、中暑	3	1	1	3	1	(1) 备好饮用水； (2) 穿棉质连体服
3	在粉尘、保温棉环境中作业	未配备或不正确使用防尘口罩、个人防护用品	尘肺病、皮肤病	3	3	1	9	1	戴防尘口罩、正确使用个人防护用品（口罩、披肩帽、防护镜、工作服等）